国家社会科学基金教育学青年课题"云环境下基于兴趣图谱的个性化学习资源推荐方法研究"(课题编号:CCA150161)

数据挖掘及其在学习资源推荐中的应用研究

刘忠宝 著

科学出版社

北 京

内 容 简 介

本书为国家社会科学基金项目成果，针对个性化学习资源推荐面临的主要问题，围绕数据挖掘优化方法、学习者建模、个性化学习资源推荐等方面的内容展开研究。本书采用定性与定量研究、理论与实证研究相结合的研究方式，融合多个学科的技术成果，在研究方法和手段上有所创新。本书既包括翔实的理论阐述，又有系列的公式演示，严谨可信，具有一定的理论研究价值；并且提出的一些新型模型和理论框架具有较高的应用价值。

本书适合于作为从事数据挖掘、教育信息技术等领域的专家、学者以及研究生的参考用书。

图书在版编目(CIP)数据

数据挖掘及其在学习资源推荐中的应用研究/刘忠宝著. —北京：科学出版社，2021.6

ISBN 978-7-03-069187-3

Ⅰ. ①数⋯ Ⅱ. ①刘⋯ Ⅲ. ①数据采集–应用–知识资源–研究 Ⅳ. ①G302

中国版本图书馆 CIP 数据核字（2021）第 111711 号

责任编辑：刘 超／责任校对：樊雅琼
责任印制：吴兆东／封面设计：无极书装

科学出版社 出版
北京东黄城根北街 16 号
邮政编码：100717
http://www.sciencep.com

北京建宏印刷有限公司印刷
科学出版社发行 各地新华书店经销

*

2021 年 6 月第 一 版 开本：720×1000 1/16
2025 年 1 月第三次印刷 印张：12 1/2
字数：252 000

定价：158.00 元
（如有印装质量问题，我社负责调换）

前　　言

《国家中长期教育改革和发展规划纲要（2010—2020 年）》提出注重因材施教，关注学生的不同特点和个性差异，发展每一个学生的优势潜能。促进学生的个性化学习既是教学实践的终极目标，也是教育理论研究的内在宗旨之一。信息技术不断在教育领域渗透，在线教育越来越受到广大学习者的推崇。随着学习资源日益丰富，学习者在学习过程中面临"信息过载"和"信息迷失"问题。如何满足学习者个性化需求成为在线教育面临的重要挑战之一。很多国内外的研究人员在相关领域展开研究，开始尝试将数据挖掘方法引入到个性化学习资源推荐，以期通过对用户个体属性、行为习惯和兴趣偏好的分析，建立用户兴趣模型，并向用户推荐感兴趣的信息。上述做法尽管在一定程度上满足了用户个性化需求，提高了在线教育质量，但个性化推荐效率仍然不高，其主要原因有二：一是用户兴趣表达不精确；二是海量数据的出现导致若干传统方法效率下降乃至失效。因此，有必要研究数据挖掘方法及其在学习资源推荐中的应用。

本书是在上述背景下撰写的。本书是对笔者近年来科研成果的总结和提炼，针对个性化学习资源推荐过程中面临的技术和应用问题，围绕数据挖掘优化方法、学习者兴趣建模、学习资源推荐方法等三方面内容展开深入研究。具体而言，针对当前主流数据挖掘方法面临的挑战，提出一系列优化方法，以期提高数据挖掘效率。研究内容包括特征提取方法和智能分类方法；针对数据挖掘技术方法在个性化学习资源推荐中的应用问题，围绕学习者兴趣建模方法、学习资源推荐方法、大数据环境下的学习资源推荐方法等三方面展开研究。

本书利用交叉研究方法，将数据挖掘的最新研究成果应用于个性化学习资源推荐中，部分研究成果可以借鉴应用到教育学中的相关课题上去，从而提高数据的利用效率，促进教育学的科学产出。本书丰富了教育数据挖掘、学习者兴趣建模、个性化学习资源推荐等领域的方法体系，为教育信息技术的发展开拓了新的思路。

作　者

2021 年 1 月

目 录

前言
第1章　绪论 ··· 1
　　1.1　数据挖掘基本理论 ·· 1
　　1.2　数据挖掘研究进展 ·· 8
　　1.3　推荐系统基本理论 ·· 14
　　1.4　研究思路 ·· 20
第2章　特征提取方法 ·· 22
　　2.1　背景知识 ·· 22
　　2.2　流形判别分析 ··· 24
　　2.3　融合数据分布特征的多视角分析方法 ·· 31
　　2.4　基于图的人脸特征提取方法 ··· 36
　　2.5　基于Fisher准则的半监督特征提取方法 ··· 41
　　2.6　融合全局和局部特征的特征提取方法 ·· 46
第3章　智能分类方法 ·· 52
　　3.1　背景知识 ·· 52
　　3.2　融合数据分布特征的保序分类方法 ·· 56
　　3.3　模糊双超球分类方法 ··· 64
　　3.4　基于边界的最大间隔模糊分类器 ··· 69
　　3.5　具有N-S磁极效应的最大间隔模糊分类方法 ··· 77
　　3.6　面向大规模数据的非线性集成分类方法 ··· 86
第4章　学习者兴趣建模方法 ·· 92
　　4.1　学习者模型与学习者建模 ·· 93
　　4.2　学习者兴趣建模研究进展 ·· 94
　　4.3　学习者建模面临的挑战 ··· 99
　　4.4　基于本体的学习者建模 ·· 103
　　4.5　基于主题模型的学习者建模 ··· 108

4.6　基于社交网络的学习者建模 ·· 112
第 5 章　学习资源推荐方法 ·· 116
　　5.1　学习资源推荐方法研究进展 ·· 116
　　5.2　基于兴趣图谱的学习资源推荐方法 ··· 125
　　5.3　基于二部图的学习资源混合推荐方法 ······································ 132
　　5.4　基于本体的学习资源推荐方法 ··· 139
第 6 章　大数据环境下的学习资源推荐方法 ······································· 149
　　6.1　大数据与推荐系统 ··· 149
　　6.2　大数据环境下推荐系统的研究进展 ··· 157
　　6.3　大数据环境下推荐系统的典型应用 ··· 166
　　6.4　大数据环境下的学习资源推荐系统 ··· 170
　　6.5　挑战与展望 ·· 173
参考文献 ··· 174

第 1 章 绪 论

自 20 世纪 60 年代开始，数据库及信息技术就逐步从基本的文件处理系统发展成为功能更强大的数据库系统。70 年代，数据库系统的研究和发展导致关系数据库系统、数据建模工具、索引与数据组织技术的迅速发展，在线事务处理（online transaction processing，OLTP）的出现也极大地推动了关系数据库的普及，尤其是在大规模数据存储、检索和管理的应用领域。自 80 年代中期开始，关系数据库普遍使用，新一轮的研究与开发新型数据库系统悄然兴起，并提出了众多先进的数据模型（扩展关系模型、面向对象模型、演绎模型等）及应用数据库系统（空间数据库、时序数据库、多媒体数据库等）。目前，异构数据库系统和基于互联网的全球信息系统已经在信息工业中开始扮演重要角色。

数据库的存储量不断增长，已远远超过人类分析和处理的能力。这样，存储在数据库中的数据就成为"数据坟墓"，即这些数据极少被访问，导致许多重要的决策不是基于这些数据而是依赖决策者的直觉而制定的。其中的原因很明显，这些决策的制定者没有找到合适的工具帮助其从数据中抽取出所需的知识。而数据挖掘可以从大量数据中发现存在的特定模式规律，从而可以为商业活动、科学探索和医学研究等诸多领域提供所必需的知识。数据与知识之间的巨大差距迫切需要系统地开发数据挖掘方法，以便将"数据坟墓"中的数据转化为知识财富。

1.1 数据挖掘基本理论

1.1.1 数据挖掘定义与理论框架

自 20 世纪 90 年代以来，数据挖掘的发展速度很快，加之它是多学科综合的产物，目前还没有一个完整的定义，人们提出了多种数据挖掘的定义[1]。

SAS 软件研究所（1997 年）认为数据挖掘是在大量相关数据基础上进行数据探索和建立相关模型的先进方法。

Bhavani（1999 年）认为数据挖掘是使用模式识别技术、统计和数学技术，在大量数据中发现有意义的新关系、模式和趋势的过程。

Hand 等（2000 年）认为数据挖掘是在大型数据库中寻找有意义、有价值信息的过程。

数据挖掘的定义可归纳为：数据挖掘是一个从不完整的、不明确的、大量的并且包含噪声，具有很大随机性的数据中，提取出隐含其中、事先未被获知却潜在有用知识或模式的过程[2]。

数据挖掘的定义包含以下四个层次的含义：①数据源必须是真实的、大量的、含噪声的；②发现的是用户感兴趣的知识；③发现的知识要可接受、可理解、可运用，最好能用自然语言表达发现结果；④并不是要求发现"放之四海而皆准"的知识，也不是要去发现崭新的自然科学定理和纯数学公式，更不是什么机器定理证明，所发现的知识都是相对的，是有特定前提和约束条件、面向特定领域的。

从技术角度看，数据挖掘利用一系列相关算法和技术从大量数据中提取出人们所需的信息与知识，所提取的知识表示形式可以为概念、模式、规律和规则等；它可以通过对历史数据和当前数据的分析，帮助决策者提取隐藏在数据背后的潜在关系与模式等，进而协助其预测未来可能出现的状况和即将产生的结果。

目前，关于数据挖掘的理论基础问题还没有到完全成熟的地步，但是分析它的发展，有助于加深对数据挖掘概念的理解。系统的理论是研究、开发、评价数据挖掘方法的基石。经过多年的探索，一些重要的理论框架已经形成，并且吸引着众多研究人员为此进一步工作，向着更深入的方向发展。

数据挖掘方法可以是基于数学理论的，也可以是非数学的；可以是演绎的，也可以是归纳的。1997 年，Mannila[3] 对当时流行的数据挖掘的理论框架进行了综述。结合最新的研究成果，下面这些重要的理论框架有助于准确地理解数据挖掘的概念与技术特点。

(1) 模式发现（pattern discovery）架构

在模式发现架构下，数据挖掘被认为是从源数据集中发现知识模式的过程[4,5]。这是对机器学习方法的继承和发展，是目前比较流行的数据挖掘研究与系统开发架构。按照这种架构，可以对不同知识模式的发现过程进行研究。目前，在关联规则、分类/聚类模型、序列模式（sequential pattern）及决策树（decision tree）归纳等模式发现的技术与方法上取得了丰硕的成果。近几年，学者也已经开始多模式知识发现的研究。

(2) 规则发现（rule discovery）架构

Agrawal 等综合利用机器学习与数据库技术将分类、关联及序列作为一个统一的规则发现问题来处理[6]。他们给出了统一的挖掘模型和规则发现过程中的几个基本运算，解决了如何将数据挖掘问题映射到模型以及通过基本运算发现规则的问题，这种基于规则发现的数据挖掘架构，是目前数据挖掘研究的常用方法。

(3) 基于概率和统计理论架构

在基于概率和统计理论框架下，数据挖掘被看作是从大量源数据集中发现随机变量的概率分布情况的过程[6]。目前，这种架构在数据挖掘的分类和聚类研究与应用中取得了很好的成果，这些技术和方法可以看作是概率理论在机器学习方面的发展和提高。统计学作为一个古老的学科，已经在数据挖掘中得到了广泛的应用，如传统的统计回归法在数据挖掘中的应用，特别是近年来统计学已经成为支撑数据仓库、数据挖掘技术的重要理论基础。实际上，大多数的理论架构都离不开统计方法的介入，统计方法在概念形成、模式匹配及成分分析等众多方面都是基础中的基础。

(4) 微观经济学观点（microeconomics view）

在微观经济学观点框架下，数据挖掘被看作是一个问题的优化过程。1998年，Kleinberg 等[7]建立了在微观经济学观点框架里判断模式价值的理论体系。他们认为，如果一个知识模式对一个企业是有效的话，那么它就是有趣的。有趣的模式发现是一个新的优化问题，可以根据基本的目标函数，对"被挖掘的数据"的价值提供一个特殊的算法视角，导出优化的企业决策。

(5) 基于数据压缩（data compression）理论

在基于数据压缩理论框架下，数据挖掘被看作是对数据压缩的过程[8]。按照这种观点，关联规则、决策树、聚类等算法实际上都是对大型数据集不断概念化或抽象化的压缩过程。按 Chakrabarti[8] 的描述，最小描述长度（minimum description length，MDL）原理可以评价一个压缩方法的优劣，即最好的压缩方法应该保证概念本身的描述以及把它作为预测器的编码长度均最小。

(6) 基于归纳数据库（inductive database）理论

在基于归纳数据库理论框架下，数据挖掘被看作是对数据库的归纳问题[9]。一个数据挖掘系统必须具有原始数据库和模式库，数据挖掘的过程就是归纳的数据查询过程，这种架构也是目前研究者和系统研制者倾向的理论框架。

(7) 可视化数据挖掘（visual data mining）

1997 年，Keim[10] 对可视化数据挖掘的相关技术进行了综述。虽然可视化数据挖掘必须结合其他技术和方法才有意义，但是以可视化数据处理为中心来实现数据挖掘的交互式过程已经成为数据挖掘中的一个重要方面。

当然，上面的理论框架并不是孤立的，更不是互斥的，对于特定的研究和开发领域来说，它们是相互交叉并且有所侧重的。由以上论述可以看出，数据挖掘的研究是在相关学科充分发展的基础上提出并不断发展的，它的概念和理论仍在发展中。为了弄清相关概念和技术路线，仍有大量的工作等待人们去探索和尝试。

1.1.2 数据挖掘功能与工作流程

数据挖掘通过预测未来趋势及行为,做出前摄的、基于知识的决策。数据挖掘的目标是从数据中发现隐含的、有意义的知识,主要有以下五类功能[11]。

1) 自动预测趋势和行为。数据挖掘自动在大型数据库中寻找预测性信息,以往需要进行大量手工分析的问题如今可以迅速直接由数据本身得出结论。一个典型的例子是市场预测问题,数据挖掘使用过去有关促销的数据来寻找未来投资中回报最大的用户,其中可预测的问题包括预报破产及认定对指定事件最可能做出反应的群体。

2) 关联分析。数据关联是数据库中存在的一类重要的、可被发现的知识。若两个或多个变量的取值之间存在某种规律性,就称为关联。关联可分为简单关联、时序关联、因果关联。关联分析的目的是找出数据库中隐藏的关联网。有时并不知道数据库中数据的关联函数,即使知道也是不确定的,因此关联分析生成的规则带有可信度。

3) 聚类。将数据按照某一规则划分为若干有意义子集的过程即聚类。聚类增强了人们对客观世界的认识,是概念描述和偏差分析的先决条件。聚类分析主要包括传统的模式识别方法及数学分类学。20世纪80年代初,Mchalski提出的聚类概念的要点是,在划分对象时不仅考虑对象之间的距离,还要求划分出的类具有某种内涵描述,从而避免传统技术的某些片面性。例如,将申请人分为高度风险申请者、中度风险申请者、低度风险申请者。

4) 概念描述。概念描述是对某类对象的内涵进行描述,并概括这类对象的主要特征。概念描述分为特征性描述和区别性描述,前者描述某类对象的共同特征,后者描述不同类对象之间的区别。生成一个类的特征性描述只涉及该类对象中所有对象的共性。生成区别性描述的方法有很多,如决策树方法、遗传算法等。

5) 偏差检测。数据库中的数据常有一些异常记录,从数据库中检测这些偏差很有意义。偏差包括很多潜在的知识,如分类中的反常实例、不满足规则的特例、观测结果与模型预测值的偏差、量值随时间的变化等。偏差检测的基本方法是,寻找观测结果与参照值之间有意义的差别。

在进行数据挖掘之前,首先要做的是定义问题,清晰地定义出问题和目标任务,确定数据挖掘的目的。在明确挖掘目的的基础上,按照数据挖掘基本步骤进行知识的发现。

数据挖掘的整个过程具有许多处理阶段，可以归纳为三个阶段：数据准备阶段、数据挖掘阶段、结果的解释和评价[12]。其中数据准备阶段包括数据清理、数据集成、数据选择、数据变换、数据挖掘、模式评估、知识表示等步骤。

1）数据清理。对不完整的、不明确的、大量的并且包含噪声，具有很大随机性的实际应用数据进行清洗，包括清除噪声、推导计算填补缺省和不完整数据、修正异常数据和清除重复数据。该步骤需要领域知识的判断和选择恰当的清洗方法。

2）数据集成。把来源不同、格式不同、特点和性质也不尽相同的数据进行物理上或者逻辑上的有机集成，为后续的一系列数据处理做好准备。该步骤的实现需要处理好数据类型不同、数据所在平台不同、操作系统不同所造成的数据格式上的差异。

3）数据选择。根据任务目标，从集成好的、包含大量数据的数据集中发现与选择相关数据集，将其抽取出来，得到具体挖掘任务的相应操作对象。

4）数据变换。转换数据类型是将数据转换成适合被挖掘的数据形式。例如，将离散值型数据转换为连续值型以利于进行神经网络计算，或是将连续值型数据转换成离散型数据以方便进行符号归纳操作。数据变换还有一个重要的目的就是数据降维，即找出真正有用的特征或变量表示数据。

5）数据挖掘。数据挖掘方法目前已经呈现出丰富多彩的形式，其原因在于数据挖掘在研究和发展过程中不断将各学科领域的知识、技术与研究成果融入其中。从统计学角度看，目前统计分析领域主要使用的数据挖掘方法有回归分析、最近序列分析、时间序列分析、非线性分析、线性分析、最近邻算法分析、多变量分析、单变量分析、聚类分析等。通过使用这些方法能够找出表现异常的数据，再使用一系列数学或统计模型对其进行解释，揭示出隐含在这些数据中的规律、模式和知识。

6）模式评估。使用某种手段对数据挖掘发现的模式进行度量和识别，对其有效性和可用性进行评估，即按照某一种兴趣度度量以找出表示知识的真正有价值的模式。

7）知识表示。对挖掘出的知识进行解释，将其转换成能够最终被用户理解的知识。

完成了整个数据挖掘过程，用户可以得到他们需要的、有价值的知识。运用知识是发现知识的最终目的，怎样合理地运用知识同样十分重要。运用知识有两种方法：一种是发现的知识本身就已经描述清楚所需得到的结果或者关系，从而能够直接提供决策支持；另一种是要把已发现的知识运用到新的数据中，但可能会出现新的问题，所以仍然有必要进行更深入的研究。

所以，一个数据挖掘过程通常会需要进行反复地循环执行操作，其中任何一个步骤出现与预期目标不一致的情况都必须跳回到先前步骤进行调整，再重新执行。

1.1.3 数据挖掘方法分类

数据挖掘在发展过程中融合了多个学科的知识和成果，所以对其的研究就产生了种类繁多、类型各异的数据挖掘方法。为了方便用户选择最适合、最能满足其需要的数据挖掘方法，就需要对数据挖掘技术进行分类，目前有以下几种分类方法[1]。

(1) 按挖掘的数据类型分类

数据库自身就可以按数据类型的不同、数据模型的不同和应用场景的不同等标准进行分类，并且每一类都可能需要不同的数据挖掘技术，所以按挖掘的数据库类型分类是概念明晰的。按数据类型进行分类，包括时间型、空间型、流数据型、文本型、异构型、多媒体和Web型等数据挖掘方法。若按数据模型进行分类，包括关系型、对象-关系型、事务型和数据仓库型等数据挖掘方法。

(2) 按挖掘的知识类型分类

按挖掘的知识类型分类也就是按数据挖掘的功能进行划分，包括相关性分析、关联分析、演变分析、特征化、分类、聚类、预测及离群点分析，一个全面的数据挖掘往往能够同时囊括以上多种功能。而且数据挖掘还能够按抽象层次或者所需挖掘知识的粒度分类，如可分为高抽象层即挖掘广义知识、原始数据层即挖掘原始层知识以及同时考虑多个抽象层即挖掘多层知识。优秀的数据挖掘方法通常能够完成多个抽象层的知识发现。数据挖掘也可以按其规则性（即其呈现出的模式）和奇异性（即检测出的噪声）进行分类。通常来说，数据的规则性可以通过相关性分析、关联分析、概念描述、分类、聚类和预测等方法挖掘，也能够起到检测和排除噪声的作用。

(3) 按所用的技术类型分类

数据挖掘采用的技术种类繁多，如机器学习、模式识别、统计学、面向数据库或面向数据仓库的技术、神经网络和可视化等。根据用户采用的数据分析方法不同可以将其分成遗传算法、人工神经网络、聚类（最近邻技术）、规则推导和决策树等。大型的数据挖掘系统往往综合利用多种挖掘技术，或者使用一些集成化的方法，从而发挥多种方法的优势。

(4) 按应用分类

数据挖掘可以按其应用分类,包括金融业、交通业、通信业、股票市场、生物医学界等。可以说,特定的应用场景往往需要集成专门针对该应用的数据挖掘方法。由此可见,要找到一个广泛适用于各种不同应用的数据挖掘方法对目前来说几乎是不可能实现的。

1.1.4 数据挖掘存在的问题

尽管数据挖掘有很多优点,但其也面临着许多问题,这也为数据挖掘的未来的发展提供了更大的空间。

1)数据挖掘的基本问题是数据的数量和维度。如何进行维度约减,选择哪些特征或变量,成为首先要解决的问题。

2)面对海量数据,现有的统计方法遇到了问题,一个直接的想法是对数据进行抽样,那么怎么抽样,抽取多大的样本,又怎样评价抽样的效果,这些都是值得研究的难题。

3)既然数据是海量的,那么数据中就会隐含一定的变化趋势,在数据挖掘中也要对这个趋势进行应有的考虑和评价。

4)各种不同的模型如何应用,其效果如何评价。不同的人对同样的数据进行挖掘可能产生不同的结果,甚至差异很大,这就涉及可靠性问题。

5)当前互联网发展迅速,如何进行互联网的数据挖掘以及文本、图像等非标准数据的挖掘,引起了人们广泛关注。

6)数据挖掘中数据的私有性和安全性问题。

7)数据挖掘的结果是不确定的,要和专业知识相结合才能对其做出判断。

总之,数据挖掘只是一个工具,不是万能的,它可以发现一些潜在的用户,但它并不知道为什么,也不能保证这些潜在的用户成为现实。数据挖掘的成功要求对期望解决问题的领域有深刻的认识,理解数据,了解其过程,才能对数据挖掘的结果找出合理的解释。

1.1.5 研究方向与研究热点

经过近年来的发展,数据挖掘已经吸收了许多学科最新研究成果且形成了独具特色的研究分支。数据挖掘研究和应用具有很大的挑战性,和其他学科一样,必须经过概念提出、概念接受、广泛研究和探索、逐步推广和大量应用等阶段。目前,大部分学者认为数据挖掘的研究仍处于广泛研究和探索阶段,虽然数据挖掘的概念已经被广大学者所接受，但一些具有挑战性和前瞻性的问题也被提出，吸引了越来越多的学者来研究。数据挖掘的热点和研究方向主要有以下几个方面[13-16]。

1）数据挖掘语言的形式化描述，即研究专门用于知识发现的数据挖掘语言，也许会像 SQL 语言一样走向形式化和标准化。

2）寻求数据挖掘过程的可视化方法，使知识发现的过程能够被用户理解，也便于在知识发现的过程中进行人机交互以获得更好的挖掘结果。

3）研究在网络环境下的数据挖掘技术，特别是互联网的广泛应用，基于 Web 的数据挖掘技术以及基于数据仓库的联机分析处理技术有待更深一步的研究。

4）对各种非结构化数据的挖掘，如对文本数据、图形数据、视频图像数据、声音数据乃至综合多媒体数据的挖掘。

5）随着卫星遥感技术、地理信息系统和全球定位等技术的快速发展，空间数据库的数据量飞速膨胀，对空间数据挖掘技术的研究逐渐为人们所重视。

尽管数据挖掘涉及数据库、人工智能、模式识别、机器学习、统计学等领域，不同领域的学者利用各自不同的技术和方法对数据挖掘进行了卓有成效的研究，但是如何将不同领域的理论、技术等融合将是下一阶段的研究重心。随着数据量呈指数级的增长及软硬件技术的发展，挖掘算法的不断改进、优化和完善，数据挖掘必将会有更广阔的应用前景。

1.2　数据挖掘研究进展

随着互联网技术的不断发展，网上的数据量日益增长，人们往往在数据海洋中迷失方向。如何对海量数据进行分析并发现有用知识成为时下人们关注的热点问题。数据挖掘技术的出现为人们解决上述困扰提供了可能。数据挖掘是指通过对海量的数据进行有目的地提取、分拣、归类，挖掘出有用信息，为行业领域提供决策支持。当前主流的数据挖掘技术包括特征降维、智能分类、聚类分析三方面的内容。

1.2.1　特征降维

真实世界中的很多数据是高维的，即数据包含很多属性或特征。尽管高维数据比低维数据拥有更多的信息量，但在实际应用中，对高维数据进行直接操作将会非常困难。首先，"维数灾难"[17,18]会导致分类学习所需的有标记样本随着维数的增加，计算量呈指数倍增长，部分算法在极高维空间中甚至无法工作；其次，人们在低维空间中形成的一些直觉在高维空间中可能会失效。例如，对于二维空间中的单位圆和单位正方形，两者的面积相差不多；对于三维空间中的单位球和单位立方体，两者的体积也差不多。然而随着维数的升高，在高维空间中超球的体积相对于超立方体的体积会迅速变小。

为了解决高维数据所面临的问题，一种有效的方法是对其进行降维。笼统地说，降维是指为高维数据获取一个能忠实反映原始数据固有特性的低维表示。降维有特征选择和特征提取两种方式[19-21]。

特征选择的基本原则是选择类别相关的特征而排除冗余的特征，即根据某种准则从一组数量为 D 的特征中选择出数量为 $d(D>d)$ 的一组最优特征的过程。特征选择通过降低原始数据的相关性和冗余性，在一定程度上解决了"维数灾难"问题。特征选择主要分三类：①过滤法[22,23]。设计一个评分函数对每个特征评分，按分数高低将特征排序，并将排名靠前的特征作为特征子集。②封装法[24,25]。把学习机作为一个黑箱并通过验证样本上的正确率来衡量特征子集的性能，一般采用向前或向后搜索生成候选特征子集。③嵌入式法。该方法是一种结合学习机评价特征子集的特征选择模型，具有封装法的精度和过滤法的效率。近年来，众多学者从事特征选择研究，并取得一些成果。Kira 和 Rendell[26] 提出的 Relief 算法根据特征值在同类实例中以及相近不同类实例中的区分能力来评价特征的相关度；Nakariyakui 和 Casasent[27] 提出的分支跳跃法通过对解决方案树中某些节点不必要评价函数的计算来提高搜索速度；Dy 和 Brodley[28] 提出的 FSSEM 算法根据最大化的期望值来选择特征子集；Whiteson 等[29] 提出的 FS-NEAT 算法通过特征集合搜索和拓扑网络学习解决特征选择问题。

特征提取是指原始特征空间根据某种准则变换得到低维投影空间的过程。与特征选择相比，特征提取的降维效率更高[30]。特征提取可分为线性方法和非线性方法两类。经过几十年的发展，研究人员提出多种线性特征提取方法，非负矩阵分解（non-negative matrix factorization，NMF）通过将原始特征空间低秩近似保证降维后的特征非负[31]；因子分解（factor analysis）通过降低原始特征空间的相关性实现降维[32]；奇异值分解（singular value decomposition，SVD）通过考察奇异值的贡献率实现降维[33]；主成分分析（principal component analysis，PCA）通过对原始特征空间方差的研究得到一组正交的主成分[34]；独立成分分析（independent component analysis，ICA）利用原始特征空间的二阶和高阶统计信息，进一步提高了 PCA 的降维效率[35]；线性判别分析（linear discriminant analysis，LDA）通过最大化类间离散度和类内离散度的广义瑞利（Rayleigh）熵实现特征变换[36]。线性特征提取方法不能保持原始特征空间的局部信息，没有充分考虑数据的流形结构。鉴于此，近年来出现了众多非线性特征提取方法，核主成分分析（kernel principal component analysis，KPCA）[37]、核 Fisher 线性判别分析（kernel linear Fisher discriminant analysis，KLDA）[38,39] 分别在 PCA 和 LDA 的基础上引入核方法，将 PCA 和 LDA 的适用范围从线性空间推广到非线性空间；多维缩放（multi-dimensional scaling，MDS）通过保持数据点间的相似性实现降维[40]；等度量映射（isometric mapping，ISOMAP）的主要思想是利用数据间的测地线距离代替欧氏距离（Euclidean distance），然后利用 MDS 来求解；局部线性嵌入（locally linear embedding，LLE）利用稀疏矩阵算法实现降维[41]；拉普拉斯特征映射（Laplacian Eigenmap，LE）利用谱技术实现降维[42]。此外，近年来还出现了一系列基于流形学习（manifold learning）的算法，如局部切空间排列（local tangent space alignment，LTSA）[43]、海森特征谱（Hessian Eigenmap，HE）[44]、保局投影（locality preserving projection，LPP）[45]、近邻保持映射（neighborhood preserving projection，NPP）[46]等。这些算法本质上都是非线性降维方法，并没有利用样本的类别信息，鉴于此，研究人员提出了有监督非线性降维方法，如判别近邻嵌入（discriminant neighborhood embedding，DNE）[47]、最大边缘投影（maximum margin projection，MMP）[48]等。DNE 算法基于不同类别拥有不同低维流形这一假设，为每个类别分别建立流形结构，然后通过最大化不同类别间近邻样本距离、最小化相同类别近邻样本距离得到最终的子空间。MMP 则是一种半监督学习方法，其考虑到现实中获得样本的标记比较困难，所以对于获得的样本，如果有标记则应尽量区分不同的流形结构，如果没有标记则尽量发现其所在的流形结构。MMP 将 LPP 和 DNE 结合，通过求解广义特征值问题得到子空间。流形学习在数据可视化领域得到了广泛的应用，然而，流形学习隐式地将数据从高维空间向低维空间映射，所以其不足之处在于无法得到新样本在低维空间的分布。流形学习在描述邻域结构时还存在邻域选择、邻域权重设置等问题。

上述降维方法无法解释各变量对数据表示和分类的影响。鉴于此，研究人员提出基于稀疏表示的特征提取方法。稀疏表示由傅里叶变换和小波变换等传统的信号表示扩展而来，目前在模式识别、计算机视觉、信号处理等领域得到成功的应用。迄今为止，基于稀疏的降维方法典型代表有[49]：稀疏主成分分析（sparse PCA，SPCA）、稀疏线性判别分析（sparse LDA，SLDA）、稀疏表示分类器（sparse representation-based classification，SRC）、稀疏保持投影（sparsity preserving projections，SPP）等。SPCA 没有考虑样本的类别信息，因此，不利于后续的分类任务。SLDA 可以用于解决二分类问题，但对于多类问题，并不能像 LDA 那样进行直接的扩展。SRC 在流形稀疏表示的框架下保持数据的局部属性，该方法成功地应用于人脸识别。SPP 将系数表示的稀疏性作为一种自然鉴别信息引入到特征提取中，并在人脸数据集上证明了其有效性。然而，稀疏表示在寻找子空间的过程中会牺牲类内的同一性，因此缺乏对数据全局性的约束，无法准确地描述数据的全局结构。当数据包含大量噪声或者有损坏时，这个缺点会使算法的性能明显下降。

1.2.2 智能分类

智能分类是数据挖掘的另一项重要内容，分类技术的核心是构造分类器。分类器一般具有良好的泛化能力，能够准确地预测未知样本的类别。分类器工作一般经历训练和测试两个阶段。训练阶段根据训练数据集的特点得到分类标准；测试阶段完成新进数据类属判定的任务。按照不同的标准，可对分类器进行如下分类：根据工作原理，可将分类器分为概率密度模型、决策边界学习模型和混合模型。概率密度模型在估计每类概率密度函数的基础上用贝叶斯决策规则实现分类；决策边界学习模型在学习过程中最优化一个目标函数，该函数表示训练样本集上的分类错误率、错误率的上界或与分类错误率相关的损失；混合模型先对每类模型建立一个概率密度模型，然后用判别学习准则对概率密度模型的参数进行优化。根据表达形式，可将分类器分为区分模型和生成模型。区分模型通过对训练样本学习生成分类标准；生成模型根据概率依赖关系构造分类模型。根据求解策略，可将分类器分为基于经验风险最小化模型和基于结构风险最小化模型。早期的分类器求解算法基本上基于经验风险最小化原则；结构风险最小化模型基于权衡经验风险和置信范围。

近年来，智能分类受到中外学者的极大关注，在数据挖掘、机器学习、情报分析等领域得到广泛研究并取得令人振奋的成果。决策树分类方面，Quinlan[50]提出的 ID3 算法在信息论互信息的基础上建立树状分类模型；针对 ID3 算法的不足，有学者先后提出 C4.5[51]、PUBLIC[52]、SLIQ[53]、RainForest[54] 等改进算法。基于关联规则分类方面，Liu 等[55]提出的关联分析算法（classification based on association，CBA）采用经典的 Apriori 算法发现关联规则；Li 等[56]提出的多维关联规则的分类算法（classification based on multiple class association rules，CMAR）利用 FP-Growth 算法挖掘关联规则；Yin 和 Han[57]提出的预测性关联规则分类算法（classification based on prediction association rules，CPAR）采用贪婪算法直接从训练样本中挖掘关联规则。支持向量机（support vector machine，SVM）方面，Vapnik 等提出 SVM 最优化问题中有一个惩罚参数 C，因此也称为 C-SVM[58-60]；由于惩罚参数 C 没有确切含义且选取困难，Scholkopf 等[61]提出 ν-SVM，其中参数 ν 用来控制 SVM 的数目和误差且易于选取；通过扩展 SVM 最大间隔的思想，

Scholkopf 等[62]在前人工作的基础上提出单类支持向量机（one class support vector machine，OCSVM），该方法通过构造超平面来划分正常数据和异常数据；针对单类问题，Tax 和 Duin[63]提出支持向量数据描述（support vector data description，SVDD）的概念，该方法采用最小体积超球约束目标数据达到剔除奇异值的目的；Tsang 等[64]提出基于最小包含球（minimum enclosing ball，MEB）的核心向量机（core vector machine，CVM），该方法有效地提高了 SVM 求解二次规划问题的效率。此外，常见的 SVM 变种还有最小二乘支持向量机（least squares support vector machine，LSSVM）[65]、拉格朗日支持向量机（Largrange support vector machine，LSVM）[66]、简约支持向量机（reduced support vector machine，RSVM）[67]、光滑支持向量机（smooth support vector machine，SSVM）[68]等。贝叶斯分类方面，Kononenko[69]提出的半朴素贝叶斯分类器（semi-naive Bayesian classifier）采用穷举搜索的属性分组技术实现分类；Langley 和 Sage[70]提出的基于属性删除的选择性贝叶斯分类器（selective Bayesian classifier based on attribute deletion）通过删除冗余属性来提高分类精度；Kohavi[71]通过将朴素贝叶斯分类器和决策树相结合提出朴素贝叶斯树型学习机（naive Bayesian tree learner，NBT）；Zheng 和 Webb[72]提出的基于懒惰式贝叶斯规则的学习算法（lazy Bayesian rule learning algorithm，LBR）将懒惰式技术应用到局部朴素贝叶斯规则的归纳中；Friedman 等[73]提出的树扩张型贝叶斯分类器（tree augmented naive Bayesian classifier，TAN）通过构造最大权生成树实现分类。此外，还有神经网络分类算法、K 近邻分类法、基于粒度和群的分类算法等。

上述分类方法各有特点和适用范围，它们之间互相渗透、相互共存。经过几十年的发展，智能分类方法表现出强大的生命力，其理论体系不断完善，应用领域不断扩大，关注程度不断提高。随着相关理论和技术逐步完善，智能分类理论和方法必将不断发展。

1.2.3 聚类分析

聚类分析是指将一个数据集依据某种规则分成若干子集的过程，这些子集由相似元素构成。聚类分析是一种典型的无监督学习方法，它在进行分类与预测时无需事先学习数据集的特征，具有更优的智能性。聚类分析在 Web 资源开发与利用中发挥着重要作用。

当前主流的聚类算法包括层次聚类算法、划分聚类算法、基于密度和网格的聚类算法以及其他聚类算法。

层次聚类算法利用数据的连接规则,通过层次架构的方式反复将数据分裂或聚合,以便形成一个层次序列的聚类问题的解。典型代表有:Gelbard 等[74]提出的正二进制(binary-positive)方法,该方法将待聚类数据存储在以由 0 和 1 组成的二维矩阵中,其中行表示记录,列表示属性值,1 和 0 分别表示记录是否存在对应的属性值;Kumar 等[75]提出基于不可分辨粗聚合的层次聚类算法(rough clustering of sequential data, RCOSD),该算法适用于挖掘连续数据的特征,可以帮助人们有效地描述潜在 Web 用户组的特征;此外,基于 Quartet 树的快速聚类算法[76]以及 Hungarian 聚类算法[77]也具有一定代表性。层次聚类算法最大优势在于无需事先给定聚类数量,可以灵活地控制聚类粒度,准确表达聚类簇间关系。主要不足在于其无法回溯处理已形成的聚类簇。

划分聚类算法需要事先给出聚类数量或聚类中心,为了确保目标函数最优,不断迭代,直至当目标函数值收敛时,可得聚类结果。典型代表有:MacQueen 提出的 K-means 算法[78],该算法试图找到若干个聚类中心,通过最小化每个数据点与其聚类中心之间的距离之和来构建最优化问题;为了提高 K-means 算法的普适性,Huang 和 Ng[79]提出了面向分类属性数据的 K-modes 聚类算法;Chaturvedi 等[80]提出面向分类属性数据的非参数聚类方法 K-modes-CGC;Sun 等在 K-modes 算法基础上提出迭代初始点集求精 K-modes 算法[81];Ding 和 He[82]将统计模式识别中的重要概念——最近邻一致性应用到聚类分析,并提出一致性保留 K-means 算法;Ruspini 将模糊集理论与聚类分析有机结合起来,提出模糊聚类算法(fuzzy C-means, FCM)。划分聚类算法的优点在于收敛速度快,缺点是该类算法需要事先指定聚类数量。

基于密度的聚类算法利用数据密度发现类簇;基于网格的聚类算法通过构造一个网格结构实现模式聚类。上述两类算法适用于空间信息处理,并常常合并在一起使用。典型代表有:Zhao 和 Song[83]提出网格密度等值线聚类(grid-based density isoline clustering, GDILC)算法;Ma 等[84]提出基于移位网格的非参数型聚类(shifting grid clustering, SGC)算法;Pilevar 和 Sukumar[85]提出面向高维数据的网格聚类算法;Nanni 和 Pedreschi[86]提出基于密度的自适应聚类方法,该方法适用于移动对象轨迹数据处理。该类方法对处理形状复杂的簇具有明显的优势。

其他一些常见的聚类算法有:Tsai 等[87]提出一种新颖的具有不同偏好的蚁群系统,该系统用以解决数据聚类问题;基于最大 θ 距离子树的聚类算法、GBR(graph-based relaxed clustering)算法,以及基于 dominant 集的点对聚类算法。

1.3 推荐系统基本理论

1.3.1 推荐系统定义

自1992年,第一个电子邮件协作过滤系统——Tapestry出现以来,推荐系统作为个性化信息服务的主要应用之一,已经得到了广泛的关注,其最重要的特点是利用信息过滤技术解决Web系统面临的信息超载和信息迷失问题,有效地提高用户使用系统的效率,高质量的推荐系统还能使用户产生依赖性。推荐系统最典型的应用领域是电子商务,目前已经取得了一些应用和研究成果,几乎所有的大型电子商务系统,如Amazon、eBay、CDNow、当当网、淘宝网等,都在一定程度上使用了各种类型的推荐技术,实践证明,成功的电子商务推荐系统能够给商家带来长期稳定的客户关系和巨大的经济效益。

Adomavicius和Tuzhilin[88]给出了推荐系统的形式化定义:设C表示所有用户集合;S表示所有可能被推荐的项目集合(如书籍、电影、餐馆等);u是一个效用函数,用来度量项目s对用户c的有用性,如$C \times S \rightarrow R$,R是一个全序集合(如一定范围内的非负整数或实数)。对一个用户$c \in C$,想要找到使用户的效用函数u最大的项目$s' \in S$,即$\forall c \in C, S'_c = \underset{s' \in S}{\operatorname{argmax}} u(c, s)$。

推荐系统主要包括三部分:输入模块、输出模块和推荐算法实现模块。推荐系统通过输入模块主动采集用户的历史兴趣偏好,经过推荐算法产生推荐结果,或者通过已知的预测模型进行推荐,由输出模块将结果反馈给用户。由于推荐系统可以跟踪和保存用户的偏好,用户每次与系统进行交互时获得的信息推荐都是及时更新的。其中推荐算法是推荐系统的核心部分,涉及两个重要元素,分别是推荐对象和用户,推荐的过程就是从后备的推荐对象中,选取用户感兴趣的项目,推荐给用户,帮助其做出决策。根据推荐对象和用户的不同性质,在设计推荐系统时可以选用合适的推荐策略,达到准确推荐的目的。

1.3.2 推荐系统分类

推荐系统按照不同的分类标准可以得到不同的分类结果。主流的推荐系统分为三类:基于内容的推荐(content-based recommendation)、协同过滤推荐(collaborative filtering recommendation)和混合推荐(hybrid recommendation)。随着推荐系统研究的不断深入和发展,涌现出越来越多的算法和模型。按照模型分为最近邻模型、隐因素模型（latent factor model，LFM）和图模型等。还可根据应用领域的不同分为电子商务领域的推荐、社交网络领域的推荐、多媒体领域的推荐、移动应用领域的推荐、跨领域推荐等。Park 等[89]提出了推荐系统分类框架，如图 1.1 所示，框架图左分支是推荐系统的应用领域，如图书、文档、图片、电影、音乐、购物、电视节目及其他，右分支是推荐系统用到的数据挖掘技术，如关联规则、聚类、决策树、K 最近邻（K nearest neighbor，KNN）、链接分析、神经网络、回归和启发式方法等。

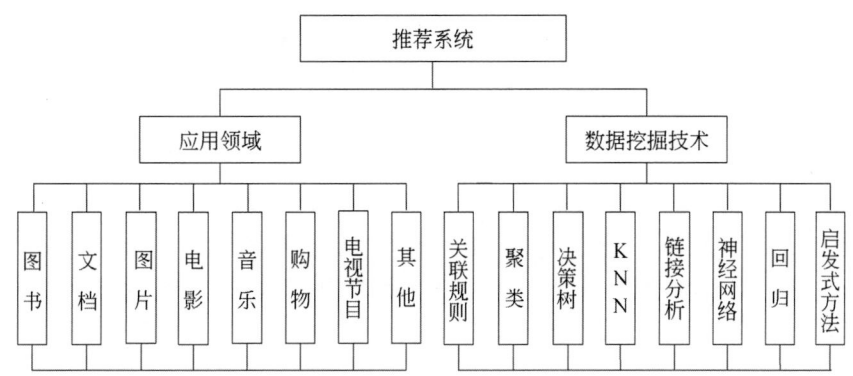

图 1.1　推荐系统分类框架

（1）基于内容的推荐系统

基于内容的推荐系统是指根据用户选择的对象，推荐其他类似属性的对象作为推荐，属于 Schafer 等[90]划分中的 Item-to-Item Correlation 方法。这类算法源于一般的信息检索方法不需要依赖用户对对象的评价意见[91]。对象使用通过特征提取方法得到的对象内容特征来表示，系统基于用户所评价对象的特征学习用户的兴趣，从而考察用户资料与待预测项目相匹配的程度。

对象内容特征的选取在目前的研究中以对象的文字描述为主，如信息检索中最经典的文本特征是词频－倒排文档频率（term frequency-inverse document frequency，TF-IDF）[92]。另外，用户资料模型 Content Based Profile（c）取决于所用机器学习方法，常用的有决策树、贝叶斯分类算法、神经网络、基于向量的表示方法等，数据挖掘领域的众多算法都可以应用。结合对象内容特征和用户资料模型，最终的效用函数可以定义为[93]

$$u(c, s) = \text{score}(\text{Content Based Profile}(c), \text{Content}(s))$$

式中，score 的计算有不同的方法，如使用最简单的向量夹角余弦的距离计算方法。最后得到的 u 值用于排序对象，将最靠前的若干个对象作为推荐。

基于内容推荐的其他研究还包括自适应过滤[94,95]和阈值设定[96,97]等，前者关注如何通过不断到来的对象增量地计算 Content Based Profile (c)，使其更加准确；后者研究用户查询文字和对象特征的匹配方法，从而更精确地计算 Content (s)。

（2）协同过滤推荐系统

协同过滤推荐系统是推荐系统中最为成功的技术之一，它于20世纪90年代开始研究并促进了整个推荐系统研究的繁荣，大量论文和研究都属于这个类别。

协同过滤推荐的基本思想是：找到与当前用户 c_{cur} 相似（如兴趣和口味相似）的其他用户 c_j，计算对象 s 对于用户的效用值 $u(c_j, s)$，利用效用值对所有 s 进行排序或者加权等操作，找到最适合 c_{cur} 的对象 s^*。其基本思想非常易于理解，如在日常生活中，我们往往会利用好朋友的推荐来进行一些选择。协同过滤正是把这一思想运用到推荐系统中来，即基于其他用户对某一内容的评价向目标用户进行推荐。

协同过滤推荐系统可以说是从用户的角度进行推荐的，并且是自动的，也就是说，用户所获得的推荐是系统从用户购买或浏览等行为中隐式获得的，不需要用户主动地去查找适合自己兴趣的推荐信息，如填写一些调查表格等。其另一个优点是对推荐对象没有特殊的要求（而基于内容的推荐需要对推荐对象进行特征分析），能够处理非结构化的复杂对象，如音乐、电影等。同时，研究用户之间的关系需要大量的用户访问行为的历史数据，与社会网络研究有交叉点，有丰富的研究基础和广阔的前景。对协同过滤最早的研究有 Grundy 系统[98]，后来的研究成果包括 Tapestry 系统[99]、GroupLens[100]、Ringo[101]、PHOAKS 系统[102]、Jester 系统[103]等。

（3）混合推荐系统

混合推荐系统的一个最重要原则就是通过混合各类推荐算法来避免或弥补各自推荐算法的弱点。研究和应用最多的是内容推荐与协同过滤推荐的组合。尽管从理论上有很多种推荐组合方法，但不同的组合思路适用于不同的应用场景。将研究人员提出的组合思路大致分为如下三类。

1）后融合：融合两种或两种以上的推荐方法各自产生的推荐结果，如使用基于内容的方法和协同过滤方法分别得到推荐列表，融合列表的结果决定最后推荐的对象。

2）中融合：以一种推荐方法为框架，融合另一种推荐方法，如以基于内容的方法为框架，融合协同过滤方法，或者以协同过滤方法为框架，融合基于内容的方法。

3）前融合：直接融合各种推荐方法，如将基于内容和协同过滤的方法整合到一个统一的框架模型下。

1.3.3　推荐系统研究内容

一般来说，推荐系统研究主要涉及四个方面的问题。第一，要解决推荐系统信息来源问题。推荐系统的基础是用户兴趣资料信息，如何尽可能获得更多用户的相关信息，并以合适的形式表示是进行个性化推荐的前提。第二，要使推荐结果被用户接受和认可，核心问题是设计准确、高效的个性化推荐算法。第三，要让推荐系统为广大用户接受，必须对推荐系统做出客观综合的评价，尤其要从精度、个性化、安全性、用户满意度等方面进行评价。第四，推荐系统的应用是最终研究的落脚点。

（1）用户信息获取与建模

用户信息获取与建模是个性化推荐系统研究和应用需要解决的一个关键问题。例如，用户信息获取已由简单的信息输入转变为与用户交互，以便能获得更多用户信息。

用户建模主要利用数据收集、模型表示、学习和更新四种方法对推荐系统用户进行建模。数据收集为模型的学习和更新提供了必需的数据源，它收集的数据数量和质量影响着模型学习与更新过程的效率及效果。模型表示为用户兴趣知识的表达提供了一种格式化方案，知识的格式化伴随着模型学习过程的完成而完成。模型建立后，对模型的不断维护和更新使得用户的最新兴趣能够被不断跟踪，从而提高了推荐系统的有效性和实用性。

目前，用户建模技术已发展的比较完备，但随着推荐系统实际应用领域的不断扩大，推荐系统对用户建模技术的可扩展性、实时性、增量性等方面提出了更高的要求。同时，新的需求不断涌现，为推荐系统用户建模的研究提供了新的方向，如不同应用背景下的用户建模研究、面向群体用户的建模研究和用户建模过程可视化技术研究等。

（2）推荐算法研究

推荐算法是推荐系统的核心部分，研究内容如下：① 研究、分析和比较不同推荐方法的特征与适用范围，以及如何在推荐系统中综合运用这些方法，包括个性化推荐和非个性化推荐、基于用户统计信息的推荐、基于内容的推荐、基于效用的推荐、基于知识的推荐、基于规则的推荐和混合推荐等。② 研究基于用户模糊需求和兴趣变化的个性化推荐技术。研究如何把用户潜在的需求转化为现实的需求并进行个性化推荐，研究如何识别用户的潜在需求，并用合适的方式表达这种潜在需求，选择并综合应用上述推荐技术，获得用户满意的输出；研究如何识别用户需求的变化，如何改进推荐算法以适应新的问题背景，针对用户兴趣的变化做出个性化推荐。③ 研究解决协同推荐中"冷启动"和稀疏性问题的新方法。

此外，数据规模的扩大对推荐算法的实时性、可移植性等提出了更高的要求。人工智能、神经网络等交叉领域的引入也值得研究。

(3) 推荐系统的评价问题

要使推荐系统为广大用户所接受，必须对推荐系统做出客观、综合的评价。研究内容包括：① 推荐结果的可信性研究；② 推荐系统的个性化指标研究，如何测度推荐的个性化程度是推荐系统评价的重要内容；③ 推荐系统的接受程度指标研究，用实验调研法研究用户对推荐系统满意程度的测定，鉴别影响推荐系统效果的关键因素；④ 推荐系统的评价方法研究，如何针对不同推荐系统的特点选择合适的评价方法；⑤ 推荐系统的综合评价指标体系的研究，包括指标及权重的确定。

(4) 推荐系统的应用研究

推荐系统具有广泛的应用前景，其应用领域不仅包括图书、CD、电影、新闻、电子产品、旅游业，还扩展到金融服务及其他许多产品和服务。由于推荐系统在应用背景上存在很大差异，应用研究应结合具体行业、产品、用户和系统的特征而展开。研究内容包括：① 个性化推荐系统与其他电子商务系统相集成的接口方法。研究电子商务推荐系统与企业营销系统及客户关系管理系统等的集成框架、方法与接口，研究电子商务推荐系统在客户关系管理中的应用。② 探索推荐系统在银行、保险、电信等行业的应用。研究银行、保险、电信等不同行业推荐对象的特点，以及对个性化推荐的具体需求，结合不同行业的特点和需求，建立起电子商务推荐系统的应用框架。③ 扩展推荐系统的应用对象和应用范围，如面向群体的推荐等。

1.3.4 数据挖掘与推荐系统

数据挖掘是从大量的、不完全的、有噪声的、模糊的、随机的数据中，提取隐含在其中的、事先不知道的但又是潜在有用的信息和知识的过程。它是一门交叉学科，集成了诸多学科中成熟的工具和技术，包括统计学、数据库技术、机器学习、模型识别、人工智能等。数据挖掘技术已经有了很好的应用，如销售、银行、电信、保险、交通等领域。数据挖掘所能解决的典型商业问题包括数据库营销、客户群体划分、背景分析、交叉销售等市场分析行为，以及客户流失性分析、客户信用记分、欺诈发现等。将数据挖掘技术应用于教育领域，也是这些技术发展的必然趋势[104]。

个性化推荐是数据挖掘中一项非常有用的技术，它在20世纪90年代被作为一个独立的概念提出来，近些年有了迅速的发展，这得益于Web2.0技术的成熟。有了个性化推荐技术，用户不再是被动地获取信息，而是成为获取信息这个过程中的主动参与者。它在商业领域大获成功，在一个实际的推荐系统中需要推荐的产品可能会有上万种，甚至更多，如Amazon、eBay、YouTube等，用户的数目也会非常大。准确、高效的推荐系统可以挖掘用户潜在的消费倾向，为众多的用户提供个性化服务[105]。

1.3.5　推荐系统面临的挑战

（1）可扩展性问题

由于传统的协同过滤是基于最近邻的搜索方法，计算量会随着在线用户和推荐对象数量的增加而迅速增加，对于大型Web应用，推荐系统必须能够快速处理维度为上百万的用户评价矩阵，并且实时地在全部的用户空间上为目标用户搜索最近邻，完成推荐。因此传统的推荐算法存在严重的实时性和扩展性问题，目前很多研究指出推荐系统的推荐精度和实时性是一对矛盾，在保证实时性要求的同时，难以保证推荐质量。在不损失推荐精度的前提下，有效地提高系统的实时性和可扩展性是推荐算法一直以来面临的挑战。

（2）稀疏性问题

原始评分矩阵的稀疏性是推荐算法面临的重要问题之一，由于系统中每个用户只对少数项目评价过，随着系统规模的不断扩大，项目的不断增加，整个评分矩阵变得非常稀疏，在超高维空间下计算用户的相似性会变得不准确，无法为用户找到最近邻，导致推荐效果明显变差。目前，解决稀疏性的方法集中在维数约简思路，通过机器学习中的分类方法，或采用技术降维手段抽取特征数据，映射到低维空间，使原始数据变得更为稠密。另外，还可以利用原始数据中的潜在结构进行数据压缩，以达到减少维度的目的。

（3）新用户问题

新用户与新项目问题都属于冷启动问题，在协同过滤推荐系统中，几乎没有存储新用户评分信息，协同过滤算法是通过比较用户的历史评分信息而产生推荐的，因此算法无法向新用户进行评分预测和推荐服务。一些研究也针对这个问题提出了解决方案，通过集成用户的其他个性信息来改进推荐效果。

(4) 新项目问题

在推荐系统中如果一个新项目首次出现,没有用户进行评分过,必须经过一段系统的运行后,才会有用户查看并进行评分。新项目无法进行分析和推荐是传统协同过滤推荐系统存在的问题,伴随着新用户问题,在系统运行的初期,推荐的准确性会比较差,面临冷启动问题。新项目问题可以通过结合使用基于内容的推荐等组合推荐策略来缓解。

(5) 健壮性问题

推荐系统必须在获取有保证的数据前提下,为用户提供优质的、可靠的推荐服务,对于用户提交的正确数据系统应该具有良好的隐私保护机制,如果有用户恶意地捏造假评分数据来欺骗系统,以达到被频繁推荐的目的,推荐系统是否可以通过技术手段识别此类的"托攻击",去除不正常的用户与数据,提高推荐系统的稳定性,是目前研究系统健壮性所需要分析的问题。

1.4 研究思路

针对当前学习资源推荐系统面临的主要技术难题,在已有研究成果基础上,笔者围绕数据挖掘优化方法、学习者建模与学习资源推荐及大数据环境下学习资源推荐方法等问题展开研究,具体研究思路如下。

1) 在数据挖掘优化方法研究方面,笔者着重探讨特征提取方法和智能分类方法。特征提取方法研究,在已有研究成果的基础上,先后提出流形判别分析、融合数据分布特征的多视角分析方法、基于图的人脸特征提取方法、基于 Fisher 准则的半监督特征提取方法、融合全局和局部特征的特征提取方法等,相关内容详见第 2 章。智能分类方法研究,先后对融合数据分布特征的保序分类方法、模糊双超球分类方法、基于边界的最大间隔模糊分类方法、具有 N-S 磁极效应的最大间隔模糊分类方法、面向大规模数据的非线性集成分类方法进行了探讨,以期提高传统分类方法的工作效率,相关内容详见第 3 章。

2) 在学习者建模与学习资源推荐研究方面,笔者首先对学习者建模与学习资源推荐的学术发展史和研究现状进行了梳理,并在此基础上,提出一系列学习者建模方法与学习资源推荐方法。学习者建模研究,先后探讨了基于本体的学习者建模方法、基于主题模型的学习者建模方法、基于社交网络的学习者建模方法,相关内容详见第 4 章;学习资源推荐方法研究,围绕基于兴趣图谱的学习资源推荐、基于二部图的学习资源混合推荐、基于本体的学习资源推荐等方法展开研究,相关内容详见第 5 章。

3）在大数据环境下学习资源推荐方法研究方面，笔者基于大数据的概念和特点，深入分析了传统推荐系统与大数据环境下推荐系统的差异，并基于此，研究了大数据环境下的用户建模、推荐算法以及推荐结果评价方法，着力构建大数据环境下的学习资源推荐系统的功能框架，为相关研究提供有价值的参考，相关内容详见第 6 章。

第 2 章　特征提取方法

在信息时代，互联网技术日新月异，采集和获取数据的技术不断涌现，存储和传输数据的能力不断提升，相关技术应用领域不断拓展，积累了海量的高维复杂数据，带来了所谓"数据丰富，知识匮乏"的现象，出现了"维数灾难"[17,18]的问题。在这种情况下，单纯地依靠特征选择来处理这些海量的高维数据已经远远不能达到现实需求，特征提取方法及策略应运而生，并逐步成为研究热点。

特征提取作为数据挖掘的一项重要研究内容，其在处理高维复杂数据时具有良好的效果[106]。特征提取是指将原始特征空间根据某种准则变换得到低维投影空间的过程[107,108]。特征提取可以看作是一种数据预处理技术的延伸，将高维数据转换成为易于处理的低维数据。其方法通常采用一个函数或映射，对数据进行线性或非线性变换来降低原始数据的维度。实践表明，合理地对高维数据进行特征提取，能够有效地应对"维数灾难"问题。特征提取方法发展至今，研究人员在已有理论框架和学习模型的基础上，针对不同应用场景提出众多新的特征提取方法。随着研究的逐步深入，特征提取的研究对象正在不断拓展，已经在文本挖掘、信息检索、资源推荐、自然语言处理及情感分析等众多领域发挥着重要的作用。

本章围绕特征提取方法展开研究。2.1 节介绍背景知识；2.2 节至 2.6 节针对现有特征提取方法面临的挑战和不足，提出一系列特征提取优化方法[109-113]。此外，笔者在该领域还有一些研究成果[114-120]值得借鉴。

2.1　背 景 知 识

2.1.1　线性判别分析

线性判别分析（linear discriminant analysis，LDA）[121]是数据挖掘中一种经典的有监督学习方法，其最初由 Fisher 于 1938 年提出，为各种线性判别分析方法的提出奠定了基础，因此 LDA 也被称为 FLDA（Fisher linear discriminant analysis）。LDA 的基本思想是保证特征提取后的同类样本尽可能紧密，而异类样本尽可能远离。它的目标是最小化类内离散度的同时兼顾类间离散度,最大化地保留数据的有效特征,具体思想是找寻一最优投影方向,使样本在该方向上具有最优的可分性,是一种有效的降维方法。

(1) 方法思想

LDA 引入类间离散度矩阵和类内离散度矩阵两个概念,利用 Fisher 准则,建立最优化问题。

设有 N 个 d 维样本 x_1, x_2, $\cdots$, x_N, 类别数为 c, 各类样本数为 $N_i(i=1, 2, 3, \cdots, c)$。$\bar{x}$ 表示所有样本均值,$\bar{x}_i$ 表示第 $y_x = c/x^n$ 类样本均值。类间离散度和类内离散度分别定义为

$$S_B = \sum_{i=1}^{c} \frac{N_i}{N}(\bar{x}_i - \bar{x})(\bar{x}_i - \bar{x})^T \tag{2.1}$$

$$S_W = \sum_{i=1}^{c} \sum_{j=1}^{N_i} \frac{1}{N}(\bar{x}_{ij} - \bar{x}_i)(\bar{x}_{ij} - \bar{x}_i)^T \tag{2.2}$$

Fisher 准则定义为

$$J(W_{opt}) = \max_{W} \frac{W^T S_B W}{W^T S_W W} \tag{2.3}$$

式(2.3)等价为

$$\max_{W} W^T S_B W \tag{2.4}$$

且

$$\min_{W} W^T S_W W \tag{2.5}$$

式中,W 为投影矩阵。

利用 Fisher 准则得到的最优投影矩阵 W_{opt} 保证特征提取后的样本具有最大的类间离散度和最小的类内离散度。当 S_W 非奇异时,W_{opt} 满足等式 $S_W^{-1} S_B W = \lambda W$ 的解。

(2) 线性判别分析的优劣势

LDA 具有如下优势:① LDA 及其改进算法将原最优化问题转化为广义特征值求解问题,可以得到全局最优解,避免其他方法可能得到的局部最优解;② LDA 无需事先给定参数,因而不存在参数选择问题,克服了神经网络等方法的不足。

LDA 面临的两大问题:① 随着应用的深入,LDA 本身也有一些问题亟待解决,其中制约其效率进一步提升的关键问题是 LDA 在特征提取时仅关注样本的全局特征,并未对局部特征予以考虑,这样限制了更多判别信息的获得,进而造成分类性能的局限。② 由于有时样本总数大于样本维数,类内离散度矩阵 S_W 通常非奇异;否则 S_W 是奇异的,此种情况称为小样本问题。

2.1.2 保局投影算法

保局投影（locality preserving projection，LPP）算法[122]是一种典型的流形学习方法，被广泛地应用于人脸识别领域。其目标是保持样本局部流形结构不变，即高维空间的邻近样本在低维空间的相对关系保持不变。

（1）保局投影算法的思想

设有 N 个 d 维样本 x_1，x_2，…，x_N，类别数为 c，各类样本数为 N_i（$i=1,2,3,…,c$）。$\bar{x}$ 表示所有样本均值，$\bar{x}_i$ 表示第 $y_x = c/x^n$ 类样本均值。LPP 可表示为式（2.6）、式（2.7）组成的最优化问题：

$$\min_{W} \sum_{i,j} (W^T x_i - W^T x_j)^2 S_{ij} \tag{2.6}$$

$$\text{s. t.} \sum_{i} W^T x_i D_{ii} x_i^T W = 1 \tag{2.7}$$

式中，W 为投影矩阵；S_{ij} 为权重函数，其表征样本的相似程度；$D_{ii} = \sum_{j} S_{ij}$。利用线性代数理论可将上述最优化问题转化为

$$\min_{W} W^T X L X^T W \tag{2.8}$$

$$\text{s. t.} W^T X D X^T W = 1 \tag{2.9}$$

式中，$L = D - S$，S 为权重矩阵，D 为对角阵且 $D_{ii} = \sum_{j} S_{ij}$；X 为样本集合。LPP 的最佳投影方向可通过求解 $XLX^T W = \lambda XDX^T W$ 的特征向量获得。

（2）保局投影算法的优劣势

LPP 通过保持降维前后样本的相对关系不变实现降维，解决了传统降维方法难以保持原始数据非线性流形结构的问题。然而，LPP 并未考虑到样本的全局特征，当样本中含有噪声时，LPP 的分类性能受到很大影响。

2.2 流形判别分析

在微分几何中，空间 M 上的每一点的无穷小领域定义与欧氏空间某个开集的微分同胚，这些邻接的连接信息组成微分结构，这个微分结构称为流形。流形学习是机器学习、模式识别中的一种方法。其主要思想是将高维数据映射到低维空间中，使之能够反映原始数据某些本质的结构特征。

流形判别分析（manifold discriminant analysis，MDA）针对传统降维方法难以充分利用样本的全局特征和局部流形结构引入两个重要概念：基于流形的类内离散度（manifold-based within-class scatter，MWCS）和基于流形的类间离散度

(manifold-based between-class scatter, MBCS)。在 Fisher 准则的基础上,通过最大化 MBCS 与 MWCS 之比实现降维[109]。

2.2.1 方法描述

受流形学习的启发,MDA 中引入的基于流形的类间离散度和基于流形的类内离散度的定义及最优化分别如下。

(1) 基于流形的类间离散度

受流形学习的启发,首先创建邻接图 $G_D = \{X, D\}$,其中 X 为样本集合,D 表示异类样本间的权重。X 中的任意两个样本 x_i 和 x_j,其异类权重函数定义如下:

$$D_{ij} = \begin{cases} \exp(-d/\|x_i - x_j\|^2) & l_i \neq l_j \\ 0 & l_i = l_j \end{cases} \quad (2.10)$$

式中,$l_i(i = 1, 2, \cdots, N)$,$l_j(j = 1, 2, \cdots, N)$ 表示样本的类别标签;d 为常数。

异类权重函数 D_{ij} 表明:当样本 x_i 和 x_j 异类时,两者间距较大,则两者间的权重较大;当样本 x_i 和 x_j 同类时,则两者间的权重为 0。

为了保持异类样本的局部流形结构,在高维空间彼此远离的异类样本 x_i 和 x_j 降维后仍应保持原有特征。基于上述分析,可得最优化表达式为

$$\max_{W} \sum_{i,j} (y_i - y_j)^2 D_{ij} \quad (2.11)$$

式中,$y_i = W^T x_i$,W 为投影矩阵,$x_i \in X$。

对 $\sum_{i,j} (y_i - y_j)^2 D_{ij}$ 进行代数变化可得

$$\begin{aligned}
\frac{1}{2}\sum_{i,j}(y_i - y_j)^2 D_{ij} &= \frac{1}{2}\sum_{i,j}(W^T x_i - W^T x_j)^2 D_{ij} \\
&= \sum_{i,j}(W^T x_i D_{ii} x_i^T W - W^T x_i D_{ij} x_j^T W) \\
&= W^T X D' X^T W - W^T X D X^T W \\
&= W^T X (D' - D) X^T W \\
&= W^T S_D W \quad (2.12)
\end{aligned}$$

其中,$S_D = X(D' - D)X^T$,D' 为对阵且 $D' = \sum_j D_{ij}$。

将式 (2.12) 代入式 (2.11) 中,可得

$$\max_{W} W^T S_D W \quad (2.13)$$

由分析可知,式 (2.4) 反映了各类样本之间的全局特征,式 (2.13) 表明样本的局部流形结构。为了充分利用样本的全局特征和局部流形结构,综合式 (2.4) 和式 (2.13) 可得

$$\max_{W} \alpha W^T S_B W + (1-\alpha) W^T S_D W$$
$$= \max_{W} W^T [\alpha S_B + (1-\alpha) S_D] W \qquad (2.14)$$
$$= \max_{W} W^T M_B W$$

式中，α 为常数；$M_B = \alpha S_B + (1-\alpha) S_D$，称为 MBCS。

(2) 基于流形的类内离散度

与基于流形的类间离散度类似，定义同类权重函数：

$$S_{ij} = \begin{cases} \exp(-\|x_i - x_j\|^2/s) & l_i = l_j \\ 0 & l_i \neq l_j \end{cases} \qquad (2.15)$$

式中，$l_i(i=1,2,\cdots,N)$，$l_j(j=1,2,\cdots,N)$ 表示样本的类别标签；s 为常数。

同类权重函数 S_{ij} 表明：当样本 x_i 和 x_j 同类时，赋予较大的权重；否则，权重为 0。

为了保持降维前后相邻样本间的相对关系不变，则找到的最佳投影方向应保证满足式（2.16）的优化问题：

$$\min_{W} \sum_{i,j} (y_i - y_j)^2 S_{ij} \qquad (2.16)$$

式中，$y_i = W^T x_i$，W 为投影矩阵，$x_i \in X$。

对 $\sum_{i,j} (y_i - y_j)^2 S_{ij}$ 进行代数变化可得

$$\begin{aligned}
\frac{1}{2}\sum_{i,j}(y_i - y_j)^2 S_{ij} &= \frac{1}{2}\sum_{i,j}(W^T x_i - W^T x_j)^2 S_{ij} \\
&= \sum_{i,j}(W^T x_i S_{ii} x_i^T W - W^T x_i S_{ij} x_j^T W) \\
&= W^T X S' X^T W - W^T X S X^T W \\
&= W^T X (S' - S) X^T W \\
&= W^T S_S W
\end{aligned} \qquad (2.17)$$

式中，$S_S = X(S' - S)X^T$，S' 为对阵且 $S' = \sum_j S_{ij}$。

将式（2.17）代入式（2.16）中，可得

$$\max_{W} W^T S_S W \qquad (2.18)$$

为了有效利用样本的全局特征和局部流形结构，综合式（2.5）和式（2.18）可得

$$\max_{W} \beta W^T S_W W + (1-\beta) W^T S_S W$$
$$= \max_{W} W^T [\beta S_W + (1-\beta) S_S] W \qquad (2.19)$$
$$= \max_{W} W^T M_W W$$

式中，β 为常数；$M_W = \beta S_W + (1-\beta) S_S$，称为 MWCS。

（3）最优化问题

借鉴 LDA，在 Fisher 准则的基础上，通过最大化 MBCS 与 MWCS 之比实现降维。上述思想可转化为式（2.20）的优化问题：

$$J = \max_{W} \frac{M_B}{M_W} = \max \frac{W^{\mathrm{T}}(\alpha S_B + (1-\alpha) S_D) W}{W^{\mathrm{T}}(\beta S_W + (1-\beta) S_S) W} \quad (2.20)$$

由 Lagrange 乘子法可知，式（2.20）中投影矩阵 W 是满足等式 $M_B W = \lambda M_W W$ 的解。

由式（2.20）可以看出，MDA 不仅充分考虑了样本的全局特征，而且保持了样本的局部流形结构。MDA 继承了 LDA 和 LPP 的优势，并在一定程度上提高了降维效率。当 $\alpha = \beta = 1$ 或 $d = s = \infty$ 时，MDA 等价于 LDA；当 $\alpha = \beta = 0$，$d = \infty$ 且 $s < \infty$ 时，MDA 等价于 LPP。

在实际应用中，M_W 往往奇异，无法通过上述优化问题求解。为了方便，采用扰动法解决 M_W 奇异性问题。

基于上述分析，MDA 算法可简述如下。

输入：样本集 X 和降维数 d。

输出：样本集 X 对应的低维嵌入集 $Y = [y_1, y_2, \cdots, y_d]$。

第一步：创建邻接图 $G_D = \{X, D\}$ 和 $G_S = \{X, S\}$，其中 $X = \{x_1, x_2, \cdots, x_N\}$ 表示样本集，D 和 S 分别表示异类和同类样本间的权重。当两个样本点 x_i 和 x_j 异类时，则在两者之间新增一条边，形成异类邻接图；同理形成同类邻接图。

第二步：计算异类权重 D 和同类权重 S。若异类样本点 x_i 和 x_j 之间由边相连，则利用式（2.10）计算异类权重 D；若同类样本点 x_i 和 x_j 之间由边相连，则利用式（2.15）计算同类权重 S。

第三步：分别计算类间离散度 S_B、类内离散度 S_W、基于流形的类间离散度 M_B 及基于流形的类内离散度 M_W。

第四步：解决 M_W 奇异性问题。当 M_W 奇异时，采用扰动法解决该问题，即在其主对角线上增加一个很小的正数 $x_1 = \{x_{11}, x_{12}, \cdots, x_{1n}\}$。设增加扰动后的 M_W 为 M'_W。

第五步：计算最佳投影矩阵 W。最佳投影矩阵 W 满足等式 $M_W^{-1} M_B W = \lambda W$ 或 $M'^{-1}_W M_B W = \lambda W$ 的解。上式前 d 个最大非零特征值对应的特征向量构成投影矩阵 $W = [w_1, \cdots, w_d]$。

第六步：对样本进行降维。对于任意样本 $x_i \in X$，经降维后可得 $y_i = W^{\mathrm{T}} x_i$。

（4）与传统降维方法的关系

传统降维方法主要有两种思路：一是利用样本的全局特征，保证降维前后样本的全局特征不变，典型代表为 LDA；二是尽量保证相邻样本在降维前后的流形结构不变，典型代表为 LPP。但是在实际应用中，LDA 重点考虑的是样本的线性可分性问题，往往忽略样本的局部流形结构，因此降维效率有限。以 LPP 为代表的流形学习方法试图保持流形的局部邻域结构信息并利用这些信息构造全局嵌入。但对噪声和离群值较为敏感，这极大限制了其鲁棒性及泛化能力的提高。

流形判别分析 MDA 在 Fisher 准则的基础上，借鉴流形学习思想，通过最大化 MBCS 与 MWCS 之比实现降维。与传统降维方法相比，MDA 最大优势在于充分利用了样本的全局和局部信息，不仅保证样本在全局上线性可分，而且使得样本的局部流形结构尽量保持不变。

2.2.2 实验分析

通过与主流降维方法 PCA、LPP、LDA 比较，验证 MDA 的有效性。实验环境为 3GHz Pentium4 CPU，2GB RAM，Windows XP 及 Matlab7.0。MDA 的降维效率与参数选择有关。参数通过 5 倍交叉验证获取。参数 W_1 和 x_2 分别在网格 {0.1, 0.2, 0.3, 0.4, 0.5, 0.6, 0.7, 0.8, 0.9} 中搜索选取。实验包括 UCI 二维可视化实验和人脸识别实验。实验步骤如下。

第一步：将样本分为训练样本和测试样本。
第二步：利用 MDA 求最佳投影方向。
第三步：将测试样本投影到最佳投影方向上。
第四步：将投影后的测试样本通过最近邻分类器与训练样本进行特征识别，得到识别结果。

（1）UCI 二维可视化实验

实验选取 UCI 中的 Wine 数据集。该数据集包含 3 类 178 个样本，样本维数为 13。分别在数据上运行 PCA、LPP、LDA、MDA 等降维方法，并将样本降至二维。实验结果如图 2.1 所示。

由图 2.1 可以看出，PCA 降维后的 3 类样本的重叠率较高，降维效率较低。LPP、LDA、MDA 基本能完成降维任务，但三者效率差别较大。三者中，LPP 的识别率最低，主要表现在样本分布松散且 3 类样本边界附近重叠率较高，主要原因在于 LPP 关注样本的局部流形结构，对于样本的全局特征，特别是样本的类内离散度和类间离散度重视不够。LDA 和 MDA 均能达到较高的识别率，但从样本的分布性状看，MDA 显然比 LDA 更优。主要原因是 MDA 同时考虑样本的全局特征和局部流形结构，保证降维过程中尽可能保持样本的原有特征。而 LDA 关注样本的全局特征，但两者均未考虑相邻样本在降维前后相对关系的稳定性，即样本的局部结构。

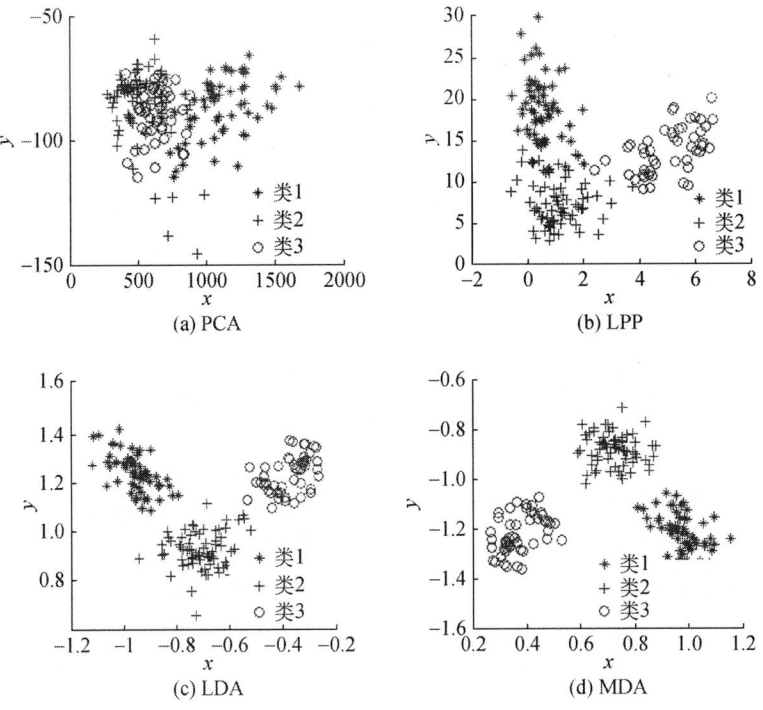

图 2.1 二维可视化实验结果

(2) 人脸识别实验

实验选取 ORL 中每人前 k（$k=3, 4, 5, 6, 7, 8$）幅图像作为训练样本，剩下的作为测试样本；选取 Yale 中每人前 k（$k=4, 5, 6, 7, 8$）幅图像作为训练样本，剩下的作为测试样本。分别在上述数据集（data sets）上运行 PCA、LPP、LDA、MDA，得到的实验结果如表 2.1 所示，其中括号外的值表示最优识别率，括号内的值表示取得最优识别率时的维数。实验中 LDA 实际上为 PCA+LDA。

表 2.1　PCA、LPP、LDA 和 MDA 在人脸数据集上的识别率

数据集	k	PCA	LPP	LDA	MDA
ORL	3	0.711（28）	0.789（28）	0.814（30）	0.875（20）
	4	0.808（28）	0.867（30）	0.875（30）	0.954（18）
	5	0.845（22）	0.890（24）	0.905（30）	0.950（21）
	6	0.863（22）	0.906（30）	0.950（30）	0.963（25）
	7	0.892（20）	0.917（22）	0.925（26）	0.958（20）
	8	0.873（20）	0.925（30）	0.938（26）	0.963（23）

续表

数据集	k	PCA	LPP	LDA	MDA
Yale	4	0.619（12）	0.733（14）	0.667（14）	0.733（12）
	5	0.667（14）	0.763（14）	0.767（14）	0.767（13）
	6	0.653（12）	0.770（14）	0.747（10）	0.787（14）
	7	0.750（12）	0.833（12）	0.833（14）	0.900（14）
	8	0.800（10）	0.899（14）	0.822（14）	0.867（14）

由表2.1可以看出，在ORL数据集上，与PCA、LPP、LDA相比，MDA具有最优识别率；在Yale数据集上，除$k=8$外，MDA具有最优识别率。

（3）识别率与降维数的关系

实验选取ORL中每人前5幅照片作为训练样本，剩下的作为测试样本；选取Yale中每人前9幅照片作为训练样本，剩下的作为测试样本，实验结果如图2.2所示。

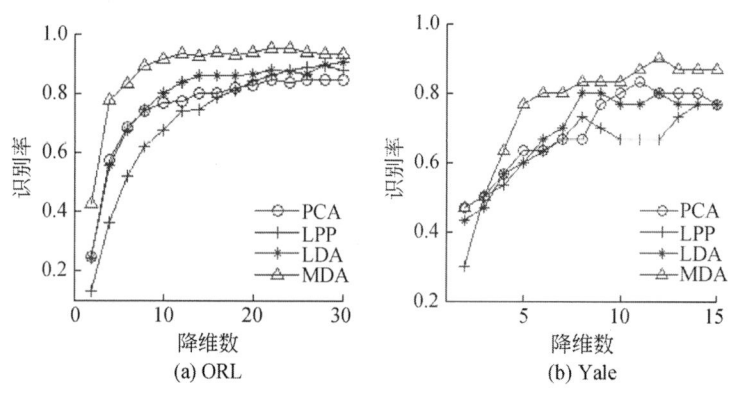

图2.2 识别率与降维数的关系

由图2.2可以看出，随着降维数的增大，识别率基本呈上升趋势（个别情况除外）。与PCA、LPP、LDA相比，MDA的识别率最优。

表2.1和图2.2均表明MDA的识别率优于PCA、LPP、LDA。其原因归纳如下：① PCA试图在样本空间中找到最能表征样本特征的主成分，而其往往忽略同类样本间的相似度及异类样本间的差异性。② LDA关注的是样本的全局特征，分别用类内离散度和类间离散度表示同类样本间的相似度与异类样本间的差异性。对样本的局部流形结构重视不够，无法保持降维前后样本的局部特征。③ LPP的基本思想是尽量保证相邻样本在降维前后相对关系不变，很好地保持样本的局部结构，但其对全局信息考虑不足，因此在降维过程中易受噪声点或奇

异点的影响。④ MDA 充分利用样本的全局信息和局部信息，有机地将 Fisher 准则和局部流形保持结合起来，有效地提高了降维效率。

2.2.3 小结

当前主流降维方法基本上围绕两种思路提出：一是保证降维前后样本的全局特征不变，典型代表有 LDA；二是保持降维前后样本的局部流形结构不变，典型代表有 LPP。在分析已有方法不足的基础上，提出 MDA。该方法充分利用样本的全局特征和局部流形结构，将 Fisher 准则和局部流形保持有机地结合起来，有效地提高了降维效率。标准数据集上的实验结果证明了 MDA 方法的有效性。实际应用往往面临线性不可分的情况，如何解决非线性问题成为特征降维领域的研究热点之一。MDA 是针对线性空间提出的，当线性不可分时，如何进行特征降维将是下一步的工作。

2.3 融合数据分布特征的多视角分析方法

信息时代背景下，人们往往面对的是高维度、多样式、多形式及多描述性的多视角数据，为挖掘这些数据中的关键信息，研究人员提出典型相关分析（canonical correlation analysis，CCA）[123]的方法。后在传统 CCA 基础上作出改进，提出多视角相关分析（multi-view canonical correlation analysis，MCCA）[124]，以简化降维过程。

融合数据分布特征的多视角分析（multi-view canonical correlation analysis with distribution properties，MCCA-DP）基于 CCA 与 MCCA，引入 LDA 中的类间离散度和类内离散度，用以表征数据的分布特征，来提升降维的性能[110]，并在学生体测成绩数据集和多特征手写体数据集上进行实验验证。

2.3.1 方法描述

首先介绍 CCA 的基本内容，后对 MCCA-DP 的最优化问题进行详细阐述。

（1）CCA

CCA 目标是最大化降维后两组变量之间的相关性，是一种降维技术。设给定两个视角的样本集 $x_1 = \{x_{11}, x_{12}, \cdots, x_{1n}\}$ 和 $x_2 = \{x_{21}, x_{22}, \cdots, x_{2m}\}$，其中 $x_1 \in R^n$，$x_2 \in R^m$。CCA 目标是寻找一对投影矩阵 W_1 和 W_2，将 x_1 投影到 W_1，x_2 投影到 W_2，即 $W_1^T x_1$ 和 $W_2^T x_2$，使两者相关性最大。CCA 的最优化问

题可表示为

$$\max_{W_1, W_2} W_1^T x_1 x_2^T W_2$$

$$\text{s. t. } W_1^T x_1 x_1^T W_1 = 1, W_2^T x_2 x_2^T W_2 = 1 \qquad (2.21)$$

由 Lagrange 定理将原问题转化为如下问题：

$$\begin{bmatrix} 0 & C_{12} \\ C_{21} & 0 \end{bmatrix} \begin{bmatrix} W_1 \\ W_2 \end{bmatrix} = \lambda \begin{bmatrix} C_{11} & 0 \\ 0 & C_{22} \end{bmatrix} \begin{bmatrix} W_1 \\ W_2 \end{bmatrix} \qquad (2.22)$$

式中，C_{ii} 是第 i（$i=1,2$）个视角的协方差矩阵；C_{12} 是第 1 个视角和第 2 个视角的协方差矩阵；C_{21} 是 C_{12} 的转置；λ 为常数。

令 $A = \begin{bmatrix} 0 & C_{12} \\ C_{21} & 0 \end{bmatrix}$，$B = \begin{bmatrix} C_{11} & 0 \\ 0 & C_{22} \end{bmatrix}$，$W = \begin{bmatrix} W_1 \\ W_2 \end{bmatrix}$。

将原问题转化为以下形式：

$$AW = \lambda BW$$

若 B 可逆，则式（2.22）转化为

$$B^{-1}AW = \lambda W \qquad (2.23)$$

若 B 不可逆，在矩阵 B 的对角线加一个扰动因子 δ，保证其可逆。同理可得式（2.23）。其中 δ 是一个大于 0 的很小的正数。

只要求出 $B^{-1}A$ 的前 k 个非负特征值 λ_i（$i=1,\cdots,k$），就可求出对应的 W_1 和 W_2。

（2）最优化问题

MCCA-DP 的最优化问题可以描述为

$$\max_{W_1, W_2, \cdots, W_m} \frac{1}{2} \sum_{i=1}^{m} W_i^T (S_B - S_W) W_i + \sum_{i<j} W_i^T x_i x_j^T W_j$$

$$\text{s. t. } W_i^T x_i x_i^T W_i = 1 \quad i = 1, 2, \cdots, m \qquad (2.24)$$

令 MCCA-DP 的 Lagrange 函数为

$$L(W_1, W_2, \cdots, W_m) = \frac{1}{2} \sum_{i=1}^{m} W_i^T (S_B - S_W) W_i + \sum_{i<j} W_i^T x_i x_j^T W_j - \sum_{i=1}^{m} \frac{\lambda_i}{2} (W_i^T x_i x_i^T W_i - 1)$$

(2.25)

式中，Lagrange 乘子 $\lambda_i \geq 0$。

L 分别对 W_1，W_2，$\cdots$，W_m 求导并令导数等于 0，可得式（2.26）~ 式（2.28）：

$$\frac{\partial L}{\partial W_1} = (S_B - S_W) W_1 + \sum_j x_1 x_j^T W_j - \lambda_1 x_1 x_1^T W_1 = 0 \qquad (2.26)$$

$$\frac{\partial L}{\partial W_2} = (S_B - S_W) W_2 + \sum_j x_2 x_j^T W_j - \lambda_1 x_2 x_2^T W_2 = 0 \qquad (2.27)$$

$$\vdots$$

$$\frac{\partial L}{\partial \boldsymbol{W}_m} = (\boldsymbol{S}_B - \boldsymbol{S}_W)\boldsymbol{W}_m + \sum_j x_m x_j^{\mathrm{T}} \boldsymbol{W}_j - \lambda_m x_m x_m^{\mathrm{T}} \boldsymbol{W}_m = 0 \quad (2.28)$$

令 $\boldsymbol{H} = \boldsymbol{S}_B - \boldsymbol{S}_W$，由式（2.26）~式（2.28）可得

$$\begin{bmatrix} \boldsymbol{H} & \boldsymbol{C}_{12} & \cdots & \boldsymbol{C}_{1m} \\ \boldsymbol{C}_{21} & \boldsymbol{H} & \cdots & \boldsymbol{C}_{2m} \\ \vdots & \vdots & \ddots & \vdots \\ \boldsymbol{C}_{m1} & \boldsymbol{C}_{m2} & \cdots & \boldsymbol{H} \end{bmatrix} \begin{bmatrix} \boldsymbol{W}_1 \\ \boldsymbol{W}_2 \\ \vdots \\ \boldsymbol{W}_m \end{bmatrix} = \begin{bmatrix} \lambda_1 & & & \\ & \lambda_2 & & \\ & & \ddots & \\ & & & \lambda_m \end{bmatrix} \begin{bmatrix} \boldsymbol{C}_{11} & & & \\ & \boldsymbol{C}_{22} & & \\ & & \ddots & \\ & & & \boldsymbol{C}_{mm} \end{bmatrix} \begin{bmatrix} \boldsymbol{W}_1 \\ \boldsymbol{W}_2 \\ \vdots \\ \boldsymbol{W}_m \end{bmatrix}$$

$$(2.29)$$

式中，$\boldsymbol{C}_{ii}$ 是第 $i(i=1, 2, \cdots, m)$ 个视角的协方差矩阵；$\boldsymbol{C}_{ij}$ 是第 i 个视角和第 j 个视角的协方差矩阵；$\boldsymbol{C}_{ji}$ 是 $\boldsymbol{C}_{ij}$ 的转置。

令 $\boldsymbol{A} = \begin{bmatrix} \boldsymbol{H} & \boldsymbol{C}_{12} & \cdots & \boldsymbol{C}_{1m} \\ \boldsymbol{C}_{21} & \boldsymbol{H} & \cdots & \boldsymbol{C}_{2m} \\ \vdots & \vdots & \ddots & \vdots \\ \boldsymbol{C}_{m1} & \boldsymbol{C}_{m2} & \cdots & \boldsymbol{H} \end{bmatrix}$，$\boldsymbol{B} = \begin{bmatrix} \boldsymbol{C}_{11} & & & \\ & \boldsymbol{C}_{22} & & \\ & & \ddots & \\ & & & \boldsymbol{C}_{mm} \end{bmatrix}$，

$\boldsymbol{W} = [\boldsymbol{W}_1, \boldsymbol{W}_2, \cdots, \boldsymbol{W}_m]^{\mathrm{T}}$，$\boldsymbol{\lambda} = \begin{bmatrix} \lambda_1 & & & \\ & \lambda_2 & & \\ & & \ddots & \\ & & & \lambda_m \end{bmatrix}$。

求出 $\boldsymbol{W}$ 以后，将数据样本分别投影到其低维子空间并进行分类比较。

MCCA-DP 的算法流程如下。

输入：训练数据集 X_Train。

输出：测试数据集 X_Test 中数据样本所属类别。

第一步：将目标数据分为训练数据集和测试数据集。

第二步：利用 Lagrange 乘子法将 MCCA-DP 最优化问题转化为如式（2.23）所示的形式。

第三步：在训练数据集 X_Train 上运行 MCCA-DP 算法，得到前 k 个非负特征值 $\lambda_i(i=1, 2, \cdots, k)$，并得到投影矩阵 $\boldsymbol{W}$。

第四步：计算出测试数据集 X_Test 对应的低维样本数据。

第五步：利用第四步得到的数据集用 KNN 分类方法进行判定类属，从而得到 MCCA-DP 算法的分类精度。

2.3.2 实验分析

(1) 学生体测成绩数据集实验

实验采用的是中北大学学生体测成绩的数据作为实验数据集。实验将学生的身体形态、肺通气功能和其他体测成绩作为研究对象。其中身体形态包括身高、体重和胸围三个特征;肺通气功能包括肺活量、静息通气量和每分钟最大通气量;其他体测成绩包括立定跳远、坐位体前屈和50m跑分数。每个视角的样本都有3000个样本。

通过与CCA、MCCA传统方法的比较来验证MCCA-DP方法的有效性。其中CCA降维后的数据串行组合后进行下一步的分类。实验分别将数据样本的30%、40%、50%、60%、70%、80%作为训练数据集,其余为测试数据集,实验结果如表2.2所示。

表2.2 学生体测成绩对比实验结果

训练样本	测试样本	CCA	MCCA	MCCA-DP
30%(900)	70%(2100)	0.625	0.656	0.736
40%(1200)	60%(1800)	0.679	0.712	0.815
50%(1500)	50%(1500)	0.735	0.787	0.882
60%(1800)	40%(1200)	0.786	0.841	0.918
70%(2100)	30%(900)	0.842	0.865	0.948
80%(2400)	20%(600)	0.868	0.915	0.956
平均分类准确率		0.7558	0.7960	0.8758

注:括号中的数字表示样本数,单位为个。

由表2.2可以看出,随着训练样本规模的增大,CCA、MCCA、MCCA-DP三种降维方法的分类准确率呈上升趋势。在不同训练样本规模下,MCCA-DP较CCA、MCCA降维性能更优。从平均分类准确率来看,与CCA、MCCA的降维方法相比,MCCA-DP降维后的分类准确率更优。究其原因,MCCA-DP在降维过程中考虑了数据的分布形状,进而对分类结果产生影响。因此,与CCA、MCCA相比,MCCA-DP的降维表现更优。

(2) 多特征手写体数据集实验

实验数据集采用UCI机器学习知识库中的多特征手写体数据集(multiple

feature database，MFD)[124]。该数据集有 0~9 十个数字，每个数字有 200 个样本。从中抽取出 6 种特征看作 6 个不同的视角。表 2.3 描述了 MFD 数据集的详细信息。为了防止数据维度稀疏，首先用 PCA 将数据集降到 50 维，而 Zer 和 Mor 数据集维度不变。

表 2.3　MFD 数据集详细信息

特征	特征名	特征描述	特征维数
1	Fac	轮廓相关特征	216
2	Pix	像素平均值	240
3	Fou	傅里叶变换特征	76
4	Kar	K-L 展开系数	64
5	Zer	Zemike 矩特征	47
6	Mor	形态学特征	6

通过与 CCA、MCCA 的传统降维方法的比较来验证 MCCA-DP 的有效性。其中 CCA 降维后的低维数据集采用串行组合后进行识别。本实验选取每个数字样本的 75% 作为训练数据集，其余样本作为测试数据集。采用 KNN 分类方法，以识别的准确率作为性能的衡量指标。实验结果如图 2.3 所示。其中横轴表示目标数据降到的维度，纵轴表示数字识别的准确率。

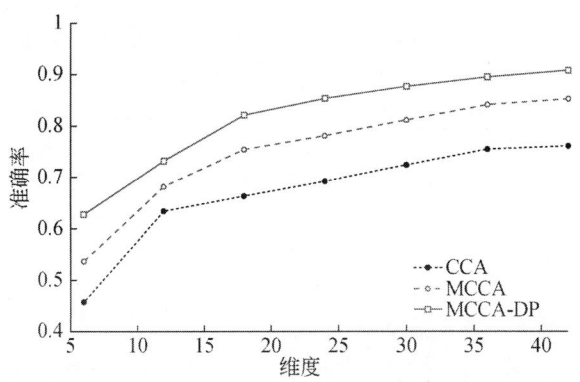

图 2.3　MFD 数据集上的识别率对比

由图 2.3 可以看出，当维度降到 10 以上时，与 CCA、MCCA 相比，MCCA-DP 方法识别的准确率明显更优。此外，由于 MCCA-DP 方法在特征降维过程中，考虑了数据样本的分布特征，其低维子空间的特征更具识别度，分类能力更强，说明 MCCA-DP 方法是一种有效的降维方法，且同时适用于学生体测成绩数据的分类与多特征手写体数据的识别中。

2.3.3 小结

CCA 作为一种有效的数据降维方法，在实际生活中得到了广泛的应用。研究人员针对 CCA 在实际应用中的局限性提出 MCCA，克服了 CCA 在实际应用中降维过程较为繁琐的缺点，获得了较好的降维性能。但这两种降维方法只关注数据样本间的相关性，未能充分考虑数据样本内部的分布特征。鉴于此，在 MCCA 的基础上，提出 MCCA-DP。通过引入 LDA 中的类间离散度 S_B 和类内离散度 S_W，用以表征学生体测数据的分布特征，并在学生体测成绩数据集和多特征手写体数据集上进行比较实验来验证其有效性。

2.4 基于图的人脸特征提取方法

人脸识别是模式识别的重要研究内容，其研究内容涉及计算机视觉、人工智能、神经网络、认知科学和心理学等众多学科，目前已广泛应用于刑侦破案、证件验证、视频监控、门禁系统等领域。人脸识别经常遇到由样本维数过高引起的"维数灾难"问题[17,18,125]。因此，对高维样本进行特征提取尤为重要。特征提取是指原始特征空间根据某种准则变换得到低维投影空间的过程。

基于图的人脸特征提取（face feature extraction based on graph，FFEG）方法充分考虑样本的全局特征和局部特征，通过图建立样本间的关系网络，保证类内样本紧密而类间样本松散，保证降维前后样本全局和局部特征的稳定性[111]，并在标准人脸数据库上与其他方法进行对比验证来证明所提出理论和方法的有效性。

2.4.1 方法描述

在 FFEG 中，样本用节点表示。为了建立样本间的关系，引入类内特征矩阵和类间特征矩阵。设给定训练集合 $T = \{(x_1, y_1), \cdots, (x_N, y_N)\}$，其中 $x_i \in R^d (1 \leq i \leq N)$ 为输入样本，y_i 为类别标签，N 和 c 分别为样本数和类别数。

类内特征矩阵：反映类内样本间的紧密程度，其定义为

$$P_W = \sum_i \sum_j \| W^T x_i - W^T x_j \|^2 S_{ij} \qquad (2.30)$$

其中，相似权重矩阵 S_{ij} 定义如下：

$$S_{ij} = \begin{cases} \exp(-\|x_i - x_j\|^2) & y_i = y_j \\ 0 & y_i \neq y_j \end{cases} \quad (2.31)$$

类间特征矩阵：反映类间样本的松散程度，其定义为

$$P_B = \sum_i \sum_j \|W^T x_i - W^T x_j\|^2 D_{ij} \quad (2.32)$$

其中，相异权重矩阵 D_{ij} 定义如下：

$$D_{ij} = \begin{cases} \exp(-\|x_i - x_j\|^2) & y_i \neq y_j \\ 0 & y_i = y_j \end{cases} \quad (2.33)$$

为了表示方便，式（2.30）可转化为

$$P_W = \sum_i \sum_j \|W^T x_i - W^T x_j\|^2 S_{ij}$$

$$= \sum_i \sum_j \mathrm{tr}((W^T x_i - W^T x_j)(W^T x_i - W^T x_j)^T) S_{ij}$$

$$= \sum_i \sum_j \mathrm{tr}(W^T (x_i - x_j)(x_i - x_j)^T W) S_{ij}$$

由于 S_{ij} 为矩阵，则上式等价为

$$P_W = \mathrm{tr}(W^T (2XS'X^T - 2XSX^T) W)$$

$$= 2\mathrm{tr}(W^T (XS'X^T - XSX^T) W)$$

$$= 2\mathrm{tr}(W^T X(S' - S) X^T W)$$

$$= 2\mathrm{tr}(W^T WLW^T W)$$

其中，$S' = \mathrm{diag}(S_{ii})$，$S_{ii} = \sum_j S_{ij}$，$L = S' - S$。

同理可得

$$P_B = \mathrm{tr}(W^T (2XD'X^T - 2XDX^T) W)$$

$$= 2\mathrm{tr}(W^T (XD'X^T - XDX^T) W)$$

$$= 2\mathrm{tr}(W^T X(D' - D) X^T W)$$

$$= 2\mathrm{tr}(W^T XL'X^T W)$$

其中，$D' = \mathrm{diag}(D_{ii})$，$D_{ii} = \sum_j D_{ij}$，$L' = D' - D$。

为了保证降维后的样本类内紧密而类间松散，则定义如下 Fisher 准则函数：

$$J = \max_W \frac{P_B}{P_W} \quad (2.34)$$

将 P_B、P_W 分别代入式（2.34），可得

$$J = \max_W \frac{\mathrm{tr}(W^T XL'X^T W)}{\mathrm{tr}(W^T XLX^T W)} \quad (2.35)$$

由线性代数理论不难发现 W 满足等式：

$$XL'X^TW = \lambda XLX^TW \tag{2.36}$$

当 XLX^T 非奇异时，上式两边同乘以 $(XLX^T)^{-1}$，则有

$$(XLX^T)^{-1}(XL'X^T)W = \lambda W$$

求解上式等价于求解一般矩阵 $(XLX^T)^{-1}(XL'X^T)$ 的特征值问题。当 XLX^T 奇异时，通过在矩阵 XLX^T 主对角线上增加很小的扰动项来实现奇异消除。

基于上述分析，FFEG 算法流程可简述如下。

第一步：构建样本间的关系。当 x_i 和 x_j 同类时，利用式（2.31）建立相似权重矩阵 S；当 x_i 和 x_j 异类时，利用式（2.33）建立相异权重矩阵 D。

第二步：构建拉普拉斯矩阵 L 及 L'。其中 $L = S' - S$，$S' = \mathrm{diag}(S_{ii})$，$S_{ii} = \sum_j S_{ij}$；$L' = D' - D$，$D' = \mathrm{diag}(D_{ii})$，$D_{ii} = \sum_j D_{ij}$。

第三步：求解投影矩阵 W。当 XLX^T 非奇异时，求解矩阵 $(XLX^T)^{-1}(XL'X^T)$ 的特征值及特征向量；当 XLX^T 奇异时，在矩阵 XLX^T 主对角线上增加扰动 Δ 的基础上，求解矩阵 $(XLX^T + \mathrm{diag}(\Delta))^{-1}(XL'X^T)$ 的特征值及特征向量。以上得到的前 d 个最小非零特征值对应的特征向量构成的投影矩阵 $W = [w_1, \cdots, w_d]$。

第四步：对于新到样本 x，计算 $x' = W^Tx$，得到降维的结果。

2.4.2 实验分析

（1）ORL 人脸库数据集实验

实验分析采用 ORL 人脸库作为实验对象。ORL 人脸库由 40 个人每人 10 幅共 40 幅图像组成，原始图像大小为 112 像素×92 像素，256 灰度级。图 2.4 为 ORL 人脸数据库部分人脸图像。实验硬件环境为 Intel CPU 2.6GHz 主频、4GB 内存，软件环境为 Matlab7.0，操作系统为 Windows 7。

图 2.4　ORL 人脸数据库部分人脸图像

根据以上分析，实验步骤如下。

第一步：将人脸库中的样本分为训练样本和测试样本。
第二步：FFEG 对训练样本进行学习，得到最佳投影方向。
第三步：将测试样本投影到最佳投影方向上。

第四步：将投影后的测试样本通过最近邻分类器与训练样本进行特征识别，得到识别结果。

选取 ORL 中前 3 个人的图像作为实验对象。每人的前 5 幅图像作为训练样本，剩下的 5 幅图像作为测试样本。降维数为 2。通过与 PCA、LDA、冗余分析（redundancy analysis，RDA）等主流特征提取方法比较，直观地说明 FFEG 在人脸特征识别方面的有效性。由于人脸库存在小样本问题，LDA 实际上是 PCA+LDA，实验结果如图 2.5 所示。

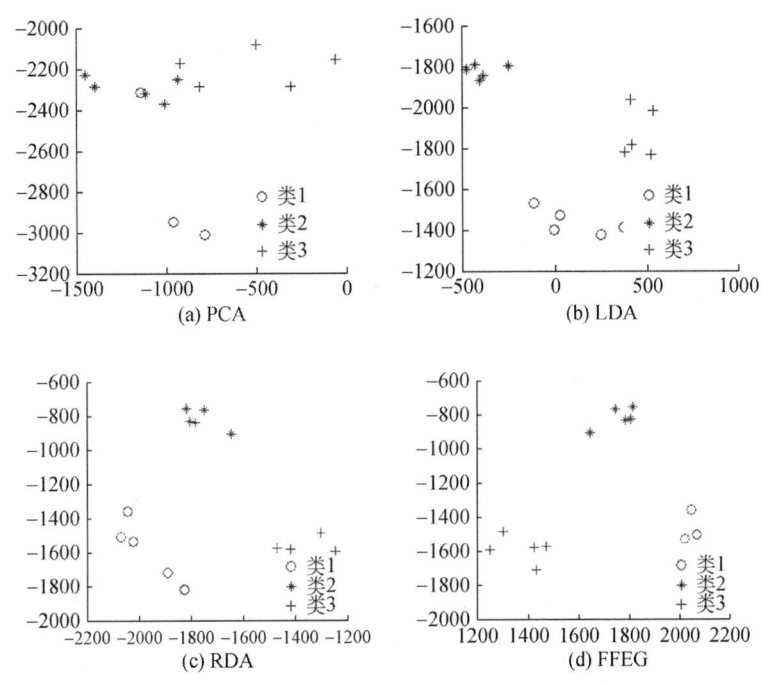

图 2.5 二维可视化实验结果

由图 2.5 可以看出，与 PCA 相比，FFEG、LDA、RDA 均能有效地识别出各类训练样本；与 LDA 和 RDA 相比，利用 FFEG 对训练样本进行特征提取后，样本类内更加紧密而类间更加松散，这说明 FFEG 能更好地反映样本的分布性状，从而获得更好的识别效果。

（2）训练样本数与识别率的关系

实验选取 ORL 中每人前 k（$k=3,4,5,6,7,8$）幅图像作为训练样本，剩余图像作为测试样本。降维数为 100，实验结果如表 2.4 所示，数据单位为%。

表 2.4 识别率与训练样本数的关系

训练样本	PCA	LDA	RDA	FFEG
3	76.4	87.5	87.5	88.6
4	85.4	88.3	94.2	95.4
5	87.0	89.5	94.0	93.5
6	88.1	94.4	95.0	98.1
7	89.1	94.2	95.8	98.3
8	88.9	95.0	93.8	96.3
平均	85.8	91.5	93.4	95.0

由表 2.4 不难看出，从平均识别率角度来看，FFEG 的识别性能优于其他三种方法。当选取每人前 3 幅、4 幅、6~8 幅图像作为训练样本时，FFEG 的识别率优于 PCA、LDA、RDA；当选取每人前 5 幅图像作为训练样本时，FFEG 的识别率略低于 RDA，但明显优于 PCA、LDA。由此可见，随着训练样本数的变化，FFEG 的识别率均保持在较高水平，这说明在不同训练样本数情况下，FFEG 均能顺利完成特征提取任务。

（3）降维数与识别率的关系

实验选取 ORL 中每人前 5 幅图像作为训练样本，剩下的 5 幅图像作为测试样本。降维数分别取 1、3、5、7、9、11、13、15，实验结果如表 2.5 所示，其中数据单位为%。

表 2.5 识别率与降维数的关系

降维数	PCA	LDA	RDA	FFEG
1	18.0	13.5	20.5	20.0
3	42.0	38.5	43.0	69.5
5	64.5	60.5	69.5	77.5
7	71.5	72.0	77.0	85.5
9	75.5	78.5	77.0	91.0
11	77.5	81.5	89.0	93.5
13	79.0	84.5	91.0	93.5
15	79.5	86.0	94.0	93.5

由表 2.5 不难看出，随着降维数的不断增大，上述四种方法的识别率均呈上升趋势。具体而言，当降维数为 3、5、7、9、11、13 时，FFEG 的识别率优于 PCA、LDA、RDA；当降维数为 1 和 15 时，FFEG 的识别率略低于 RDA，但明显

优于 PCA 和 LDA。由此可见，在不同降维要求情况下，FFEG 均能得到较好的降维效果。

2.4.3 小结

在分析当前主流特征提取方法不足的基础上，提出基于图的人脸特征提取方法。在训练阶段，首先引入类间特征矩阵和类内特征矩阵分别表示样本的全局特征与局部特征，然后利用 Fisher 准则，保证降维后的样本类内紧密而类间松散，通过求解最优化问题得到最佳投影方向；在识别阶段，测试样本分别映射到最佳投影方向上，并利用最近邻分类器进行测试样本的类属判定。在标准人脸库上的实验结果证明了所提理论和方法的有效性。下一步的工作将围绕如何将 FFEG 的适用范围由线性空间推广到非线性空间开展。

2.5 基于 Fisher 准则的半监督特征提取方法

实际应用中所采集的数据往往只有少量具有类别的标签信息，而大量的数据往往是未知类别的。基于图的人脸特征提取方法是特征提取研究的热点方向[126]，在构造邻接图的基础上，重新定义了类内离散度矩阵和类间离散度矩阵，提出基于 Fisher 准则的半监督特征提取方法（semi-supervised feature extraction method based on fisher criterion，SFEM），利用 Fisher 准则找到的最优投影方向满足类间离散度矩阵与类内离散度矩阵之比最大，保证样本能较好地分开[112]。

2.5.1 方法描述

SFEM 重点探讨高维数据的特征提取问题。研究思路是在构造邻接图的基础上，重新定义了类内离散度矩阵和类间离散度矩阵，利用 Fisher 准则找到的最优投影方向满足类间离散度矩阵与类内离散度矩阵之比最大，从而使同类样本紧密而异类样本远离。

假设有 n 个样本，其中有类别标签的样本为 $\{x_1, x_2, \cdots, x_l\}$，无类别标签的样本为 $\{x_{l+1}, x_{l+2}, \cdots, x_n\}$。特征集合 f 表示为 $f = \{f_1, f_2, \cdots, f_l\}$，其中 m 为特征数。

SFEM 的步骤如下。

第一步：构造新的类内离散度矩阵。

将每个样本 x_i 看作一个节点，如果两个节点具有相同的类属，则将两者用一条边连接；如果两者之一没有类别标签，但它们距离很近。可定义如下类内离散度矩阵 $S_{W,ij}$：

$$S_{W,ij} = \begin{cases} \gamma & x_i \text{ 和 } x_j \text{ 同类} \\ 1 & x_i \text{ 和 } x_j \text{ 异类且 } x_i \in \text{KNN}(x_j) \text{ 或 } x_j \in \text{KNN}(x_i) \\ 0 & \text{其他} \end{cases}$$

式中，KNN(x_i) 表示与节点 x_i 最近的 k 个节点，KNN(x_j) 同理。在 $S_{W,ij}$ 定义中，常数 LWV(w_i, w_j) 和 k 的经验性取值分别为 $\gamma = 100$，$k=5$。

第二步：构造新的类间离散度矩阵。

如果两个节点具有不同的类别标签，则将两者用一条边连接。类间离散度矩阵 $S_{B,ij}$ 定义如下：

$$S_{B,ij} = \begin{cases} 1 & x_i \text{ 和 } x_j \text{ 同类} \\ 0 & \text{其他} \end{cases}$$

第三步：基于 Fisher 准则构造最优化问题。

SFEM 的基本思想是在特征提取时保证各类内的样本尽可能紧密，而类间样本尽可能远离。将上述思想分别表示为

$$\min_f \sum_{i,j} (f_i - f_j)^2 S_{W,ij} \tag{2.37}$$

$$\max_f \sum_{i,j} (f_i - f_j)^2 S_{B,ij} \tag{2.38}$$

为了表示方便，可将式（2.37）和式（2.38）进行如下处理：

$$\sum_{i,j} (f_i - f_j)^2 S_{W,ij} = \sum_{i,j} (f_i^2 - 2f_i f_j + f_j^2) S_{W,ij}$$

$$= \sum_{i,j} f_i^2 S_{W,ij} - 2\sum_{i,j} f_i f_j S_{W,ij} + \sum_{i,j} f_j^2 S_{W,ij}$$

$$= 2\sum_{i,j} f_i^2 S_{W,ij} - 2\sum_{i,j} f_i f_j S_{W,ij}$$

$$= 2f^T D_W f - 2f^T S_W f$$

$$= 2f^T (D_W - S_W) f$$

$$= 2f^T L_W f$$

式中，D_W 是对角阵，且 $D_W = \sum_j S_{W,ij}$；$L_W = D_W - S_W$。

则式（2.37）可简化为

$$\min_f f^T L_W f \tag{2.39}$$

同理可将式（2.38）简化为

$$\max_f f^T L_B f \tag{2.40}$$

式中，D_B 是对角阵，且 $D_B = \sum_j S_{B,ij}$；$L_B = D_B - S_B$。

在式（2.38）和式（2.40）的基础上，利用 Fisher 准则可得如下最优化表达式：

$$\max_f \frac{f^T L_B f}{f^T L_W f} \tag{2.41}$$

由线性代数理论可知，上述优化问题的解可由 $L_B f = \lambda L_W f$ 求得。

2.5.2 实验分析

实验分析通过与 PCA、LDA、LPP 等特征提取方法进行比较验证来证明 SFEM 的有效性。实验环境是 Intel Core i3 CPU、4G RAM、Windows 7 及 Matlab7.0。实验数据集包括 UCI 标准数据集、半监督学习数据集及 ORL 人脸数据集。

实验步骤如下。

第一步：实验数据集的划分，包括训练样本和测试样本。

第二步：运行特征提取算法得到投影方向 f。

第三步：将测试样本投影到 f，得到特征提取后的测试样本。

第四步：利用最近邻算法对特征提取前后的测试样本进行比较得到分类结果。

第五步：通过对分类结果的比较，验证 SFEM 方法的有效性。

实验分别选取不同数据集进行验证分析，详细实验分析结果如下。

（1）基于 UCI 标准数据集的实验

实验数据集选取 UCI 标准数据集中的 digits0.05、letter0.05、protein、soybean_small、ionosphere，实验数据集如表 2.6 所示。

表 2.6　UCI 实验数据集

数据集	数据规模	维数	分类号
digits0.05	550	16	10
letter0.05	1000	16	26
protein	116	20	6
soybean_small	47	35	4
ionosphere	351	34	2

分别选取上述数据集的 60% 用作训练，剩余的 40% 用作测试，其中有类别标记的样本所占的比例为 50%，实验选取各算法准确率最高时的降维数。PCA、LDA、LPP 及 SFEM 的准确率如表 2.7 所示。

表 2.7　UCI 数据集的实验结果

数据集	降维数	分类号	分类准确率			
			PCA	LDA	LPP	SFEM
digits0.05	4	10	0.8682	0.8500	0.6045	0.8955
letter0.05	5	26	0.5175	0.6375	0.5700	0.6825
protein	6	6	0.7391	0.7826	0.6521	0.7826
soybean_small	2	4	0.8947	0.8421	0.7895	0.9474
ionosphere	11	2	0.9071	0.7571	0.9643	0.9071
平均分类准确率			0.7853	0.7739	0.7161	0.8430

由表 2.7 可以看出，SFEM 的特征提取效率在 digits0.05、letter0.05、soybean_small 等数据集上明显高于 PCA、LDA、LPP 等传统算法；在 protein 数据集上，SFEM 与 LDA 均具有最优的特征提取效率；在 ionosphere 数据集上，SFEM 与 PCA 准确率相同且最优。从平均分类准确率角度来看，SFEM 的特征提取效率比传统方法高出 5% 以上。

（2）基于半监督学习数据集的实验

文献［127］提供的数据集包括 9 个子集，即 Set1，…，Set9。每个子集包含两种划分方式，即分别存在 10 个和 100 个有类别标记样本。实验采用 Set1、Set2、Set3、Set4 4 个子集，且具有 100 个有类别标记样本，实验数据集如表 2.8 所示。

表 2.8　文献［127］提供的实验数据集

数据集	数据规模	维数	分类号
Set1	1500	241	2
Set2	1500	241	2
Set3	400	117	2
Set4	1500	241	2

分别选取上述数据集的60%用作训练，剩余的40%用作测试，实验选取各算法准确率最高时的降维数。PCA、LDA、LPP及SFEM的准确率如表2.9所示，单位%。

表2.9 文献［127］提供数据集的实验结果

数据集	降维数	分类号	分类准确率			
			PCA	LDA	LPP	SFEM
Set1	41	2	0.9783	0.5267	0.9833	0.9783
Set2	22	2	0.9700	0.7117	0.9017	0.9617
Set3	9	2	0.5125	0.6063	0.6438	0.7125
Set4	70	2	0.6417	0.5400	0.5367	0.6083
平均分类准确率			0.7756	0.5962	0.7664	0.8152

由表2.9可以看出，LPP在子集Set1上均取得最高准确率。尽管在Set2和Set4表现并非最优，但与最高准确率相差不大，并且从平均分类准确率来看，SFEM的平均特征提取性能较传统方法更优。

（3）基于ORL人脸数据集的实验

选取ORL人脸数据集为实验对象，分别以PCA、LDA、LPP及SFEM为基础对数据集进行测试，每个人10幅图像的前6幅图像组成训练数据集，其余为测试数据集，其中有类别标记的占整个数据集的50%，结果如表2.10所示。

表2.10 ORL人脸数据集的实验结果

降维数	分类准确率			
	PCA	LDA	LPP	SFEM
20	0.3750	0.4313	0.3625	0.6063
30	0.6188	0.6375	0.4000	0.8875
40	0.7625	0.8125	0.4188	0.9563
50	0.7813	0.8250	0.4313	0.9625
60	0.8000	0.8438	0.4563	0.9625
平均分类准确率	0.6675	0.7100	0.4138	0.8750

由表2.10可以看出，随着降维数不断增加，各算法的特征提取效率呈上升趋势。当降维数分别取20、30、40、50、60时，SFEM的准确率较PCA、

LDA、LPP 均更高。从平均分类准确率来看，SFEM 的特征提取效率高出传统方法 10% 以上，这表明 SFEM 在处理半监督特征提取问题时具有一定优势。

2.5.3 小结

目前，采集到的高维数据往往只有少量具有类别标签，大多数类属未知。面对上述情况，大多数特征提取方法往往面临工作效率不高的问题。上述问题的难点是如何充分利用所有样本包含的信息，从而进一步提高特征提取效率。针对上述难点，对高维数据的半监督特征提取方法进行了研究，提出 SFEM。SFEM 尽量保证样本的局部结构以及各类的全局结构不变。UCI 标准数据集、半监督学习数据集及 ORL 人脸数据集与经典特征提取方法 PCA、LDA、LPP 的比较实验表明，SFEM 在处理半监督特征提取问题上具有一定优势。

2.6 融合全局和局部特征的特征提取方法

图像特征提取技术近年来广泛地应用于社会生活的各个方面，不仅创造了新的科学技术成果，还极大地提高了图像信息的数字化程度[128,129]。当前图像特征提取方法面临的重要挑战在于无法同时利用样本的全局和局部特征。为了进一步提高特征提取效率，急需对同时关注样本的全局和局部特征的特征提取方法进行研究。鉴于此，提出融合全局和局部特征的特征提取方法（feature exaction approach by combining global and local characteristics，FEM-GLC）[113]。研究的基本思路是利用 LDA 及 LPP 分别在保持全局和局部特征方面的优势，引入局部散度矩阵与全局散度矩阵分别表征样本的全局和局部特征，然后利用 Fisher 准则构造最优化问题，进而实现特征提取。其较传统方法的最大优势在于借鉴了经典特征提取方法 LDA 及 LPP 分别在保持全局和局部特征的优势，充分利用样本内在特征，在一定程度上提高了特征提取效率。

2.6.1 方法描述

FEM-GLC 引入局部散度矩阵与全局散度矩阵分别表征样本的全局和局部特征，然后利用 Fisher 准则构造最优化问题，其详细内容如下。

（1）局部散度矩阵

$$L = \sum_{i=1}^{N} \sum_{j=1}^{N} \| x_i - x_j \|^2 S_{ij} \qquad (2.42)$$

其中，N 为样本数，相似度函数 S_{ij} 定义如下：

$$S_{ij} = \begin{cases} 1 & \|x_i - x_j\|^2 < \varepsilon \\ 0 & 其他 \end{cases} \quad (2.43)$$

式中，ε 是一个很小的正数，经验性取值为 0.001。由式（2.42）和式（2.43）可以看出，局部散度矩阵反映的是样本 x_i 和 x_j 的相似度。特征提取的目的是保证相邻样本在特征提取前后相对关系保持不变。

(2) 全局散度矩阵

$$G = \sum_{i=1}^{c} \sum_{j=1}^{c} (\bar{x}_i - \bar{x}_j)(\bar{x}_i - \bar{x}_j)^T \quad (2.44)$$

其中，c 表示样本类别数。由式（2.44）可以看出，全局散度矩阵反映的是异类样本中心之间的距离。特征提取的目的是保证异类样本在特征提取前后均彼此远离。

基于以上分析，FEM-GLC 保证找到的投影方向同时满足类间差异度和类内相似度均尽可能大。

(3) 最优化问题

FEM-GLC 的最优化表达式可表示为 L_1 和 L_2 两种形式。

L_1：

$$\max_{W} W^T G W - k W^T L W \quad (2.45)$$

$$\text{s. t. } WW^T = 1 \quad (2.46)$$

式中，目标函数中的 $W^T G W$ 和 $W^T L W$ 分别表示投影后的异类数据尽可能远离，而同类数据尽可能紧密；常数 k 为平衡因子，其取值为正数，反映了在特征提取过程中全局和局部特征对最终结果的影响程度；约束条件 $WW^T = 1$ 将投影矩阵进行归一化处理。

上述最优化问题可通过 Lagrange 乘子法求解。定义 Lagrange 函数如下：

$$J(W, k) = W^T G W - k W^T L W - \lambda (WW^T - 1) \quad (2.47)$$

式中，λ 为 Lagrange 乘子。$J(W, k)$ 对 W 求偏导得

$$\frac{\partial J}{\partial W} = (G - kL)W - \lambda W \quad (2.48)$$

令式（2.48）偏导为零可得

$$(G - kL)W - \lambda W = 0 \quad (2.49)$$

即

$$(G - kL)W = \lambda W \quad (2.50)$$

求解式（2.50）等价于求解矩阵 $G - kL$ 的特征值问题。

为了保证投影方向同时满足类间差异度和类内相似度最大，亦可进行类似于

LDA 基于 Fisher 准则的处理。

L_2：

$$\max_W \frac{W^T G W}{W^T L W} \quad (2.51)$$

$$\text{s. t.} \quad W W^T = 1 \quad (2.52)$$

上述优化问题求解方法类似于 LDA。上述优化问题存在矩阵 L 奇异的问题，即当矩阵 L 奇异时，L^{-1} 不存在，则无法求得投影方向 W。因此，最优化问题采用 L_1 形式具有更好的健壮性。

FEM-GLC 的流程如下。

输入：训练样本集 $X = [x_1, x_2, \cdots, x_N]$，用户事先给定的降维数 d。

输出：降维后的样本集 $Y = [y_1, y_2, \cdots, y_N]$。

第一步：当 x_i 和 x_j 相邻时，利用式（2.43）构造相似度函数。

第二步：利用式（2.42）和式（2.44）分别计算局部散度矩阵与全局散度矩阵。

第三步：求解投影方向 W。求矩阵 $G - kL$ 对应的特征值和特征向量，将特征值按由大到小顺序排列，选取最大的 d 个特征值对应的特征向量作为投影方向 W。

第四步：对于新进样本 x，利用 $y = W^T x$ 可得其在投影方向 W 上的特征提取结果。

FEM-GLC 的复杂度分析如下。

FEM-GLC 解决一个具有线性约束的二次规划问题，其计算对象主要包括大小为 $N \times N$ 矩阵转置运算以及 QP 问题求解运算。大小为 $N \times N$ 矩阵转置运算的时间复杂度为 $O(N^2 \log(N))$，QP 问题求解的时间复杂度为 $O(N^2)$，因此，FEM-GLC 的时间复杂度为 $O(N^2 \log(N)) + O(N^2)$，由于 $O(N^2 \log(N)) \geq O(N^2)$，则 FEM-GLC 的时间复杂度可近似表示为 $O(N^2 \log(N))$。此外，FEM-GLC 的空间复杂度为 $O(N^2)$。以上复杂度计算中 N 表示训练样本总数。

2.6.2 实验分析

在 ORL 人脸数据集与 Yale 人脸数据集上进行仿真实验，以验证 FEM-DLC 的有效性。硬件环境为 CPU：Inter（R）Core（TM）i3-2350M 2.3GHz，RAM：4.0GB；软件环境为 Matlab 2014，操作系统为 Windows 7。FEM-GLC 中参数 k 利用网格搜索法获得，k 的取值范围为 $\{0, 1, 1.5, 2, 2.5, 3, 3.5, 4, 4.5, 5\}$。

实验步骤如下。

第一步：分别选取每人前 m 幅图像作为训练样本，剩余照片作为测试样本。

第二步：利用 FEM-GLC 对训练样本进行学习，进而得到投影方向 W。

第三步：将测试样本逐个投影到 W 上得到降维后的样本 Y。

第四步：利用最近邻分类法（k-nearest neighbor，KNN）对特征提取后的测试样本与训练样本进行比对，得到识别结果。

（1）参数 k 对识别率的影响

实验选取 ORL 人脸库中每人前 4 幅图像作为训练样本，剩下的 6 幅图像作为测试样本。当降维数为 100 时，识别率与参数 m 的关系如图 2.6 所示。

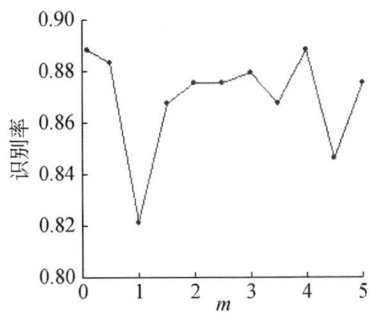

图 2.6　识别率与参数 m 的关系

由图 2.6 可以看出，当 $m=1$ 时，识别率取得最小值，为 0.82；当 $m=4$ 时，识别率取得最大值，为 0.89。从识别率角度来看，参数 m 不论如何取值对识别率的影响基本可以接受，即 FEM-GLC 可以较好地完成特征提取任务。

（2）降维数 d 对识别率的影响

实验选取 ORL 人脸库中每人前 4 幅照片作为训练样本，剩下的 6 幅图像作为测试样本。随机地，选取 $m=2$，识别率与降维数 d 的关系如图 2.7 所示。

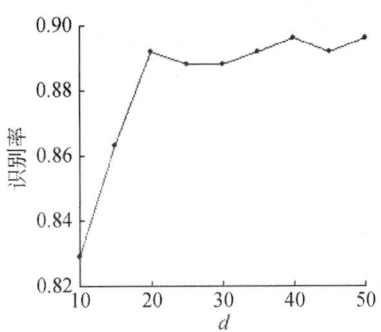

图 2.7　识别率与降维数 d 的关系

由图 2.7 可以看出，随着降维数的增加，识别率呈上升趋势。当降维数 $d=$

40 时，识别率达到最大值，为 0.895。

(3) 训练样本数对识别率的影响

分别选取 ORL 人脸库中每人前 m（$m=3,4,5,6,7,8$）幅照片以及 Yale 人脸库中每人前 m'（$m'=4,5,6,7,8,9$）幅照片作为训练样本，剩余照片作为测试样本。与传统的特征提取方法 PCA、LDA、LPP 比较验证 FEM-GLC 的有效性，由于存在小样本问题，本实验 LDA 实际上是 PCA+LDA。训练样本数对识别率的影响如表 2.11 所示，FEM-GLC 识别率后的括号表示参数 k 的取值。

表 2.11　识别率与训练样本数的关系

数据集	训练样本	PCA	LDA	LPP	FEM-GLC
ORL	3	76.4	87.5	83.6	83.6 (0.5)
	4	85.4	88.3	90.0	88.8 (1)
	5	87.0	89.5	91.5	91.5 (3.5)
	6	88.1	94.4	93.8	94.4 (2)
	7	89.1	94.2	95.0	95.0 (2)
	8	88.9	95.0	95.0	96.3 (1)
Yale	4	60.0	64.8	73.3	70.5 (1.5)
	5	65.6	70.0	75.6	76.7 (4)
	6	64.0	68.0	73.3	78.7 (4.5)
	7	76.7	78.3	83.3	90.0 (3)
	8	80.0	84.4	80.0	88.9 (1)
	9	83.3	76.7	76.7	96.7 (0.5)

由表 2.11 可以明显地看出，随着训练样本数的增加，识别率不断提高。在大多情况下，FEM-GLC 的识别率较传统特征提取方法具有一定优势。当选取 ORL 人脸库中每人前 3 幅图像作为训练样本时，LDA 识别率最高，FEM-GLC 与 LPP 均次之；当选取 Yale 人脸库中每人前 4 幅图像作为训练样本时，LPP 识别率最高，FEM-GLC 次之。在以上两种情况下，FEM-GLC 效率分别仅次于 LDA 和 LPP，但仍具有较高的识别率。综上所述，从平均性能角度来看，FEM-GLC 较传统方法可以更好地完成特征提取任务。

(4) 时间代价比较

分别选取 ORL 人脸库中每人前 m（$m=3,4,5,6,7,8$）幅照片作为训练样本，剩余照片作为测试样本。PCA、LDA、LPP、FEM-GLC 算法的时间代价如表 2.12 所示，其中单位为秒。

表 2.12　时间与训练样本数的关系

训练样本	PCA	LDA	LPP	FEM-GLC
3	0.2496	0.2496	0.2808	1.3572
4	0.2808	0.2808	0.3588	1.4196
5	0.2808	0.2964	0.2964	1.5912
6	0.3120	0.3432	0.3120	1.6224
7	0.3120	0.4524	0.3276	2.0436
8	0.2496	0.4588	0.3588	2.2464

由表 2.12 可以看出，与 PCA、LDA、LPP 相比，FEM-GLC 的时间代价更大，其原因在于在特征提取时同时考虑了样本的全局和局部特征。但由表 2.11 可知，FEM-GLC 的特征提取效率较传统方法更高。因此，FEM-GLC 能在可接受的时间范围内高效地完成特征提取任务。

2.6.3　小结

FEM-GLC 在深入分析当前主流特征提取方法 LDA 和 LPP 的基础上，引入局部散度矩阵和全局散度矩阵两个重要概念，两者分别刻画样本的局部特征和全局特征，保证找到的投影方向同时满足类间差异度和类内相似度均尽可能大。并在 ORL 和 Yale 人脸库上进行实验，实验表明 FEM-GLC 对比传统方法有较好的性能。但 FEM-GLC 效率对参数的选取有一定依赖，如何快速准确获取相关参数及如何对参数进行优化等问题将是下一步工作的重点。

第 3 章 智能分类方法

在信息时代,数据的规模急剧膨胀与社会需求不断扩大对数据挖掘的理论研究和实际应用提出了新的问题及挑战。为了实现从数据到知识的转变,如何高效地对大规模数据进行快速分类受到研究人员的广泛关注。在过去的几十年里,贝叶斯分类器、决策树、神经网络、支持向量机等分类模型已被广泛应用于信息学、统计学、管理学等诸多领域,智能分类技术逐渐成为信息检索、资源推荐、信息管理等领域的关键技术。

智能分类方法按照工作原理可以分为三种类型:第一种为基于相似度的分类方法,其分类性能主要取决于相似度或者是距离度量的设计;第二种为基于决策边界的分类方法,其原理是训练一个最优的目标函数,该训练过程是一种获得数据空间决策边界的过程,而此目标函数则反映了决策分类的错误率和错误损失;第三种是基于概率密度估计的分类方法,其原理是建立基于概率密度函数的概率估计模型。纵观现有研究成果,与基于相似度的分类方法和基于概率密度估计的分类方法相比,基于决策边界的分类方法应用广泛,但其仍存在许多未解的难题,因此,本章试图对上述该类方法面临的一些挑战进行探索性研究,以期进一步提高其分类能力。

本章3.1节介绍背景知识;3.2节至3.6节借鉴物理学、空间几何、模糊理论等学科的理论和方法对基于决策边界的分类方法进行深入探讨[130-134]。此外,笔者还针对具体行业领域提出一系列智能分类方法,详见文献 [135-144]。

3.1 背景知识

3.1.1 支持向量机

SVM 作为一种二分类模型,其基本模型是定义在特征空间上的间隔最大的线性分类器。SVM 还可以通过核函数成为非线性分类器。经研究人员的整理,支持向量机大体可分为线性可分支持向量机、线性支持向量机及非线性支持向量机三种形式。

令数据集 $D = \{(x_1, y_1), (x_2, y_2), \cdots, (x_l, y_l)\}(i = 1, 2, \cdots, l)$，其中 $x_i \in R^m$ 表示样本，$y_i \in \{-1, 1\}$ 表示类别标签。

(1) 支持向量机

SVM 通过构造分类面将两类隔开。设分类超平面为 $W^T x + b = 0$，分类间隔为 $2/\|W\|$，SVM 的最优化问题可描述为

$$\min_{W} \frac{1}{2}\|W\|^2 + \frac{c}{l}\sum_{i=1}^{l}\xi_i$$
$$\text{s.t. } y_i(W^T x_i + b) \geq 1 - \xi_i$$
$$\xi_i \geq 0 \quad i = 1, \cdots, l \tag{3.1}$$

式中，c 为惩罚因子且 $c > 0$；ξ_i 为松弛因子。

SVM 的决策函数为

$$f(x) = \text{sgn}(W^T x_i + b) \tag{3.2}$$

式中，$\text{sgn}(\bullet)$ 为符号函数。

(2) 双支持向量机

双支持向量机（twin support vector machine，TWSVM）试图找到两个非平行的分类面将两类分开。设将两类样本（类别标签分别为 +1 和 −1）分别存放于矩阵 $\mathcal{I}^+$ 和 $\mathcal{I}^-$。分别定义如下两个分类面：

$$W_+^T x + b_+ = 0 \text{ 和 } W_-^T x + b_- = 0 \tag{3.3}$$

TWSVM 的最优化问题可表示为

$$\min_{W_+} \frac{1}{2}\sum_{i \in \mathcal{I}^+}(W_+^T x_i + b_+)^2 + \frac{c_1}{l^-}\sum_{j \in \mathcal{I}^-}\xi_j$$
$$\text{s.t. } -(W_+^T x_j + b_+) \geq 1 - \xi_j$$
$$\xi_j \geq 0 \quad j \in \mathcal{I}^- \tag{3.4}$$

$$\min_{W_-} \frac{1}{2}\sum_{j \in \mathcal{I}^-}(W_-^T x_j + b_-)^2 + \frac{c_2}{l^+}\sum_{i \in \mathcal{I}^+}\xi_i$$
$$\text{s.t. } W_-^T x_i + b_- \geq 1 - \xi_i$$
$$\xi_i \geq 0 \quad i \in \mathcal{I}^+ \tag{3.5}$$

式中，c_1 和 c_2 为惩罚因子；ξ_i 为松弛因子，其保证算法具有一定的容错性。

利用 Lagrange 乘子法可得上述优化问题的对偶形式：

$$\max_{\alpha_i} \sum_{j \in \mathcal{I}^-} \alpha_j - \frac{1}{2}\sum_{j_1, j_2 \in \mathcal{I}^-}\alpha_{j_1}\alpha_{j_2}z_{j_1}^T\left(\sum_{i \in \mathcal{I}^+}z_i z_i^T\right)^{-1}z_{j_2}$$
$$\text{s.t. } 0 \leq \alpha_j \leq \frac{c_1}{l^-}, i \in \mathcal{I} \tag{3.6}$$

$$\max_{\alpha_i} \sum_{i \in \mathcal{I}^+} \alpha_i - \frac{1}{2}\sum_{i_1, i_2 \in \mathcal{I}^+}\alpha_{i_1}\alpha_{i_2}z_{i_1}^T\left(\sum_{j \in \mathcal{I}^-}z_j z_j^T\right)^{-1}z_{i_2}$$

$$\text{s.t. } 0 \leq \alpha_i \leq \frac{c_2}{l^+}, i \in \mathcal{I}^+ \tag{3.7}$$

式中，$z_k = (x_k^{\text{T}}, 1)^{\text{T}}$，$k \in \mathcal{I}^{\pm}$。

一个新的样本点 x 的类属判定取决于如下的决策函数：

$$f(x) = \arg\min_{\pm}\left\{\frac{|W_{\pm}^{\text{T}} x + b_{\pm}|}{\|W_{\pm}\|}\right\} \tag{3.8}$$

式中，$(W_+^{\text{T}}, b_+) = -\sum_{j \in \mathcal{I}^-} \alpha_j z_j^{\text{T}} \left(\sum_{i \in \mathcal{I}^+} z_i z_i^{\text{T}}\right)^{-1}$，$(W_-^{\text{T}}, b_-) = \sum_{i \in \mathcal{I}^+} \alpha_i z_i^{\text{T}} \left(\sum_{j \in \mathcal{I}^-} z_j z_j^{\text{T}}\right)^{-1}$。

3.1.2 最小包含球问题

(1) MEB 问题

最小包含球（minimum enclosed ball，MEB）[145]用于单类分类问题。MEB 设法找到一个以 c 为中心，R 为半径能够包含所有样本的最小超球体。求最小超球的半径就是求解以下的二次规划问题：

$$\begin{aligned} &\min R^2 \\ &\text{s.t. } \|c - \varphi(x_i)\|^2 \leq R^2 \quad i = 1, \cdots, N \end{aligned} \tag{3.9}$$

式中，c 为超球体球心；R 为超球体半径；$\varphi(x)$ 表示从原始样本空间到高维特征空间的映射。

由 Lagrange 定理可将原问题转化为如下对偶形式：

$$\begin{aligned} &\max_{\alpha} \alpha^{\text{T}} \text{diag}(K) - \alpha^{\text{T}} K \alpha \\ &\text{s.t. } \alpha^{\text{T}} \mathbf{1} = 1 \quad \alpha \geq \mathbf{0} \end{aligned} \tag{3.10}$$

式中，$\alpha = [\alpha_1, \cdots, \alpha_N]^{\text{T}}$，$\mathbf{1} = [1, \cdots, 1]^{\text{T}}$，核函数 $K = [k(x_i, x_j)] = [\varphi(x_i)^{\text{T}} \varphi(x_j)]$，$\mathbf{0} = [0, \cdots, 0]^{\text{T}}$。

(2) CCMEB 问题

中心受限最小包含球（center-constrained MEB，CCMEB）[64]是 MEB 问题的扩展。设 $\delta_i \in R$，将原核空间的样本点扩展为 $\begin{bmatrix} \varphi(x_i) \\ \delta_i \end{bmatrix}$，将原球心扩展为 $\begin{bmatrix} c \\ 0 \end{bmatrix}$，则非线性 CCMEB 问题可表示为

$$\begin{aligned} &\min R^2 \\ &\text{s.t. } \|c - \varphi(x_i)\|^2 + \delta_i^2 \leq R^2 \quad i = 1, \cdots, N \end{aligned} \tag{3.11}$$

由 Lagrange 定理可得上述问题的对偶形式：

$$\max_{\alpha} \alpha^{\text{T}} \text{diag}(K + \Delta) - \alpha^{\text{T}} K \alpha$$

$$\text{s.t.} \quad \boldsymbol{\alpha}^T \mathbf{1} = 1 \quad \boldsymbol{\alpha} \geqslant \mathbf{0} \tag{3.12}$$

式中，$\boldsymbol{\alpha} = [\alpha_1, \cdots, \alpha_N]^T$，$K = [k(x_i, x_j)] = [\varphi(x_i)^T \varphi(x_j)]$，$\boldsymbol{\Delta} = [\delta_1^2, \cdots, \delta_N^2]^T \geqslant \mathbf{0}$，$\mathbf{0} = [0, \cdots, 0]^T$，$\mathbf{1} = [1, \cdots, 1]^T$。

对于任意的常数 $\eta \in R$ 有

$$\max_{\boldsymbol{\alpha}} \boldsymbol{\alpha}^T \text{diag}(K + \boldsymbol{\Delta} - \eta \mathbf{1}) - \boldsymbol{\alpha}^T K \boldsymbol{\alpha}$$

$$\text{s.t.} \quad \boldsymbol{\alpha}^T \mathbf{1} = 1 \quad \boldsymbol{\alpha} \geqslant \mathbf{0} \tag{3.13}$$

由于 η 与 $\boldsymbol{\alpha}$ 无关，可知式 (3.13) 与式 (3.12) 同解。任何形如式 (3.13) 且 $\boldsymbol{\Delta} \geqslant \mathbf{0}$ 均可视为 MEB 问题[64]。

3.1.3 模糊理论

模糊理论是一种处理不精确性和不确定性信息的理论工具。采用模糊技术进行模式识别时，某特征属于某集合的程度由 0～1 的隶属度来描述。把一个具体的元素映射到一个合适的隶属度由隶属度函数实现。常见的隶属度函数有基于距离的隶属度函数和基于紧密度的隶属度函数。

(1) 基于距离的隶属度函数

基于距离的隶属度[146]样本到类中心之间的距离来衡量样本对所在类的贡献。设类中心为 $\bar{x}$，样本点为 x_i，类半径为 R，则 $R = \max_i \| x_i - \bar{x} \|$。类中各样本的隶属度函数为

$$s(x_i) = 1 - \frac{\| x_i - \bar{x} \|}{R} + \delta \tag{3.14}$$

式中，δ 为很小的正数，以保证 $s(x_i) > 0$。

(2) 基于紧密度的隶属度函数

基于紧密度的隶属度函数[147]在确定样本的隶属度时，既要考虑样本到所在类中心的距离，还要考虑样本与类中其他样本的关系，而样本与类中其他样本之间的关系通过类中样本的紧密度来反映。设正类中心为 $\bar{x}_+$，负类中心为 $\bar{x}_-$，正、负类的半径分别为 $R_+ = \max_i \| x_i - \bar{x}_+ \|$，$R_- = \max_i \| x_i - \bar{x}_- \|$，两类中心的距离为 $T = \| \bar{x}_+ - \bar{x}_- \|$，则每个正类样本到正类中心的距离为 $d_i^+ = \| x_i - \bar{x}_+ \|$，每个负类样本到负类中心的距离为 $d_i^- = \| x_i - \bar{x}_- \|$；$\varepsilon$ 为半径控制因子，满足 $\varepsilon > 0$，有 $T\varepsilon < R_+$ 和 $T\varepsilon < R_-$，则隶属度函数定义为

$$s_i^+ = \begin{cases} \dfrac{\delta + D_i^+}{R_+} & D_i^+ \leqslant T\varepsilon \\ \delta & D_i^+ > T\varepsilon \end{cases}, \quad s_i^- = \begin{cases} \dfrac{\delta + D_i^-}{R_+} & D_i^- \leqslant T\varepsilon \\ \delta & D_i^- > T\varepsilon \end{cases} \tag{3.15}$$

式中，δ 为很小的正数，以保证 $s_i > 0$。

3.2 融合数据分布特征的保序分类方法

传统 SVM 分类方法模型在诸多模式识别、机器学习领域的分类问题中有许多特有的优势[148]，但仍然面临一些挑战：分类过程未考虑数据样本内部的分布特征，造成了数据资源的浪费，无法进一步提升分类性能；分类结果忽视了各类样本的相对关系；无法解决大规模分类问题。

针对上述 SVM 的缺陷，提出一种借鉴 LDA 中类内离散度 S_W 用以表征数据的分布特征的智能分类方法——融合数据分布特征的保序分类方法（rank preservation learning machine based on data distribution fusion，RPLM-DDF）[130]。RPLM-DDF 通过引入类内离散度表征数据的分布特征；通过各类样本数据中心位置相对不变，保证全局样本顺序不变；通过建立所提方法和核心向量机对偶形式的等价性解决大规模分类问题。

3.2.1 方法描述

RPLM-DDF 针对传统 SVM 的缺陷，将各类样本中心相对关系考虑到最优化问题中，详细内容如下。

(1) 最优化问题

假设样本集为 $T = \{(x_1, y_1), (x_2, y_2), \cdots, (x_N, y_N)\} \in (X, Y)^N$，$x_i \in X$，$y_i \in Y$，$\bar{x}_i$ 代表第 $\text{LR}_{k,d}(w_i, w_j)$ 类样本均值，X 表示所有样本特征的集合。y_i 代表第 i 类，Y 表示所有类别。$\text{LR}_{k,d}(w_i, w_j) = \text{Min}(N_{k,d}, 1) \times \text{GR}_k(w_i, w_j)$ 为类别数，$N_i(i=1, 2, \cdots, c)$ 为各类样本规模，N 为样本总规模。

RPLM-DDF 使数据样本的类内离散度 S_W 尽可能小，并通过各类样本的中心位置顺序不变来保持各类样本的顺序不变。RPLM-DDF 的最优化问题可描述为

$$\min_{W} \frac{1}{2}W^T W + \frac{1}{2}\beta W^T S_W W - \nu\rho$$

$$\text{s.t. } W^T(m_{i+1} - m_i) \geq \rho \quad i = 1, 2, 3, \cdots, c-1 \quad (3.16)$$

式中，W 为分类超平面的法向量；β 为平衡因子；ρ 为各类样本间距；ν 为常数，用来制约 ρ，使得 $\nu\rho$ 达到最好的约束效果。$m_i = \frac{1}{N}\sum_{k=1}^{N_i} x_k (i = 1, 2, 3, \cdots, c)$ 是各类样本的均值，其中 c 为类别数，S_W 为类内离散度，定义为 $S_W = \sum_{i=1}^{c} P(C_i) \sum_{x \in C_i} (x - m_i)(x - m_i)^T$，其中 $C_i(i = 1, 2, 3, \cdots, c)$ 表示第 i 类样本

集合，$P(C_i) = N_i/N(i = 1, 2, 3, \cdots, c)$。

由 Lagrange 定理得

$$L(\boldsymbol{W},\rho,\alpha) = \frac{1}{2}\boldsymbol{W}^{\mathrm{T}}\boldsymbol{W} + \frac{1}{2}\beta\boldsymbol{W}^{\mathrm{T}}\boldsymbol{S}_W\boldsymbol{W} - \nu\rho - \sum_{i=1}^{c-1}\alpha_i(\boldsymbol{W}^{\mathrm{T}}(m_{i+1} - m_i) - \rho)$$

(3.17)

式中，Lagrange 乘子 $\alpha_i \geq 0$。

L 分别对 $\boldsymbol{W}$、ρ 求偏导并令偏导数等于 0，可得式（3.18）与式（3.19）：

$$\frac{\partial L}{\partial \boldsymbol{W}} = \boldsymbol{W} + \beta\boldsymbol{S}_W\boldsymbol{W} - \sum_{i=1}^{c-1}\alpha_i(m_{i+1} - m_i) = 0 \Rightarrow \boldsymbol{W} = (1 + \beta\boldsymbol{S}_W)^{-1}\sum_{i=1}^{c-1}\alpha_i(m_{i+1} - m_i)$$

(3.18)

$$\frac{\partial L}{\partial \rho} = -\nu + \sum_{i=1}^{c-1}\alpha_i = 0 \Rightarrow \sum_{i=1}^{c-1}\alpha_i = \nu \qquad (3.19)$$

将式（3.18）与式（3.19）代入式（3.16），可得对偶形式：

$$\max_{\alpha} \sum_{i=1}^{c-1}\sum_{j=1}^{c-1}\alpha_i\alpha_j(m_{i+1} - m_i)^{\mathrm{T}}(1 + \beta\boldsymbol{S}_W)^{-1}(m_{j+1} - m_j)$$

$$\text{s.t.} \sum_{i=1}^{c-1}\alpha_i = \nu \quad \alpha_i \geq 0 \quad (i = 1,2,3,\cdots,c-1) \qquad (3.20)$$

算法的判别函数如下：

$$f(x) = \min_{k \in \{1,2,\cdots,c-1\}}\{k:\boldsymbol{W}^{\mathrm{T}}x < b_k\} \qquad (3.21)$$

式中，$b_k = \boldsymbol{W}^{\mathrm{T}}(m_{i+1} - m_i)/2$。

（2）时间复杂度

RPLM-DDF 的求解主要包含大小为 $N \times N$ 阵的转置运算，其时间复杂度为 $O(N^2\log(N))$；大小为 $(c-1) \times (c-1)$ Hessian 矩阵 QP 问题的求解运算，时间复杂度为 $O((c-1)^3)$。所以 RPLM-DDF 的时间复杂度为 $O(N^2\log(N) + (c-1)^3)$，但是 $c \ll N$，则 RPLM-DDF 的时间复杂度可用 $O(c^3)$ 近似表示。

（3）非线性形式

1）核化形式。

假设映射函数 φ 满足 $\varphi: x \to \varphi(x)$ 条件时，RPLM-DDF 最优化问题的非线性形式可表示为

$$\min_{\boldsymbol{W}} \frac{1}{2}\boldsymbol{W}^{\mathrm{T}}\boldsymbol{W} + \frac{1}{2}\beta\boldsymbol{W}^{\mathrm{T}}\boldsymbol{S}_W^{\varphi}\boldsymbol{W} - \nu\rho$$

$$\text{s.t.} \boldsymbol{W}^{\mathrm{T}}(m_{i+1}^{\varphi} - m_i^{\varphi}) \geq \rho \quad (i = 1,2,3,\cdots,c-1) \qquad (3.22)$$

式中，$m_i^{\varphi} = \frac{1}{N_i}\sum_{k=1}^{N_i}\varphi(x_k)(i = 1, 2, 3, \cdots, c-1)$，$\boldsymbol{S}_W^{\varphi} = \sum_{i=1}^{c}P(C_i)\sum_{x \in C_i}(x - m_i^{\varphi})(x - m_i^{\varphi})^{\mathrm{T}}$。

同理可得上述优化问题的核化对偶形式为

$$\min_{\alpha} \frac{1}{2} \sum_{i=1}^{c-1} \sum_{j=1}^{c-1} \alpha_i \alpha_j (m_{i+1}^\varphi - m_i^\varphi)^T (1+\beta S_W^\varphi)^{-1} (m_{j+1}^\varphi - m_j^\varphi)$$

$$\text{s.t.} \sum_{i=1}^{c-1} \alpha_i = \nu, \alpha_i \geqslant 0 \quad (i=1,2,3,\cdots,c-1) \tag{3.23}$$

2）核函数形式。

通过引入核函数，无需知道非线性变换函数 $\varphi(x)$ 的具体形式及参数，高维空间中的内积可以通过核函数直接运算，升维后算法复杂度没有随着维度增加而增加。但是使用核函数时由于 $\varphi(x)$ 是未知的，无法直接求解 S_W^φ 和 m_i^φ，因此不能直接求解式（3.23）的对偶问题，故提出一种方案解决上述问题，以下推论均假设只有两类数据。

原始最优化问题转化为如下形式：

$$\min_W \frac{1}{2} W^T W + \frac{1}{2} \beta W^T S_W W - \nu \rho$$

$$\text{s.t.} \; y_i(W^T x_i) \geqslant \rho \tag{3.24}$$

根据再生核希尔伯特空间（reproducing kernel Hilbert space，RKHS）的性质，W 可以写成 $W = \sum_{i=1}^{N} \alpha_i \varphi(x_i)$，$K(x,x') = <\varphi(x)\varphi(x')>$。

式（3.16）中：

$$\frac{1}{2} W^T W = \frac{1}{2} \sum_{i=1}^{N} \sum_{j=1}^{N} y_i y_j \alpha_i \alpha_j K(x_i, x_j) = \frac{1}{2} \boldsymbol{\alpha}^T Y G Y^T \boldsymbol{\alpha} \tag{3.25}$$

式中，Y 是对角矩阵，$Y = \text{diag}(y_1, y_2, \cdots, y_N)$；$G$ 是一个由核函数内积组成的 $N \times N$ 矩阵

$$G = \begin{bmatrix} K(x_1,x_1), & K(x_1,x_2), & \cdots, & K(x_1,x_N) \\ K(x_2,x_1), & K(x_2,x_2), & \cdots, & K(x_2,x_N) \\ \cdots\cdots & & & \\ K(x_N,x_1), & K(x_N,x_2), & \cdots, & K(x_N,x_N) \end{bmatrix}_{N \times N}$$

则 $W^T S_W W$ 可以表示为

$$W^T S_W^\varphi W = W^T \left(\sum_{i=1}^{c} P(C_i) \sum_{x \in C_i} (\varphi(x) - m_i^\varphi)(\varphi(x) - m_i^\varphi)^T \right) W \tag{3.26}$$

式中，m_i^φ 是高维度特征空间中第 i 类的样本均值，表示为 $m_i^\varphi = \frac{1}{N_i} \sum_{x \in C_i} \varphi(x)$。

取第一类为例：

$$W^T \sum_{x \in C_1} (\varphi(x) - m_1^\varphi)(\varphi(x) - m_1^\varphi)^T W = \boldsymbol{\alpha}^T Y K_1 (I_1 - L_1) K_1^T Y \boldsymbol{\alpha} \tag{3.27}$$

式中，$\alpha = (\alpha_1, \alpha_2, \alpha_3, \cdots, \alpha_N)$；$I_1$ 是 N_1 阶单位矩阵；L_1 是 $N_1 \times N_1$ 阶 $\frac{1}{N_1}$ 填

充的矩阵；Y 是对角矩阵，定义为 $Y = \mathrm{diag}(y_1, y_2, \cdots, y_{N_1})$，

$$K_1 = \begin{bmatrix} K(x_1, x_1^{(C_1)}), & K(x_1, x_2^{(C_1)}), & \cdots, & K(x_1, x_{N_1}^{(C_1)}) \\ K(x_2, x_1^{(C_1)}), & K(x_2, x_2^{(C_1)}), & \cdots, & K(x_2, x_{N_1}^{(C_1)}) \\ \cdots\cdots \\ K(x_N, x_1^{(C_1)}), & K(x_N, x_2^{(C_1)}), & \cdots, & K(x_N, x_{N_1}^{(C_1)}) \end{bmatrix}_{N \times N_1} 。$$

同理，第二类可得

$$W^{\mathrm{T}} S_W^{\varphi} W = P(C_i) \boldsymbol{\alpha}^{\mathrm{T}} Y K_i (I_i - L_i) K_i^{\mathrm{T}} Y \boldsymbol{\alpha} \tag{3.28}$$

将式（3.25）和式（3.28）代入式（3.24）可得

$$\min_{\alpha} \frac{1}{2} \boldsymbol{\alpha}^{\mathrm{T}} Y [G + \beta P(C_1) K_1 (I_1 - L_1) K_1^{\mathrm{T}} + \beta P(C_2) K_2 (I_2 - L_2) K_2^{\mathrm{T}}] Y \boldsymbol{\alpha} - \nu \rho$$

$$\text{s.t. } y_i \Big(\sum_{j=1}^{N} \alpha_j y_j K(x_j, x_i) + b \Big) \geqslant \rho, \rho \geqslant 0 \tag{3.29}$$

令 $Q = Y[G + \beta P(C_1) K_1 (I_1 - L_1) K_1^{\mathrm{T}} + \beta P(C_2) K_2 (I_2 - L_2) K_2^{\mathrm{T}}] Y$，代入式（3.29）可得

$$\min_{\alpha} \frac{1}{2} \boldsymbol{\alpha}^{\mathrm{T}} Q \boldsymbol{\alpha} - \nu \rho$$

$$\text{s.t. } y_i \Big(\sum_{j=1}^{N} \alpha_j y_j K(x_j, x_i) + b \Big) \geqslant \rho, \rho \geqslant 0 \tag{3.30}$$

令非线性 RPLM-DDF 的 Lagrange 函数为

$$L(\alpha, b, \rho, h, g) = \frac{1}{2} \boldsymbol{\alpha}^{\mathrm{T}} Q \boldsymbol{\alpha} - \nu \rho - \sum_{i=1}^{N} h_i \Big\{ y_i \Big[\sum_{j=1}^{N} \alpha_j y_j K(x_j, x_i) + b \Big] - \rho \Big\} - \sum_{i=1}^{N} g_i \rho \tag{3.31}$$

式中，Lagrange 乘子 $h_i \geqslant 0, g_i \geqslant 0$。

L 分别对 b 和 ρ 求偏导并令偏导数等于 0，可得式（3.32）和式（3.33）：

$$\frac{\partial L}{\partial b} = -\sum_{i=1}^{N} h_i y_i = 0 \tag{3.32}$$

$$\frac{\partial L}{\partial \rho} = -\nu + h_i - g_i \Rightarrow \begin{cases} g_i = h_i - \nu \\ 0 \leqslant h_i \leqslant \nu \end{cases} \tag{3.33}$$

将式（3.32）与式（3.33）代入式（3.31）中，可得

$$L(\boldsymbol{\alpha}, h) = \frac{1}{2} \boldsymbol{\alpha}^{\mathrm{T}} Q \boldsymbol{\alpha} - \boldsymbol{\alpha}^{\mathrm{T}} Y G Y h \tag{3.34}$$

L 对 α 求偏导并令偏导数等于 0，可得式（3.35）：

$$\frac{\partial L}{\partial \boldsymbol{\alpha}} = Q \boldsymbol{\alpha} - Y G Y h = 0 \Rightarrow \boldsymbol{\alpha} = Q^{-1} Y G Y h \tag{3.35}$$

将式（3.35）代入式（3.34），可得

$$\min \frac{1}{2} \boldsymbol{h}^{\mathrm{T}} [\boldsymbol{Y}\boldsymbol{G}^{\mathrm{T}}\boldsymbol{Y}(\boldsymbol{Q}^{-1})\boldsymbol{Y}\boldsymbol{G}\boldsymbol{Y}] \boldsymbol{h}$$

$$\text{s.t.} \sum_{i=1}^{N} h_i y_i = 0, 0 \leq h_i \leq v \tag{3.36}$$

由 KKT（Karush-Kuhn-Tucher）条件，可得

$$h_i (y_i (\sum_{j=1}^{N} \alpha_j y_j K(x_j, x_i) + b) - \rho) = 0 \tag{3.37}$$

最终决策函数为

$$f(x) = \text{sgn} \left(\sum_{i=1}^{N} \alpha_i y_i K(x_i, x) + b \right) \tag{3.38}$$

式中，$b = \frac{1}{|\text{SVs}|} \sum_{x_i \in \text{SVs}} [y_i - \sum_{j=1}^{N} \alpha_j y_j K(x_j, x_i)]$，$\text{SVs} = \{ (x_i, y_i) \mid 0 < h_i \leq \rho, i = 1, 2, 3, \cdots, N \}$。

（4）大规模分类问题

为了将 RPLM-DDF 推广到大规模数据集，引入 CVM，通过建立 RPLM-DDF 与 MEB 对偶形式的等价关系，从而保证 RPLM-DDF 能够解决大规模分类问题。

核心向量机把 QP 问题的求解转化为计算 MEB 问题。利用逼近率为 $(1+\varepsilon)$ 的近似算法得到核心集（core-set）。核心集的规模远远小于原始数据规模，从而降低了算法时间、空间复杂度。大规模数据集的实验表明，核心向量机与标准的 SVM 拥有相似的精度，但速度更快，可处理更大规模的数据集。

RPLM-DDF 和 MEB 关系如下：

令 $\theta = \boldsymbol{Y}\boldsymbol{G}^{\mathrm{T}}\boldsymbol{Y}(\boldsymbol{Q}^{-1})^{-1}\boldsymbol{Y}\boldsymbol{G}\boldsymbol{Y}$，RPLM-DDF 的 QP 问题可转换为

$$\min \boldsymbol{h}^{\mathrm{T}} \boldsymbol{\theta} \boldsymbol{h}$$

$$\text{s.t.} \boldsymbol{h}^{\mathrm{T}} \boldsymbol{1} = 1, \boldsymbol{h} \geq 0 \tag{3.39}$$

式中，$\boldsymbol{0} = [0, \cdots, 0]^{\mathrm{T}}$，$\boldsymbol{1} = [1, \cdots, 1]^{\mathrm{T}}$。RPLM-DDF 与最小包含球形式等价，故 RPLM-DDF 可以使用 MEB 来解决大规模分类问题。

3.2.2 实验分析

实验分别在人工数据集、中小规模数据集及大规模数据集上进行实验论证。

（1）人工数据集实验

人工生成五类数据，各类样本 40 个，各类中心点分别是（0, 0）、（6, 6）、（12, 12）、（18, 18）、（24, 24），标准差为 2，并服从高斯（Gaussian）分布。

生成数据集如图 3.1（a）所示，通过 RPLM-DDF 求得方向向量为 W，将生成数据投影到 W 后得到如图 3.1（b）所示结果。

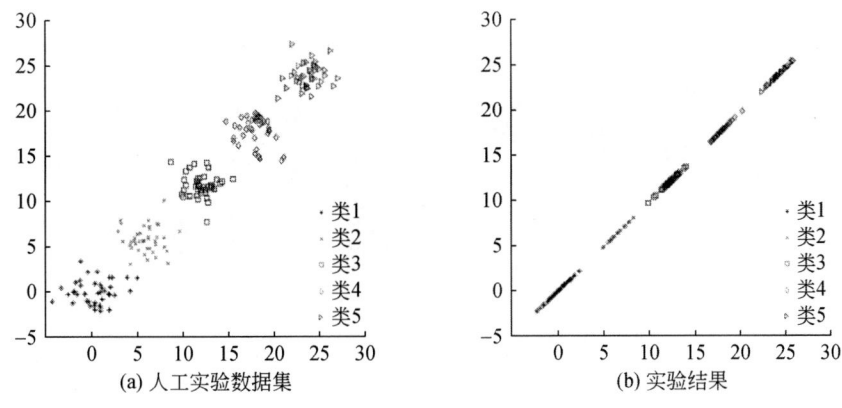

图 3.1 人工数据集及实验结果

由图 3.1 可知，RPLM-DDF 保持了原始数据之间相对位置的顺序，有良好的可分性。

（2）中小规模数据集实验

实验所需中小规模数据集如表 3.1 所示。选取数据 60% 为训练集，其余 40% 数据作为测试集。

表 3.1 中小型实验数据集

数据集	数据规模	维数	类别数
Iris	150	4	3
Liver	345	7	2
Glass	214	10	5
Wine	178	13	3
German	1000	20	2

实际问题中经常使用的核函数有线性核函数（linear kernel function）、多项式核函数（polynomial kernel function）、高斯核函数（Gaussian kernel function）、Sigmoid 核函数。不同的核函数在不同应用环境下表现各异，实验结果如图 3.2 所示。

由图 3.2 可以看出，与线性核函数、多项式核函数、Sigmoid 核函数相比，基于高斯核函数的 RPLM-DDF 在实验数据集上具有更优的分类能力。因此，实

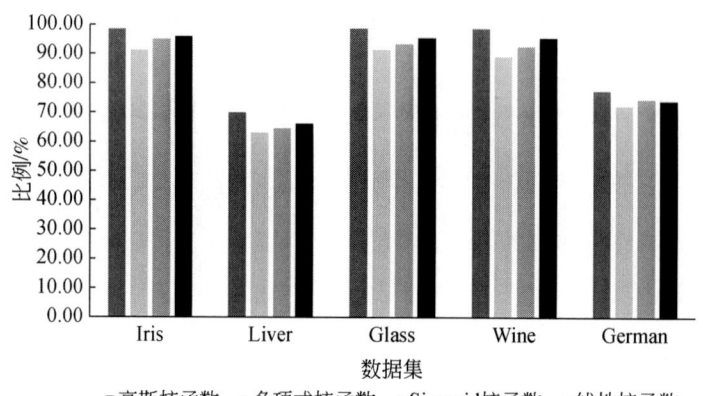

图 3.2 核函数与实验结果

验选取高斯核函数。

实验采用交叉验证的方法。将 RPLM-DDF 与 SVC（support vectors classification）、KNN（k-nearest neighbor）、NB（naive Bayes）进行比较实验。使用网格搜索方法，在恰当的范围划分网格并遍历网格内所有点进行取值，得到参数。$m>n$ 在 $\{0.001, 0.01, 0.1, 1, 5, 10\}$ 中选择；惩罚参数 C 在 $\{0.01, 0.05, 0.1, 0.5, 1, 5, 10\}$ 中选择；ν 在 $\{0.01, 0.1, 0.5, 1, 3, 5, 10\}$ 中选择；δ 在 $\{\bar{x}/2\sqrt{2}, \bar{x}/2, \bar{x}/\sqrt{2}, \bar{x}\sqrt{2}, 2\bar{x}, 2\sqrt{2}\bar{x}\}$ 中选择；最近邻数 K 在 $\{1, 2, 3, 5, 10, 15, 20\}$ 中选择，$\bar{x}$ 是训练样本的平均范数平方根。实验参数见表 3.2，实验结果见表 3.3。

表 3.2 实验参数

数据集	参数		
	SVC	KNN	RPLM-DDF
Iris	$\gamma=1$，$C=1$	$K=2$	$\delta=\sqrt{2}x$，$\nu=0.1$
Liver	$\gamma=0.01$，$C=0.5$	$K=20$	$\delta=\bar{x}/2\sqrt{2}x$，$\nu=0.1$
Glass	$\gamma=0.1$，$C=1$	$K=5$	$\delta=\bar{x}/2\sqrt{2}x$，$\nu=0.5$
Wine	$\gamma=0.001$，$C=5$	$K=1$	$\delta=\bar{x}/\sqrt{2}x$，$\nu=0.1$
German	$\gamma=0.1$，$C=0.5$	$K=20$	$\delta=\bar{x}/\sqrt{2}x$，$\nu=0.1$

表 3.3　中小规模数据集对比实验结果　　　　（单位:%）

数据集	SVC	KNN	NB	RPLM-DDF
Iris	96.67	98.33	95.00	98.33
Liver	64.49	67.39	60.86	70.28
Glass	97.67	97.67	90.69	98.83
Wine	69.44	68.05	93.26	98.61
German	71.25	71.25	72.50	77.50
平均	79.90	80.54	82.46	88.71

由表 3.3 可以看出，RPLM-DDF 较 SVC、KNN、NB 在平均分类性能上精度更高。在 Iris 数据集中 KNN 和 RPLM-DDF 表现相当，在 Liver、Glass、Wine、German 数据集中，与 SVC、KNN、NB 传统分类方法相比，RPLM-DDF 的分类性能更优。

(3) 大规模数据集实验

实验采用 Bank Marketing Dataset 数据集，共有 45 211 个样本，17 维描述信息，分为两类。60% 的数据集作为训练样本，剩余数据集作为测试样本。ε 将在 $\{10^{-1}, 10^{-2}, 10^{-3}, 10^{-4}, 10^{-5}, 10^{-6}, 10^{-7}\}$ 中选取。ε 对实验时间影响如图 3.3（a）所示，ε 对实验精度影响如图 3.3（b）所示。

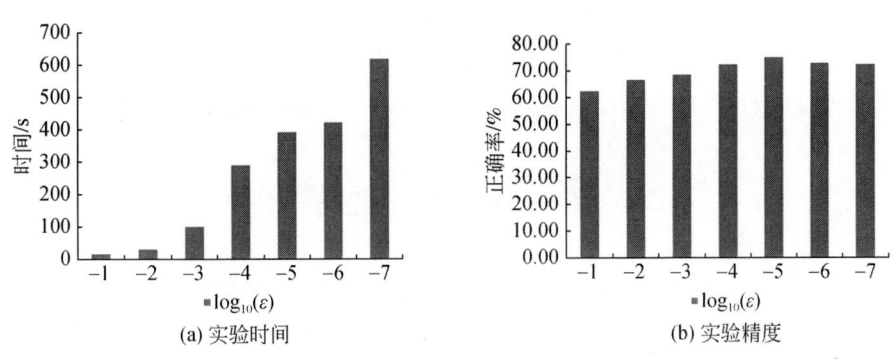

(a) 实验时间　　　　(b) 实验精度

图 3.3　ε 对实验 RPLM-DDF 的影响

由图 3.3 可知，ε 越小所需训练时间越长，但不是 ε 越小精度越高。选取合适的 ε 值可以减少训练时间，并达到最高精度。

以数据集的 20%、40%、60%、80% 作为训练集，并从剩余数据任取 500 个作为测试集。实验结果如表 3.4 所示，Acc 表示正确率，单位为百分比（%）；Time 表示训练时间，单位为秒（s）。

表 3.4 RPLM-DDF 对大规模数据集分类结果

数据占比	Abalone 数据集		Bank 数据集		California 数据集	
	Acc	Time	Acc	Time	Acc	Time
20%	61.46	80.12	63.68	156.32	46.03	243.84
40%	70.21	130.45	67.32	278.53	54.58	403.47
60%	75.36	173.26	71.58	295.72	60.26	672.94
80%	76.14	197.63	77.04	331.18	64.57	734.28

表 3.4 表明，RPLM-DDF 分类精度随训练集样本量的增加而逐渐上升。时间代价也逐步上升，但 RPLM-DDF 能在有限的时间内高精度地完成分类任务。

3.2.3 小结

针对 SVM 的不足，RPLM-DDF 主要优势在于：①在考虑最优化问题时将类内结构融合起来，合理有效地利用这种信息，提高了算法分类精度。②较好地保持了数据的相对关系不变。③基于核心向量机使 RPLM-DDF 支持大规模分类问题。人工数据集、中小规模数据集和大规模数据集实验表明，与传统分类方法相比，RPLM-DDF 具有更优的分类能力。然而，RPLM-DDF 的分类结果依赖于实验参数的选取，如何更加高效地选择最优参数是下一步研究的重点。

3.3 模糊双超球分类方法

支持向量机是一种建立在统计学理论基础上的分类方法，可以较好地解决非线性、高维数、局部极小点等问题，相较于传统的分类方法有较好的泛化能力[149]。在面对大规模数据分类问题时，研究人员提出双支持向量机，其试图构造两个不平行的分类超平面将两类分开，将支持向量机的分类效率提高了 4 倍。

受双支持向量机启发，提出模糊双超球分类方法（fuzzy twin-hypersphere learning machine，FTHLM）[131]。FTHLM 试图为每类样本构造一个超球模型，通过构造一对超球模型将两类分类。模糊隶属度函数的引入有效地降低了奇异点和噪声点对分类结果的影响,从而保证 FTHLM 具有较高的分类效率。UCI 标准数据集上与支持向量机、双支持向量机的比较实验表明,FTHLM 具有更优的分类能力。

3.3.1 方法描述

令数据集 $D = \{(x_1, y_1), (x_2, y_2), \cdots, (x_l, y_l)\}$ $(i=1, 2, \cdots, l)$,其中 $x_i \in R^m$ 表示样本,$y_i \in \{-1, 1\}$ 表示类别标签。

FTHLM 为每一类样本构造一个超球模型,通过构造一对超球模型来将两类分开。模糊隶属度函数的引入确保降低噪声点和奇异点对分类结果的影响。FTHLM 的最优化问题描述如下:

$$\min_{R_+, c_+} R_+^2 - \frac{v_1}{l^-} \sum_{j \in \mathcal{I}^-} \| x_j - c_+ \|^2 + \frac{c_1}{l^+} \sum_{i \in \mathcal{I}^+} s_i \xi_i$$
$$\text{s.t.} \quad \| x_i - c_+ \|^2 \leq R_+^2 + \xi_i$$
$$R_+^2 \geq 0, \xi_i \geq 0, i \in \mathcal{I}^+ \tag{3.40}$$

$$\min_{R_-, c_-} R_-^2 - \frac{v_2}{l^+} \sum_{i \in \mathcal{I}^+} \| x_i - c_- \|^2 + \frac{c_2}{l^-} \sum_{j \in \mathcal{I}^-} s_j \xi_j$$
$$\text{s.t.} \quad \| x_j - c_- \|^2 \leq R_-^2 + \xi_j$$
$$R_-^2 \geq 0, \xi_j \geq 0, j \in \mathcal{I}^- \tag{3.41}$$

式中,c_1、c_2 为惩罚因子且 c_1、$c_2 > 0$;v_1、v_2 为平衡参数且 v_1、$v_2 > 0$;$c_{\pm}$ 和 $R_{\pm}$ 分别为相应超球模型的球心和半径;s_i 为模糊隶属度函数。

根据 Laplace 乘子法,引入 Lagrange 乘子 α_i、r_i 和 s,可得式(3.40)的对偶形式:

$$L(c_+, R_+, \xi, \alpha, r, s) = R_+^2 - \frac{v_1}{l^-} \sum_{j \in \mathcal{I}^-} \| x_j - c_+ \|^2$$
$$+ \frac{c_1}{l^+} \sum_{i \in \mathcal{I}^+} s_i \xi_i + \sum_{i \in \mathcal{I}^+} \alpha_i (\| x_i - c_+ \|^2 - R_+^2 - \xi_i) - \sum_{i \in \mathcal{I}^+} r_i \xi_i - s R_+^2 \tag{3.42}$$

式中,$s \geq 0$,$\alpha_i \geq 0$,$r_i \geq 0$ ($i \in \mathcal{I}^+$)。由 KKT 条件可得

$$\frac{\partial L}{\partial c_+} = -\frac{2v_1}{l^-} \sum_{j \in \mathcal{I}^-} (x_j - c_+) + 2 \sum_{i \in \mathcal{I}^+} \alpha_i (x_i - c_+) = 0$$
$$\Rightarrow c_+ = \frac{1}{\sum_{i \in \mathcal{I}^+} \alpha_i - v_1} \left(\sum_{i \in \mathcal{I}^+} \alpha_i x_i - \frac{v_1}{l^-} \sum_{j \in \mathcal{I}^-} x_j \right) \tag{3.43}$$

$$\frac{\partial L}{\partial R_+^2} = 1 - \sum_{i \in \mathcal{I}^+} \alpha_i - s = 0 \Rightarrow \sum_{i \in \mathcal{I}^+} \alpha_i \leq 1 \quad (3.44)$$

$$\frac{\partial L}{\partial \xi_i} = \frac{c_1 s_i}{l^+} - \alpha_i - r_i = 0 \Rightarrow 0 \leq \alpha_i \leq \frac{c_1 s_i}{l^+}, i \in \mathcal{I}^+ \quad (3.45)$$

$$\| x_i - c_+ \|^2 \leq R_+^2 + \xi_i, i \in \mathcal{I}^+ \quad (3.46)$$

$$\alpha_i(\| x_i - c_+ \|^2 - R_+^2 - \xi_i) = 0, \alpha_i \geq 0, i \in \mathcal{I}^+ \quad (3.47)$$

$$r_i \xi_i = 0, \xi_i \geq 0, r_i \geq 0, i \in \mathcal{I}^+ \quad (3.48)$$

$$s R_+^2 = 0, R_+^2 \geq 0, s \geq 0 \quad (3.49)$$

当式（3.40）取最优解时，$R_+^2 > 0$，则 $s = 0$，由式（3.44）可得 $\sum_{i \in \mathcal{I}^+} \alpha_i = 1$，则有

$$c_+ = \frac{1}{1 - \nu_1} \left(\sum_{i \in \mathcal{I}^+} \alpha_i x_i - \frac{\nu_1}{l^-} \sum_{j \in \mathcal{I}^-} x_j \right) \quad (3.50)$$

超球模型的半径为

$$R_+^2 = \frac{1}{|\mathcal{I}_R^+|} \sum_{i \in \mathcal{I}_{R^+}} \| x_i - c_+ \|^2 \quad (3.51)$$

式中，$\mathcal{I}_R^+ = \left\{ i \mid 0 < \alpha_i < \frac{c_1}{l^+}, i \in \mathcal{I}^+ \right\}$。

将式（3.44）、式（3.45）、式（3.51）代入式（3.43），可得式（3.40）的对偶形式：

$$\max_{\alpha_i} \left(1 - \sum_{i \in \mathcal{I}^+} \alpha_i - s \right) R_+^2 + \sum_{i \in \mathcal{I}^+} \left(\frac{c_1}{l^+} - \alpha_i - r_i \right) \xi_i$$

$$- \frac{1}{1 - \nu_1} \left[\sum_{i_1, i_2 \in \mathcal{I}^+} \alpha_{i_1} \alpha_{i_2} x_{i_1}^T x_{i_2} - 2 \frac{\nu_1}{l^-} \sum_{i \in \mathcal{I}^+} \alpha_i \sum_{j \in \mathcal{I}^-} x_j^T x_i + \left(\frac{\nu_1}{l^-} \right)^2 \sum_{j_1, j_2 \in \mathcal{I}^-} x_{j_1}^T x_{j_2} \right]$$

$$- \frac{\nu_1}{l^-} \sum_{j \in \mathcal{I}^+} x_j^T x_j + \sum_{i \in \mathcal{I}^+} \alpha_i \sum_{j \in \mathcal{I}^+} x_i^T x_i$$

$$= - \frac{1}{1 - \nu_1} \left[\sum_{i_1, i_2 \in \mathcal{I}^+} \alpha_{i_1}, \alpha_{i_2} x_{i_1}^T x_{i_2} - 2 \frac{\nu_1}{l^-} \sum_{i \in \mathcal{I}^+} \alpha_i \sum_{j \in \mathcal{I}^-} x_j^T x_i + \left(\frac{\nu_1}{l^-} \right)^2 \sum_{j_1, j_2 \in \mathcal{I}^-} x_{j_1}^T x_{j_2} \right]$$

$$- \frac{\nu_1}{l^-} \sum_{j \in \mathcal{I}^+} x_j^T x_j + \sum_{i \in \mathcal{I}^+} \alpha_i x_i^T x_i$$

$$\text{s.t.} \sum_{i \in \mathcal{I}^+} \alpha_i = 1, 0 \leq \alpha_i \leq \frac{c_1 s_i}{l^+}, i \in \mathcal{I}^+ \quad (3.52)$$

将上述优化问题的目标函数乘以 $(1 - \nu_1)$，并去掉常数项，可得

$$\max_{\alpha_i} - \sum_{i_1, i_2 \in \mathcal{I}^+} \alpha_{i_1} \alpha_{i_2} x_{i_1}^T x_{i_2} + \sum_{i \in \mathcal{I}^+} \alpha_i \left[\frac{2 \nu_i}{l^-} \sum_{j \in \mathcal{I}^-} x_j^T x_i + (1 - \nu_1) x_i^T x_i \right]$$

$$\text{s.t.} \sum_{i \in \mathcal{I}^+} \alpha_i = 1, 0 \leq \alpha_i \leq \frac{c_1 s_i}{l^+}, i \in \mathcal{I}^+ \quad (3.53)$$

同理可得式（3.40）的对偶形式：

$$\max_{\beta_j} - \sum_{j_1, j_2 \in \mathcal{I}^-} \beta_{j_1} \beta_{j_2} x_{j_1}^T x_{j_2} + \sum_{j \in \mathcal{I}^-} \beta_j \left[\frac{2\nu_2}{l^+} \sum_{i \in \mathcal{I}^+} x_i^T x_j + (1 - \nu_2) x_j^T x_j \right]$$

$$\text{s.t.} \sum_{j \in \mathcal{I}^-} \beta_j = 1, 0 \leq \beta_j \leq \frac{c_2 s_j}{l^-}, j \in \mathcal{I}^- \quad (3.54)$$

其中 $\beta_j (j \in \mathcal{I}^-)$ 为 Lagrange 乘子。

球心 c_- 和半径 R_-^2 分别为

$$c_- = \frac{1}{1 - \nu_2} \left(\sum_{j \in \mathcal{I}^-} \beta_j x_j - \frac{\nu_2}{l^+} \sum_{i \in \mathcal{I}^+} x_i \right) \quad (3.55)$$

$$R_-^2 = \frac{1}{|\mathcal{I}_R^-|} \sum_{i \in \mathcal{I}_R^-} \| x_i - c_- \|^2 \quad (3.56)$$

式中，$\mathcal{I}_R^- = \left\{ j \mid 0 < \beta_j < \frac{c_2}{l^-}, j \in \mathcal{I}^- \right\}$。

一个新的样本点 x 的类属判定取决于如下的决策函数：

$$f(x) = \arg \min_{+, -} \left\{ \frac{\| x - c_+ \|^2}{R_+^2}, \frac{\| x - c_- \|^2}{R_-^2} \right\} \quad (3.57)$$

FTHLM 算法流程如下。

输入：训练数据集 X_Train。

输出：测试数据集 X_Test 中样本的类属。

第一步：将实验数据集按照一定比例分为训练数据集和测试数据集。

第二步：利用 Lagrange 乘子法将 FTHLM 最优化问题转化为如式（3.40）和式（3.41）所示的对偶形式。

第三步：在训练数据集 X_Train 上运行的 FTHLM 算法，得到分类依据。

第四步：计算如式（3.57）所示的决策函数。

第五步：利用第四步得到的决策函数对测试数据集中的任一样本 $x \in$ X_Test 判定类属，从而得到 FTHLM 算法的分类精度。

3.3.2 实验分析

通过与 SVM、TWSVM 等传统分类方法的比较来验证 FTHLM 的有效性。上述分类方法的性能与所选的参数有关。FTHLM 选用十折交叉验证法获取实验参数，而参数的选择采用网格搜索法。在 SVM、TWSVM、FTHLM 中，惩罚因子在网格 {0.01, 0.05, 0.1, 0.5, 1, 5, 10} 中搜索。FTHLM 采用基于距离的模糊隶属度函数。实验数据集如表 3.5 所示。分别在实验数据集上运行 SVM、TWSVM、FTHLM，并将各类方法得到的分类精度记录于表 3.6。

表 3.5 实验数据集

数据集	训练样本	测试样本	维数
Diabetis	468	300	8
Heart	170	100	13
Lonosphere	200	151	34
Thyroid	140	75	20
German	700	300	20
WDBC	400	169	30

表 3.6 比较实验结果

数据集	SVM	TWSVM	FTHLM
Diabetis	0.7600	0.7700	0.8200
Heart	0.8400	0.8400	0.8600
Lonosphere	0.8477	0.8740	0.9139
Thyroid	0.9200	0.9600	0.9733
German	0.7400	0.7600	0.8200
WDBC	0.9527	0.9763	0.9644
平均分类精度	0.8434	0.8634	0.8919

由表 3.6 可以看出，与 SVM、TWSVM 等分类方法相比，FTHLM 在 UCI 数据集上有优良的分类性能。FTHLM 在 Diabetis、Heart、Lonosphere、Thyroid、German 等数据集上分类精度最优；在 WDBC 数据集上，FTHLM 略差 TWSVM 的分类精度 TWSVM 1%。总之，FTHLM 的平均性能明显优于 SVM 和 TWSVM。

3.3.3 小结

FTHLM 受双支持向量机启发，为每类构造一个超球模型，通过构造一对超球模型来将两类分开。模糊隶属度函数的引入确保降低噪声点和奇异点对分类结果的影响。在 UCI 标准数据集上与 SVM、TWSVM 等传统分类方法相比，FTHLM 具有更优的分类精度。然而，FTHLM 仍然存在无法处理大规模数据分类的不足。接下来将借鉴海量数据随机采样思想，利用大数据处理技术，来对在大数据环境下的适应性展开进一步研究。

3.4 基于边界的最大间隔模糊分类器

传统基于边界的分类方法，如 SVM、SVDD、最小体积封闭椭球（minimum volumn enclosing ellipsoids，MVEE）、最小体积覆盖椭球（kernel minimum volume covering ellipsoid，KMVCE）等分类方法在进行分类决策时认为所有样本具有相同的作用，因此，当样本中含有噪声点和孤立点时，分类的性能将受到很大的影响。基于上述分析，提出基于边界的最大间隔模糊分类器（maximum-margin fuzzy classifier based on spatial point，MFC），MFC 试图在模式空间中找到一个模糊分类点将两类样本分开[132]。模糊技术的引入保证了 MFC 分类时对样本区别对待，减小或消除了奇异点的影响，提高了分类效率。MFC 具有如下优势：①优良的分类性能；②同时解决二类分类问题和单类分类问题；③良好的抗噪能力。

3.4.1 方法描述

MFC 最初是针对二分类问题提出的，但将 MFC 分别经过对偶变换、核变换后，得到的核化对偶式等价于 MEB 问题，表明 MFC 也可解决单分类问题。

(1) 原始优化问题

对于包含 N 个样本二类划分问题，设模糊训练集合 $T = \{(x_1, y_1, s_1), \cdots, (x_N, y_N, s_N)\}$，其中 $x_i \in R^d (1 \leq i \leq N_+ + N_- = N)$ 为输入数据，$y_i \in \{1, -1\}$ 为类别标签，s_i 为模糊隶属度。规定 $1 \leq i \leq N_+$ 时，$y_i = 1$；$N_+ + 1 \leq i \leq N$ 时，$y_i = -1$。假设第一类含有 N_+ 个样本 $\{x_i, y_i\}_{i=1}^{N_1}$，第二类含有 N_- 个样本 $\{x_j, y_j\}_{j=N_++1}^{N}$。

MFC 算法整体结构如图 3.4 所示。

MFC 的目标是在模式空间找到一个模糊分类点 c，确保两类分开且两类间隔最大。优化问题可描述为

$$\min_{c,\rho,\xi_i} \frac{1}{N} \sum_{i=1}^{N} \|x_i - c\|^2 - \nu\rho + C \sum_{i=1}^{N} s_i \xi_i$$

$$\text{s.t. } y_i \frac{x_i^T c}{\|x_i\| \|c\|} \geq \rho - \xi_i$$

$$\xi_i \geq 0 \quad i = 1, \cdots, N \tag{3.58}$$

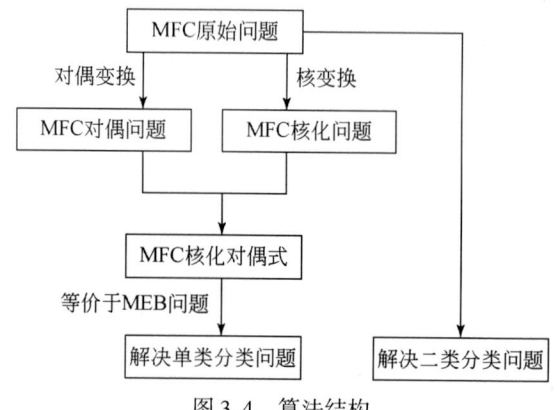

图 3.4 算法结构

式中，c 为分类点；ρ 表示样本与分类点夹角距离意义上的间隔，称为"类间夹角间隔"；ν 为可调参数且满足 $\nu > 0$；C 为惩罚因子，用于控制对错分样本惩罚的程度；s_i 为模糊隶属度；$x_i^T c / \| x_i \| \| c \|$ 表示样本 x_i 与分类点 c 的夹角距离；ξ_i 为松弛因子。

上述优化问题中，$\frac{1}{N}\sum_{i=1}^{N} \| x_i - c \|^2$ 保证样本距离分类点最近，尽量避免奇异点对分类的影响；$-\nu\rho$ 保证类间夹角间隔最大；$C\sum_{i=1}^{N} s_i \xi_i$ 允许存在误差，在一定程度上提高了算法的泛化能力。为了推导方便，将式（3.58）改为式（3.59），则原始优化问题转化为

$$\min_{c,\rho,\xi_i} \frac{1}{N}\sum_{i=1}^{N} \| x_i - c \|^2 - \nu\rho + C\sum_{i=1}^{N} s_i \xi_i$$
$$\text{s. t. } y_i x_i^T c \geq \rho - \xi_i$$
$$\xi_i \geq 0 \quad i = 1, \cdots, N \quad (3.59)$$

（2）对偶问题

MFC 原始优化问题的对偶问题为

$$\max_{\alpha_i} -\frac{4}{N}\sum_{i=1}^{N}\sum_{j=1}^{N} \alpha_i y_i x_i^T x_j - \sum_{i=1}^{N}\sum_{j=1}^{N} \alpha_i \alpha_j y_i y_j x_i^T x_j$$
$$\text{s. t. } \sum_{i=1}^{N} \alpha_i = \nu \quad (3.60)$$
$$0 \leq \alpha_i \leq s_i C \quad i = 1, \cdots, N$$

根据 Lagrange 定理，上述原始问题的 Lagrange 方程为

$$L(c,\rho,\alpha,\xi_i) = \frac{1}{N}\sum_{i=1}^{N} \| x_i - c \|^2 - \nu\rho + C\sum_{i=1}^{N} s_i \xi_i - \sum_{i=1}^{N} \alpha_i (y_i x_i^T c - \rho + \xi_i) - \sum_{i=1}^{N} \beta_i \xi_i$$
$$(3.61)$$

式中，Lagrange 乘子 $\alpha_i \geq 0$。

$L(c, \rho, \alpha, \xi_i)$ 分别对 c、ρ、ξ_i 等变量求偏导，并令各偏导方程等于零，可得

$$\frac{\partial L}{\partial \rho} = -\nu + \sum_{i=1}^{N} \alpha_i = 0 \Rightarrow \sum_{i=1}^{N} \alpha_i = \nu \tag{3.62}$$

$$\frac{\partial L}{\partial c} = -\frac{2}{N}\sum_{i=1}^{N}(x_i - c) - \sum_{i=1}^{N}\alpha_i y_i x_i = 0 \Rightarrow c = \sum_{i=1}^{N}\left(\frac{1}{N} + \frac{1}{2}\alpha_i y_i\right)x_i \tag{3.63}$$

$$\frac{\partial L}{\partial \xi_i} = s_i C - \alpha_i - \beta_i = 0 \Rightarrow \alpha_i + \beta_i = s_i C; 0 \leq \alpha_i \leq s_i C \quad i=1,\cdots,N \tag{3.64}$$

将式（3.62）~式（3.64）代入式（3.61）中，定理成立。

（3）核化问题

在非线性情况下，通过一个满足 Mercer 条件的核函数对输入样本进行高维映射，并在高维空间中进行模式分类。非线性 MFC 表示为

$$\begin{aligned}&\min_{c,\rho,\xi_i} \frac{1}{N}\sum_{i=1}^{N} \|\varphi(x_i) - c\|^2 - \nu\rho + C\sum_{i=1}^{N} s_i \xi_i \\ &\text{s.t.} \ y_i \varphi(x_i)^{\mathrm{T}} c \geq \rho - \xi_i \\ &\xi_i \geq 0 \quad i=1,\cdots,N \end{aligned} \tag{3.65}$$

式中，映射函数 $\varphi: R^d \to R^D (D \gg d)$ 将原始样本空间映射到高维特征空间。

非线性 MFC 对偶问题为

$$\begin{aligned}&\max_{\alpha_i} -\frac{4}{N}\sum_{i=1}^{N}\sum_{j=1}^{N}\alpha_i y_i k(x_i,x_j) - \sum_{i=1}^{N}\sum_{j=1}^{N}\alpha_i \alpha_j y_i y_j k(x_i,x_j) \\ &\text{s.t.} \ \sum_{i=1}^{N}\alpha_i = \nu \\ &0 \leq \alpha_i \leq s_i C \quad i=1,\cdots,N \end{aligned} \tag{3.66}$$

式中，核函数 $k(x_i, x_j) = \varphi(x_i)^{\mathrm{T}} \varphi(x_j)$。

（4）类间夹角间隔 ρ 的求解

由 KKT 条件可知，对于支持向量，$\xi_i \geq 0$，$i=1,\cdots,N$ 等号成立，即

$$\rho = y_i \varphi(x_i)^{\mathrm{T}} c + \xi_i \tag{3.67}$$

其中，x_i 为支持向量。设支持向量集为 $S = \{x_i \mid \alpha_i > 0, i=1,\cdots,N\}$。将每个 $x_i \in S$ 代入式（3.67）并求平均可得类间夹角间隔 ρ：

$$\rho = \frac{1}{|S|}\sum_{x_i \in S} y_i \sum_{i=1}^{N}\left(\frac{1}{N} + \frac{1}{2}\alpha_i y_i\right) k(x_i, x_j) + \xi_i$$

（5）决策函数

MFC 的决策函数如下：

$$\begin{aligned} f(x) &= \mathrm{sgn}(\varphi(x)^{\mathrm{T}} c - \rho) \\ &= \mathrm{sgn}\left(\sum_{i=1}^{N}\left(\frac{1}{N} + \frac{1}{2}\alpha_i y_i\right) k(x_i, x) - \rho\right) \end{aligned}$$

若 $f(x) > 0$ 则 x 属于第一类；若 $f(x) < 0$ 则 x 属于第二类。将上述决策函数称为"夹角差决策函数"。

3.4.2 理论分析

(1) 可调参数 ν 性质理论分析

性质 3.1：用 MFC 对样本进行分类，若所得的类间夹角间隔 $\rho^* > 0$，则有

1) 若记错分样本数为 p，则 $\nu \geqslant ps(x_i)C$。
2) 若记支持向量数为 q，则 $\nu \leqslant qs(x_i)C$。

证明：

1) 由于错分样本 x_i 对应的松弛因子 $\varepsilon_i^* > 0$，有 $\alpha_i^* = s(x_i)C$，因此有 $\nu = \sum_{i=1}^{N} \alpha_i^* \geqslant ps(x_i)C$。

2) 由于支持向量 x_i 对应的 $\alpha_i^* > 0$，由约束条件式 (3.60) 可知 $\nu = \sum_{i=1}^{N} \alpha_i^* \leqslant qs(x_i)C$。

上述性质说明可调参数 ν 具有边界性，这为 ν 值的选取提供了重要依据。

(2) 单类问题分析

定理 3.1：非线性 MFC 等价于 MEB 问题。

证明：令 $\beta_i = \frac{1}{\nu}\alpha_i$ 并将其代入非线性 MFC 对偶式有

$$\max_{\beta_i} \sum_{i=1}^{N}\sum_{j=1}^{N} \beta_i y_i \frac{-4}{N\nu} k(x_i, x_j) - \sum_{i=1}^{N}\sum_{j=1}^{N} \beta_i \beta_j y_i y_j k(x_i, x_j)$$

$$\text{s.t.} \sum_{i=1}^{N} \beta_i = 1 \quad\quad (3.68)$$

$$0 \leqslant \beta_i \leqslant \frac{s_i C}{\nu} \quad i = 1, \cdots, N$$

上式等价于：

$$\max_{\beta} \beta^{\mathrm{T}}(\mathrm{diag}(K) + \Delta - \eta \mathbf{1}) - \beta^{\mathrm{T}} K \beta$$

$$\text{s.t.} \beta^{\mathrm{T}}\mathbf{1} = 1 \quad\quad (3.69)$$

$$\beta \geqslant 0$$

式中，$\boldsymbol{\beta} = [\beta_1, \cdots, \beta_N]^{\mathrm{T}}$；$\mathbf{0} = [0, \cdots, 0]^{\mathrm{T}}$；$\mathbf{1} = [1, \cdots, 1]^{\mathrm{T}}$；$K = [y_i y_j k(x_i, x_j)]$；$\Delta = -\mathrm{diag}(K) - \frac{4}{N\nu} y_i \sum_{j=1}^{N} k(x_i, x_j) + \eta \mathbf{1}$。经上述分析，为了推导方便，特将式 $0 \leqslant \beta_i \leqslant \frac{s_i C}{\nu}$ $i = 1, \cdots, N$ 写成式 $\boldsymbol{\beta} \geqslant 0$。当 η 取值足够大时，总能保证

$\Delta \geq 0$，则 MFC 等价于 MEB 问题，这说明 MFC 可解决单类问题。

3.4.3 实验分析

通过与 C-SVC、ν-SVC、KNN 等主流分类器比较，验证 MFC 的有效性。实验环境为 3GHz Pentium4 CPU、256M RAM、Windows XP 及 Matlab7.0。实验选取的核函数为高斯核函数：

$$k(x_i, x_j) = \exp(-\|x_i - x_j\|^2 / 2\delta^2)$$

(1) 实验参数设置

目前参数选择的主流方法有单一验证估计、留一法、k 倍交叉验证法及基于样本相似度的方法等。实验采用 5 倍交叉验证获取实验参数。

参数通过网格搜索策略选择。高斯核函数的方差 δ 在网格 $\{\bar{x}/2\sqrt{2}, \bar{x}/2, \bar{x}/\sqrt{2}, \bar{x}, \sqrt{2}\bar{x}, 2\bar{x}, 2\sqrt{2}\bar{x}\}$ 中搜索选取，其中 $\bar{x}$ 为训练样本平均范数的平方根；C-SVC 中，惩罚因子 C 在网格 $\{0.01, 0.05, 0.1, 0.5, 1, 5, 10\}$ 中搜索选取；ν-SVC 中，参数 ν 在网格 $\{0.1, 0.5, 1, 5, 10\}$ 中搜索选取；KNN 中，参数 K 在网格 $\{1, 3, 5, 7, 9\}$ 中搜索选取；MFC 中，可调参数 ν 在网格 $\{0.1, 0.5, 1, 5, 10\}$ 中搜索选取，惩罚因子 C 在网格 $\{0.1, 0.5, 1, 5, 10\}$ 中搜索选取。

(2) 二类模式分类

为了验证 MFC 二类模式分类的有效性，选择 UCI 数据集作为实验数据集（表 3.7）。表 3.7 中 Total 表示样本总数，Class1 表示第一类的样本数，Class2 表示第二类的样本数，Dim 表示样本维数。

表 3.7　二类模式分类实验数据集

数据集	Total	Class1	Class2	Dim
Wine	125	55	70	13
Iris	100	50	50	4
Liver	345	145	200	4
Heart	190	145	45	13
Spectf	225	190	35	44
Ecoli	125	75	50	7
Glass	145	70	75	9
Pima	765	265	500	8

通过 5 倍交叉验证取得最佳参数后,依次在实验数据集上运行 C-SVC、ν-SVC、KNN 及 MFC。MFC 分别取基于距离的隶属度函数和基于紧密度的隶属度函数,得到 MFCD 和 MFCC。实验参数及分类结果依次记录于表 3.8 和表 3.9。

表 3.8 二类模式分类实验参数

数据集	C-SVC	ν-SVC	KNN	MFCD	MFCC
Wine	$C=0.01$, $\delta=\bar{x}/2\sqrt{2}$	$\nu=0.1$, $\delta=\bar{x}/2\sqrt{2}$	$K=9$	$C=0.5$, $\nu=5$, $\delta=\bar{x}$	$C=0.5$, $\nu=5$, $\delta=\sqrt{2}\bar{x}$
Liver	$C=0.01$, $\delta=\sqrt{2}\bar{x}$	$\nu=0.5$, $\delta=\sqrt{2}\bar{x}$	$K=3$	$C=0.1$, $\nu=1$, $\delta=\bar{x}/\sqrt{2}$	$C=0.1$, $\nu=5$, $\delta=2\sqrt{2}\bar{x}$
Heart	$C=0.01$, $\delta=2\sqrt{2}\bar{x}$	$\nu=0.1$, $\delta=\bar{x}/2\sqrt{2}$	$K=7$	$C=5$, $\nu=0.1$, $\delta=2\sqrt{2}\bar{x}$	$C=0.1$, $\nu=1$, $\delta=2\sqrt{2}\bar{x}$
Spectf	$C=1$, $\delta=\bar{x}/2$	$\nu=0.1$, $\delta=\bar{x}/2$	$K=7$	$C=1$, $\nu=0.5$, $\delta=\sqrt{2}\bar{x}$	$C=0.1$, $\nu=10$, $\delta=2\sqrt{2}\bar{x}$
Ecoli	$C=0.01$, $\delta=2\sqrt{2}\bar{x}$	$\nu=0.1$, $\delta=2\sqrt{2}\bar{x}$	$K=7$	$C=5$, $\nu=5$, $\delta=2\sqrt{2}\bar{x}$	$C=5$, $\nu=1$, $\delta=2\sqrt{2}\bar{x}$
Glass	$C=0.5$, $\delta=\bar{x}/\sqrt{2}$	$\nu=0.1$, $\delta=\bar{x}/2$	$K=3$	$C=0.1$, $\nu=5$, $\delta=\bar{x}/\sqrt{2}$	$C=0.1$, $\nu=5$, $\delta=\bar{x}/\sqrt{2}$
Pima	$C=0.01$, $\delta=\bar{x}/2\sqrt{2}$	$\nu=0.1$, $\delta=\bar{x}/2$	$K=7$	$C=0.1$, $\nu=1$, $\delta=\bar{x}/\sqrt{2}$	$C=0.1$, $\nu=5$, $\delta=\bar{x}$

表 3.9 二类模式分类结果 (单位:%)

数据集	C-SVC	ν-SVC	KNN	MFCD	MFCC
Wine	91.7	93.3	96.3	95.0	98.3
Liver	63.5	65.9	62.4	73.5	68.8
Heart	78.1	75.6	67.1	88.8	88.8
Spectf	66.0	66.3	92.0	94.6	91.9
Ecoli	91.7	91.7	88.3	91.9	93.3
Glass	63.2	61.8	56.8	68.6	62.7
Pima	66.2	67.3	66.5	71.8	64.7

由表 3.9 可以看出,在 Liver、Spectf、Glass、Pima 数据集上,MFCD 具有最优的分类精度;在 Wine、Ecoli 数据集上,MFCC 具有最优的分类精度;在 Heart 数据集上,MFCD 和 MFCC 具有相同的分类精度且优于其他三种方法。综上,对于二类模式分类问题,MFC 具有优于 C-SVC、ν-SVC 和 KNN 等方法的分类性能。

(3) 单类模式分类

为了验证 MFC 单类模式分类的有效性,选取 5 个 UCI 数据集作为实验数据集(表 3.10)。表 3.10 中 Normal 表示健康、正常或良性的样本数,Abnormal 表示疾病、异常或恶性的样本数,Dim 表示样本维数。

表 3.10　单类模式分类实验数据集

数据集	Normal	Abnormal	Dim
Balance	288	30	4
Haberman	225	15	4
Abalone	689	30	8
Hayesroth	51	10	5
Iorosphere	165	25	34

通过 5 倍交叉验证取得最佳参数后，依次在实验数据集上运行 SVDD、OCSVM 及 MFC。MFC 选取基于距离的隶属度函数。实验参数及分类结果依次记录于表 3.11 和表 3.12。

表 3.11　单类模式分类实验参数

数据集	SVDD	OCSVM	MFCD
Balance	$\delta=\bar{x}/2\sqrt{2}$	$\delta=2\sqrt{2}\bar{x}$	$C=5$，$\nu=5$，$\delta=\bar{x}/\sqrt{2}$
Haberman	$\delta=\bar{x}/2\sqrt{2}$	$\delta=\bar{x}$	$C=5$，$\nu=5$，$\delta=\bar{x}/2\sqrt{2}$
Abalone	$\delta=\bar{x}/2\sqrt{2}$	$\delta=\bar{x}$	$C=0.5$，$\nu=0.1$，$\delta=\bar{x}/2\sqrt{2}$
Hayesroth	$\delta=\bar{x}/2$	$\delta=\bar{x}/2$	$C=0.5$，$\nu=0.1$，$\delta=\bar{x}/2\sqrt{2}$
Iorosphere	$\delta=\bar{x}$	$\delta=\bar{x}$	$C=0.5$，$\nu=1$，$\delta=2\bar{x}$

表 3.12　单类模式分类结果　　　　　　　　（单位:%）

数据集	SVDD	OCSVM	MFCD
Balance	89.8	91.8	93.9
Haberman	86.3	86.3	98.8
Abalone	75.9	68.3	76.9
Hayesroth	85.7	92.9	92.9
Iorosphere	80.0	75.0	85.0

由表 3.12 可以看出，在 Balance、Haberman、Abalone、Iorosphere 数据集上，MFCD 具有最优的分类精度；在 Hayesroth 数据集上，MFCD 与 OCSVM 具有相同的分类精度且优于 SVDD。综上，对于单类模式分类问题，MFC 具有优于或相当于 SVDD 和 OCSVM 等方法的分类性能。

(4) 抗噪性实验

为了验证 MFC 抗噪能力,人工生成 100 个高斯数据 [中心在 (3,3),标准差为 2] 并随机产生 10 个噪声数据。人工实验数据如图 3.5 所示。实验参数及实验结果记录于表 3.13。

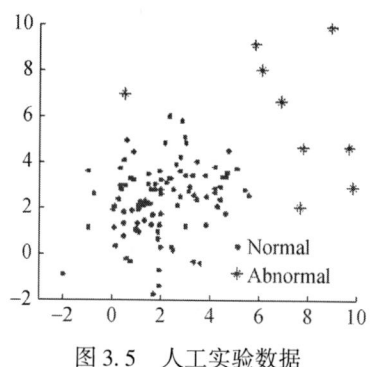

图 3.5 人工实验数据

表 3.13 抗噪性能实验结果

算法	参数	分类精度/%
MFCD	$C=0.5$,$\nu=1$,$\delta=\bar{x}$	97.0
MFCC	$C=1$,$\nu=5$,$\delta=\bar{x}/\sqrt{2}$	100

由表 3.13 可以看出,在存在噪声的情况下,MFC 仍具有较高的分类精度,这说明 MFC 具有良好的抗噪性。

3.4.4 小结

MFC 通过引入模糊技术减小或消除奇异点对分类的影响。MFC 可解决二类模式分类问题,且经过对偶变换和核变换后得到的核化对偶式等价于 MEB 问题,表明 MFC 也可解决单类分类问题。由与主流分类方法比较实验可知,在二类模式分类方面,MFC 具有优于 C-SVC、ν-SVC 和 KNN 等方法的分类性能;在单类模式分类方面,MFC 具有优于或相当于 SVDD 和 OCSVM 等方法的分类性能;此外,在存在噪声的情况下,MFC 仍具有较高的分类精度。面向大规模数据分类是模式分类的研究热点。通过引入 CVM 将 MFC 的适用范围从中小规模数据集扩展到大规模数据集,这将是 MFC 继续研究拓展的下一步工作。

3.5 具有 N-S 磁极效应的最大间隔模糊分类方法

近年来，除 SVM 以外，研究人员还提出许多新的智能分类方法，这些方法的共同特点是在进行分类决策时将类间间隔和类内分布性状考虑在内[150,151]。陶剑文和王士同[152]提出大间隔最小压缩包含球学习机（large margin and minimal reduced enclosing ball，LMMREB），该方法试图寻求两个同心压缩包含球实现类间间隔和类内内聚性的最大化并提高分类性能；刘忠宝和王士同[153]提出基于熵理论和核密度估计的最大间隔学习机（maximum margin learning machine based on entropy concept and kernel density estimation，MLMEK），MLMEK 引入熵和核密度表征分类不确定性与样本分布特征实现分类；Wu 和 Ye[154]综合最小包含球和最大间隔思想，提出一种用于新奇检测的小球体和大间隔方法（small sphere large margin，SSLM），SSLM 在高维特征空间中构建最小包含球包围正常样本实现分类；Hao[155]提出一种模糊最大间隔球形结构多类支持向量机（fuzzy maximal-margin spherical-structured multi-class support vector machine，MSM-SVM），MSM-SVM 试图构造正负类间隔最大正类体积最小超球体实现分类。

受以上方法启发，在 N-S 磁极效应理论基础上，结合传统 SVM 的大间隔思想，提出一种新颖的具有 N-S 磁极效应的最大间隔模糊分类器（maximum margin fuzzy classifier with N-S magnetic pole，MPMMFC）[133]。MPMMFC 在构建最优决策面时，引入模糊性惩罚参数，减少或降低噪声和野点数据对决策面的影响，进一步提高泛化性能。

本节后续做以下规定：对于一个包含 N 个样本的二分类问题，设给定训练样本集合 $T=\{(x_1,y_1,s_1),(x_2,y_2,s_2),\cdots,(x_N,y_N,s_N)\}$。其中：$x_i \in R^d$（$i=1,2,\cdots,N$）为输入数据集；$y_i \in \{1,-1\}$ 为类标签，当 $1 \leq i \leq m_1$（$m_1+m_2=N$）时，$y_i=1$；当 $m_1+1 \leq i \leq m_1+m_2$ 时，$y_i=-1$；$s_i(1 \leq i \leq N)$ 为模糊隶属度，$\sigma \leq s_i \leq 1$，σ 为任意小的一个正数。$y_i=1$ 含有 m_1 个样本，$y_i=-1$ 含有 m_2 个样本。

3.5.1 N-S 磁极效应

磁体上磁性最强的部分叫磁极。磁体周围存在磁场，磁体间的相互作用就是以磁场作为媒介的。一个磁体无论多么小都有两个磁极，可以在水平面内自由转动的磁体，静止时指向南方的磁极叫南极（S 极），指向北方的磁极叫做北极（N 极），磁极之间呈现同性磁极相互排斥、异性磁极相互吸引的现象。

3.5.2 方法描述

(1) 线性形式

从物理学角度,MPMMFC 可理解为在空间中寻找一个具有磁性的"磁极",分别对两类样本起作用,根据样本的磁性不同对两类样本进行分类;从几何角度,MPMMFE 可理解为在空间中寻找一个分类超平面,通过计算样本与超平面的关系判断样本类属。

MPMMFC 的目标是在样本空间中试图构建一个超平面,使得一类模式离超平面尽可能的近,另一类离超平面尽可能的远,该优化问题可描述为如下优化形式:

$$\min_{W,\rho,\xi,b} \frac{1}{2}W^{\mathrm{T}}W - v\rho + \frac{1}{v_1 m_1}\sum_{i=1}^{m_1}\xi_i s_i + \frac{1}{v_2 m_2}\sum_{j=m_1+1}^{N}\xi_j s_j$$

$$\text{s.t.} \quad W^{\mathrm{T}}x_i + b \leqslant \xi_i, \ 1 \leqslant i \leqslant m_1 \tag{3.70}$$

$$W^{\mathrm{T}}x_j + b \geqslant \rho - \xi_j, \ m_1 + 1 \leqslant j \leqslant N$$

$$\xi \geqslant 0, \ \rho \geqslant 0, \ \sigma \leqslant s \leqslant 1$$

式中,$s_i(1 \leqslant i \leqslant N)$ 为模糊隶属度;σ 为任意小的一个正数;ρ 为两类样本的间隔;用 $\xi_i s_i$ 代替松弛因子 ξ_i,使不同样本点在分类时起到不同的作用;v、v_1、v_2 为 3 个正常数;m_1 和 m_2 分别为两类样本数。

上述最优化问题中 $\frac{1}{2}W^{\mathrm{T}}W$ 可以确定 MPMMFC 最优分类面的法向量;$v\rho$ 表示两类间隔;$\frac{1}{v_1 m_1}\sum_{i=1}^{m_1}\xi_i s_i$ 和 $\frac{1}{v_2 m_2}\sum_{j=m_1+1}^{N}\xi_j s_j$ 分别表示具有模糊特征的松弛因子,其中模糊特征通过模糊隶属度函数体现,该模糊特征将不同样本区别对待,松弛因子保证算法具有一定的容错性。

MPMMFC 借鉴 N-S 磁极效应思想进行分类。从 N-S 磁极效应角度来看,若将分类超平面看作磁极,则其对第一类吸引,而对第二类排斥。具体而言,在上述优化问题中,约束条件式(3.70)分别表示两类样本受到磁场作用而产生的不同反应,即第一类样本距离分类超平面近,而第二类样本远离分类超平面,ρ 保证两类样本具有良好的可分性。

上述最优化问题的对偶形式为

$$\min_{\alpha \in R^d} \frac{1}{2}\sum_{i=1}^{N}\sum_{j=1}^{N}\alpha_i \alpha_j y_i y_j x_i x_j^{\mathrm{T}}$$

$$\text{s.t.} \ 0 \leqslant \alpha_j \leqslant \frac{s_j}{v_2 m_2}, \ m_1+1 \leqslant j \leqslant N \tag{3.71}$$

$$\sum_{i=1}^{N}\alpha_i y_i = 0 \tag{3.72}$$

$$2v \leqslant \sum_{i=1}^{N}\alpha_i \tag{3.73}$$

证明：根据 Lagrange 定理，上述 MPMMFC 原始问题 Lagrange 方程为

$$L(\boldsymbol{W},\rho,\xi,b,\alpha,\beta,\lambda) = \frac{1}{2}\boldsymbol{W}^\mathrm{T}\boldsymbol{W} - \nu\rho + \frac{1}{\nu_1 m_1}\sum_{i=1}^{m_1}\xi_i s_i + \frac{1}{\nu_2 m_2}\sum_{j=m_1+1}^{N}\xi_j s_j$$
$$+ \sum_{i=1}^{m_1}\alpha_i(\boldsymbol{W}^\mathrm{T}x_i + b - \xi_i) - \sum_{j=m_1+1}^{N}\alpha_j(\boldsymbol{W}^\mathrm{T}x_j + b - \rho + \xi_j) - \sum_{k=1}^{N}\beta_k\xi_k - \lambda\rho$$
$$\tag{3.74}$$

式中，$\alpha_i \geqslant 0$，$\beta_k \geqslant 0$，$\lambda \geqslant 0$ 分别为 Lagrange 乘子，在 $L(\boldsymbol{W},\rho,\xi,b,\alpha,\beta,\lambda)$ 方程中，分别对原始变量 $\boldsymbol{W}$、ρ、ξ、b 求偏导并令各偏导方程为 0，可得

$$\frac{\partial L}{\partial \boldsymbol{W}} = 0 \Leftrightarrow \boldsymbol{W} = -\sum_{i=1}^{N}\alpha_i y_i x_i \tag{3.75}$$

$$\frac{\partial L}{\partial \rho} = -\nu + \sum_{j=m_1+1}^{N}\alpha_j - \lambda = 0 \tag{3.76}$$

$$\frac{\partial L}{\partial \xi_i} = 0 \Rightarrow 0 \leqslant \alpha_i \leqslant \frac{s_i}{\nu_1 m_1} \tag{3.77}$$

$$\frac{\partial L}{\partial \xi_j} = 0 \Rightarrow 0 \leqslant \alpha_j \leqslant \frac{s_j}{\nu_2 m_2} \tag{3.78}$$

$$\frac{\partial L}{\partial b} = 0 \Leftrightarrow \sum_{i=1}^{N}\alpha_i y_i = 0 \tag{3.79}$$

将式（3.75）~式（3.79）代入式（3.74）中可得 MPMMFC 的对偶形式。

（2）非线性形式

在非线性情况下，通过满足 Mercer 条件的核函数对输入空间进行高维映射，然后在高维特征空间中进行模式分类。MPMMFC 的核化形式为

$$\min_{\boldsymbol{W},\rho,\xi,b}\frac{1}{2}\boldsymbol{W}^\mathrm{T}\boldsymbol{W} - \nu\rho + \frac{1}{\nu_1 m_1}\sum_{i=1}^{m_1}\xi_i s_i + \frac{1}{\nu_2 m_2}\sum_{j=m_1+1}^{N}\xi_j s_j$$

$$\text{s.t. } \boldsymbol{W}^\mathrm{T}\varphi(x_i) + b \leqslant \xi_i, \quad 1 \leqslant i \leqslant m_1 \tag{3.80}$$

$$\boldsymbol{W}^\mathrm{T}\varphi(x_j) + b \geqslant \rho - \xi_j, \quad m_1 + 1 \leqslant j \leqslant N \tag{3.81}$$

$$\xi \geqslant 0, \quad \rho \geqslant 0, \quad \sigma \leqslant s \leqslant 1 \tag{3.82}$$

核化对偶形式为

$$\min_{\alpha \in R^d}\frac{1}{2}\sum_{i=1}^{N}\sum_{j=1}^{N}\alpha_i \alpha_j y_i y_j K(x_i, x_j)$$

$$\text{s.t. } 0 \leqslant \alpha_i \leqslant \frac{s_i}{\nu_1 m_1}, \quad 1 \leqslant i \leqslant m_1 \tag{3.83}$$

$$0 \leq \alpha_j \leq \frac{s_j}{\nu_2 m_2}, \quad m_1 + 1 \leq j \leq N \tag{3.84}$$

$$\sum_{i=1}^{N} \alpha_i y_i = 0 \tag{3.85}$$

$$2\nu \leq \sum_{i=1}^{N} \alpha_i \tag{3.86}$$

$$\boldsymbol{W} = -\sum_{i=1}^{N} \alpha_i y_i \varphi(x_i) \tag{3.87}$$

式中，$K(\mu, \nu)$ 为符合 Mercer 条件的核函数。

（3）最大间隔 ρ 和 b 求解方法

在求解完式（3.83）~式（3.87）的 QP 问题后，考虑两类支持向量（SV）集合和 α 集合

$$SVX_1 = \left\{ x_i \mid 0 < \alpha_i < \frac{s_i}{\nu_1 m_1}, \ 1 \leq i \leq m_1 \right\}$$

$$SVX_2 = \left\{ x_j \mid 0 < \alpha_j < \frac{s_j}{\nu_2 m_2}, \ 1 \leq j \leq N \right\}$$

$$SV\alpha_1 = \left\{ \alpha_i \mid 0 < \alpha_i < \frac{s_i}{\nu_1 m_1}, \ 1 \leq i \leq m_1 \right\}$$

$$SV\alpha_2 = \left\{ \alpha_j \mid 0 < \alpha_j < \frac{s_j}{\nu_2 m_2}, \ m_1 + 1 \leq j \leq N \right\}$$

根据 KKT 条件，对于 SVX_1，式（3.80）中的约束条件变成了一个所有松弛因子为 0 的等式，即

$$\boldsymbol{W}^T \varphi(x_i) + b = 0 \quad 1 \leq i \leq m_1 \tag{3.88}$$

同理对于 SVX_2，式（3.81）也变成了一个等式，即

$$\boldsymbol{W}^T \varphi(x_j) + b = \rho \quad m_1 + 1 \leq j \leq N \tag{3.89}$$

因此设 $n_1 = |SVX_1|$，$n_2 = |SVX_2|$，由式（3.88）和式（3.89）得

$$\rho^* = \frac{1}{n_2} P_2 - \frac{1}{n_1} P_1 \tag{3.90}$$

$$b^* = -\frac{1}{n_1} P_1 \tag{3.91}$$

式中，$P_1 = \sum_{\alpha_i \in SV\alpha_1 x_i, \ x_j \in SVX_1} \alpha_i K(x_i, x_j)$；$P_2 = \sum_{\alpha_j \in SV\alpha_2 x_i, \ x_j \in SVX_2} \alpha_j K(x_i, x_j)$。

（4）判别函数

为了判别一个新样本 x_i 的类属，MPMMFC 通过比较该样本与构造出的超平面的距离是否小于 0 来确定该样本的类属。MPMMFC 决策函数如下：

$$f(x) = \text{sgn}(\boldsymbol{W}^{*T} \varphi(x) + b^*) \tag{3.92}$$

求得 α_i 后，可通过式（3.87）、式（3.91）得到 W^*、b^*。

3.5.3 理论分析

（1）算法复杂度分析

MPMMFC 解决一个具有线性约束的二次规划问题，其计算对象主要是核函数矩阵，空间复杂度是 $O(N^2)$，其中 N 为训练样本数；其时间复杂度为 $O(N^3)$。当面对大规模分类问题时，MPMMFC 的训练时间随着样本数的增加呈指数级增长。因此 MPMMFC 不适用大规模分类问题。CVM 的提出将分类方法的适用范围从中小规模数据推广到大规模数据。

（2）可调参数 ν 的性质

MPMMFC 中对应 Lagrange 乘子 $\alpha_i > 0$ 的训练样本 $x_i(1 \leq i \leq N)$ 为支持向量（SV），对应的松弛变量 $\xi_i > 0 (1 \leq i \leq N)$ 的训练样本 $x_i(1 \leq i \leq N)$ 为间隔误差（ME）。

定理 3.2 设：

$$ME_1 = \{s_i | \xi_i > 0, \ 1 \leq i \leq m_1\}$$
$$ME_2 = \{s_j | \xi_j > 0, \ m_1 + 1 \leq j \leq N\}$$
$$S_1 = \{s_i | a_i > 0, \ 1 \leq i \leq m_1\}$$
$$S_2 = \{s_j | a_j > 0, \ m_1 + 1 \leq j \leq N\}$$

得到如下关系：

$$\frac{1}{m_1}\sum_{s_i \in ME_1} s_i \leq \nu\nu_1 \leq \frac{1}{m_1}\sum_{s_i \in S_1} s_i \tag{3.93}$$

$$\frac{1}{m_2}\sum_{s_j \in ME_2} s_j \leq \nu\nu_2 \leq \frac{1}{m_2}\sum_{s_j \in S_2} s_j \tag{3.94}$$

式中，ν、ν_1、ν_2 同时控制着支持向量的下界和间隔误差的上界。

证明：由于 $\sigma \leq s_i \leq 1$，则式（3.83）约束条件变为

$$0 \leq \alpha_i \leq \frac{s_i}{\nu_1 m_1} \leq \frac{1}{\nu_1 m_1} \quad 1 \leq i \leq m_1 \tag{3.95}$$

根据 Karush-Kuhn-Tucher 定理，对偶变量与约束的乘积在鞍点处为 0，即 $\lambda \rho = 0$，当 $\rho > 0$，由式（3.76）可得

$$-\nu + \sum_{j=m_1+1}^{N} \alpha_j = 0 \Rightarrow \sum_{j=m_1+1}^{N} \alpha_j = \nu \tag{3.96}$$

由式（3.85）和式（3.96）得 $\sum_{i=1}^{m_1} \alpha_i = \nu$，当 $\xi_i > 0$ 时，$a_i = \frac{s_i}{\nu_1 m_1}$ 对于所有正类间隔误差成立，则有

$$\sum_{i=1}^{m_1} \alpha_i = \nu \geqslant \frac{1}{\nu_1 m_1} \sum_{s_i \in \mathrm{ME}_1} s_i \qquad (3.97)$$

由式（3.95）知，每个正支持向量最多贡献$\frac{s_i}{\nu_1 m_1}$，则得

$$\sum_{i=1}^{m_1} \alpha_i = \nu \leqslant \frac{1}{\nu_1 m_1} \sum_{s_i \in S_1} s_i \Rightarrow \nu \leqslant \frac{1}{\nu_1 m_1} \sum_{s_i \in S_1} s_i \qquad (3.98)$$

由式（3.97）和式（3.98）可得$\frac{1}{m_1} \sum_{s_i \in \mathrm{ME}_1} s_i \leqslant \nu \nu_1 \leqslant \frac{1}{m_1} \sum_{s_i \in S_1} s_i$，对于负类，同理可得式（3.94）。定理3.2对MPMMFC有指导意义。

3.5.4　实验分析

实验的目的是验证MPMMFC和 *C*-SVM、*v*-SVM、OCSVM在UCI数据集上的有效性，实验环境为2.90GHz Pentium CPU、2GB RAM、Redhat Enterprise Linux Server 6.0 及 Matlab2013a。实验选取的核函数为高斯径向基：

$$K(x, y) = \exp\left(\frac{\|x-y\|^2}{\sigma^2}\right) \qquad (3.99)$$

式中，σ为训练样本平均范数的平方根。

MPMMFC研究采用基于K近邻法思想的模糊隶属度函数，通过紧密度来度量模糊隶属度的大小的方法。定义数据点与点之间的距离和紧密度的隶属度分别为

$$\begin{cases} d_{ij} = |x_i - x_j| & i, j \in l, i \neq j \\ d_{i1} \leqslant d_{i2} \leqslant d_{i3} \leqslant \cdots \leqslant d_{i(l-1)} \end{cases} \qquad (3.100)$$

$$\begin{cases} b_i = 1 / \sum_{j=1}^{k} d_{ij} \\ B = \max(b_1, b_2, b_3, \cdots, b_l) \\ s_i = b_i / B \end{cases} \qquad (3.101)$$

实验数据集包括一个人工数据集及11个UCI标准数据集，m_1代表第一类样本数，m_2代表第二类样本数。数据集详细信息如表3.14所示。

表3.14　实验中所采用的UCI数据集

数据集	数据规模	m_1	m_2	维数
Banana	200	100	100	2
Blood	748	178	570	4

续表

数据集	数据规模	m_1	m_2	维数
Breast	569	212	357	30
Iris	100	50	50	4
Liver	345	145	200	6
Seeds	210	70	140	7
Glass	146	70	76	9
Balance-scale	576	288	288	4
Monks	432	216	216	6
Spectf	269	214	55	44
Heart	267	212	55	44
Pima	768	500	268	8

MPMMFC、C-SVM、ν-SVM、OCSVM 和 SSLM 的分类精度与参数选择密切相关，目前参数选择的方法主要有单一验证估计、留一法和 K 倍交叉验证法等，实验采取 5 倍交叉验证法。

实验中所有参数通过网格搜索策略来选取。对于核函数（高斯径向基），σ^2 在网格 $\{\sigma^2/8, \sigma^2/4, \sigma^2/2, \sigma^2, 2\sigma^2, 4\sigma^2, 8\sigma^2\}$ 中搜索选取。对于 C-SVM，惩罚参数 C 在 $\{0.01, 0.03, 0.05, 0.08, 0.1, 0.1, 0.5, 1, 5, 10\}$ 中搜索选取，对于 ν-SVM，参数 ν 在 $\{0.01k, 0.1k\}$ 中搜索选取，k 为 1~9 的整数；对于 OCSVM，参数 ν 在网格 $\{0.001, 0.002, 0.004, 0.008, 0.1, 0.2, 0.4, 0.8, 0.9, 1\}$ 中搜索选取；对于 SSLM，参数 ν 在网格 $\{5, 10, 20, 30, 40, 50, 60, 70, 80\}$ 中搜索选取，ν_1 和 ν_2 在 $\{0.001, 0.01\}$ 中搜索选取；对于 MPMMFC，根据参数定理，参数 ν 在网格 $\{1, 3, 5, 8, 10, 13, 15, 20, 25, 30, 35, 40, 45, 50, 60, 80\}$ 中搜索选取，ν_1 和 ν_2 在 $\{0.001, 0.01, 0.1\}$ 中搜索选取，k 在网格 $\{0, 1, 2, 3, 4, 5\}$ 中搜索选取。

通过执行 5 倍交叉验证来搜索优化参数值，并采用 g-means 度量来评价性能，所有实验独立执行 10 次，实验结论取平均值，采用几何度量方法评价算法性能 $g = \sqrt{a^+ a^-}$，其中 a^+ 和 a^- 分别为正类和负类的分类精度。同时考虑了正类和负类的分类性能而被广泛用于处理不平衡数据集问题。

(1) 人工数据集实验

首先采用 Banana 数据集来比较 MPMMFC 和其他算法 C-SVM、ν-SVM 的性能优劣。实验参数及实验结果如图 3.6 所示。

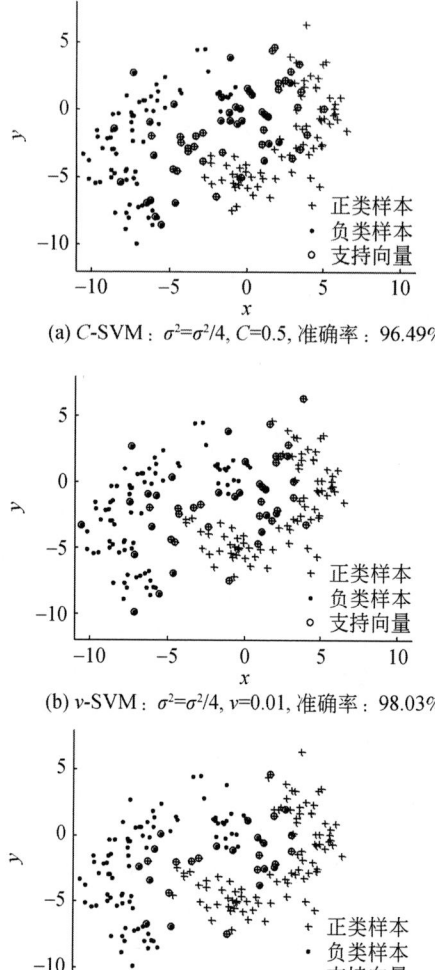

图 3.6 Banana 数据集模式分类结果

由图 3.6（a）~（c）可以看出，MPMMFC 在 Banana 数据集上的支持向量数量相对于 C-SVM、v-SVM 要少，而且在分类性能上也有较高的准确率。

（2）UCI 数据集实验

通过 UCI 数据集来评价 MPMMFC 和其他算法的性能。一类模式和二类模式最优实验参数、实验结果分别列于表 3.15 和表 3.16。

表 3.15 二类模式的分类结果

数据集	C-SVM	v-SVM	MPMMFC
Blood	$C=0.5$, $\sigma^2=\sigma^2\times 8$ 98.13%±1.47%	$v=0.01$, $\sigma^2=\sigma^2\times 8$ 99.22%±0.21%	$v=3$, $v_1=0.1$, $v_2=0.01$, $\sigma^2=\sigma^2\times 2$ 98.79%±0.28%
Breast	$C=0.1$, $\sigma^2=\sigma^2/8$ 89.44%±2.24%	$v=0.03$, $\sigma^2=\sigma^2/4$ 90.03%±2.17%	$v=5$, $v_1=0.01$, $v_2=0.01$, $\sigma^2=\sigma^2/8$ 92.33%±2.72%
Iris	$C=0.01$, $\sigma^2=\sigma^2\times 8$ 97.24%±1.30%	$v=0.04$, $\sigma^2=\sigma^2\times 8$ 98.21%±0.52%	$v=15$, $v_1=0.1$, $v_2=0.01$, $\sigma^2=\sigma^2\times 4$ 98.56%±1.45%
Liver	$C=0.01$, $\sigma^2=\sigma^2/8$ 65.94%±2.96%	$v=0.5$, $\sigma^2=\sigma^2/8$ 72.04%±2.71%	$v=5$, $v_1=0.1$, $v_2=0.001$, $\sigma^2=\sigma^2/2$ 74.90%±3.88%
Seeds	$C=0.5$, $\sigma^2=\sigma^2\times 4$ 92.67%±1.93%	$v=0.01$, $\sigma^2=\sigma^2\times 8$ 96.39%±1.47%	$v=1$, $v_1=0.1$, $v_2=0.01$, $\sigma^2=\sigma^2\times 4$ 96.24%±1.31%
Glass	$C=0.05$, $\sigma^2=\sigma^2\times 8$ 84.45%±1.07%	$v=0.9$, $\sigma^2=\sigma^2\times 8$ 85.15%±0.90%	$v=20$, $v_1=0.1$, $v_2=0.01$, $\sigma^2=\sigma^2\times 4$ 87.37%±1.21%
Balance-scale	$C=0.5$, $\sigma^2=\sigma^2/4$ 92.97%±0.40%	$v=0.1$, $\sigma^2=\sigma^2/8$ 94.67%±0.55%	$v=5$, $v_1=0.01$, $v_2=0.1$, $\sigma^2=\sigma^2/8$ 96.75%±0.51%
Monks	$C=5$, $\sigma^2=\sigma^2/2$ 66.81%±0.42%	$v=0.1$, $\sigma^2=\sigma^2/2$ 65.50%±0.14%	$v=1$, $v_1=0.001$, $v_2=0.001$, $\sigma^2=\sigma^2/2$ 73.80%±0.35%

表 3.16 一类模式的分类结果

数据集	OCSVM	SSLM	MPMMFC
Spectf	$v=0.8$, $\sigma^2=\sigma^2\times 2$ 72.97%±2.81%	$v=10$, $v_1=0.1$, $v_2=0.01$, $\sigma^2=\sigma^2\times 4$ 78.12%±1.96%	$v=1$, $v_1=0.1$, $v_2=0.001$, $\sigma^2=\sigma^2\times 4$ 78.66%±2.19%
Heart	$v=0.01$, $\sigma^2=\sigma^2\times 8$ 78.99%±4.03%	$v=10$, $v_1=0.1$, $v_2=0.001$, $\sigma^2=\sigma^2\times 4$ 80.34%±4.16%	$v=3$, $v_1=0.01$, $v_2=0.01$, $\sigma^2=\sigma^2\times 4$ 82.24%±3.92%
Pima	$v=1$, $\sigma^2=\sigma^2/8$ 67.15%±0.97%	$v=30$, $v_1=0.1$, $v_2=0.01$, $\sigma^2=\sigma^2/4$ 67.27%±1.25%	$v=25$, $v_1=0.01$, $v_2=0.1$, $\sigma^2=\sigma^2/4$ 67.68%±1.34%

由表 3.7 和表 3.8 可以看出，与 C-SVM、v-SVM、OCSVM、SSLM 相比，MPMMFC 在二类分类和一类分类上都取得了较好或相近的性能，在 Breast、Liver、Glass、Balance-scale、Monks、Spectf、Heart 等数据集上，MPMMFC 相对于传统算法具有明显的性能优势；而在 Iris、Pima 等数据集上，MPMMFC 和传统算法分类精度基本相当；在 Blood、Seeds 数据集上，MPMMFC 的分类性能略逊于传统算法 v-SVM，但分类精度基本可以接受。综上所述，MPMMFC 在核函数

映射后的高维空间,通过模糊隶属度给不同的样本增加不同的权重系数,使得构造的超平面不仅能实现二类模式分类,而且还能解决单类模式分类问题。

3.5.5 小结

基于大间隔思想和 N-S 磁极效应理论,提出 MPMMFC。借鉴 N-S 磁极效应理论,试图在样本空间中寻找一个最优超平面,使得一类样本受磁极吸引离超平面尽可能近,另一类样本受磁极排斥离样本尽可能远,而且通过引入模糊技术,根据不同样本的贡献赋予不同的权重进一步提高算法的分类性能。人工数据集和 UCI 数据集实验结果表明,与传统分类方法 C-SVM、ν-SVM、SSLM、OCSVM 相比,MPMMFC 在解决二分类以及单类问题上具有一定优势。

3.6 面向大规模数据的非线性集成分类方法

在管理学领域,协同是指协调两个或者多个资源或个体,共同完成某一目标的过程,协同反映了元素与系统的关联程度。系统内各元素通力配合,可形成远远大于原各元素功能总和的新功能。将上述思想运用于大规模数据分类,可以得出如下结论:将大规模数据分成规模较小的子集,然后分别在子集上运行已有的分类方法,最后将各子集上的分类结果进行集成得到最终的决策函数。受协同管理启发,在分类超平面的基础上提出基于分类超平面的非线性集成分类方法(nonlinearly assembling learning machine based on separating hyperplane, NALM)[134]。

3.6.1 方法描述

(1) 算法工作流程

第一步:将数据集 D 分为 M 个子集 $\{D_1, D_2, \cdots, D_M\}$ 并在每个数据子集 $D_i(i=1, 2, \cdots, M)$ 上分别用分类超平面(separating hyperplane, SH)算法得到相应的决策函数 $f_i(x)$。

第二步:通过非线性函数将上述决策函数 $f_i(x)$ 集成,得到最终的决策函数 $f(x)$。NALM 的工作原理如图 3.7 所示。

由上述 NALM 的工作原理可知,第一步不仅能最大限度地发挥 SH 在中小规模数据集上的优势,而且还能充分利用 SH 的一些重要性质,如 NALM 的 VC(Vapnik-Chervonenkis)维小于等于9,该性质从理论上保证 NALM 对大规模样本分类的有效性;第二步通过非线性函数集成的方法将 SH 从原始线性空间推广到

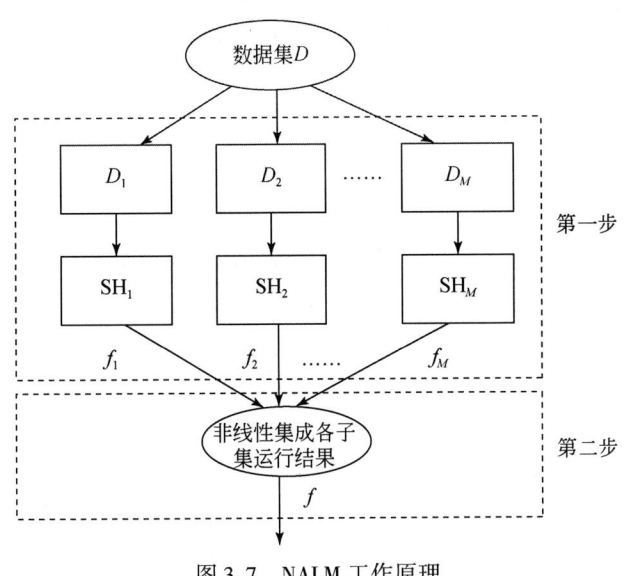

图 3.7 NALM 工作原理

非线性空间,有效地扩大了 NALM 的适用范围。

(2) 数据集划分方法

为了使数据子集保持原数据集的分布性状,同时避免引入"数据不平衡"问题,采用随机等分法对数据集进行划分。首先将两类数据分别等分为 M 个子集,每个子集中的数据从相应类中随机选取,该步骤保证数据子集能充分反映原数据集的分布性状;然后将任意两个异类子集随机组合形成新的数据子集,该步骤在一定程度上避免数据子集出现只有一类数据或一类数据过多而另一类数据过少等"数据不平衡"问题。

(3) 非线性集成方法

SH 作为一种线性方法,无法解决非线性分类问题,而且当面对大规模数据时,由于时空复杂度过大而无法求解。NALM 试图通过数据集划分及非线性集成两步解决大规模数据分类问题。其中非线性集成函数的选取至关重要。

径向基函数(radial based function,RBF)是一种常见的核函数,表达式为

$$k(x,\mu) = \exp(-\|x-\mu\|^2/h)$$

式中,参数 μ 和 h 分别表示基函数的中心和宽度,两者控制了函数的径向作用范围。在实际应用中,该函数在非线性分类方面显示出一定优势。此外,该函数直观地反映出数据与其类中心间的相似度。为了提高 NALM 的非线性分类能力及解决大规模数据分类问题,将径向基函数作为非线性集成函数。在 NALM 中,径向基函数中的参数 μ 通过求解所有训练样本的中心获得;参数 h 通过网格搜索获得。

3.6.2 实验分析

从小规模样本和中大规模样本两方面验证 NALM 的有效性。实验环境为 3GHz Pentium4 CPU、256M RAM、Windows XP 及 Matlab7.0。

(1) 实验参数设置

NALM 的分类精度与参数密切相关。随机地将训练样本分为 4 份训练集和 1 份验证集进行 5 倍交叉验证获取实验参数，参数通过网格搜索策略选择。核宽度参数 h 在网格 $\{s^2/8, s^2/4, s^2/2, s^2, 2s^2, 4s^2, 8s^2\}$ 中搜索选取，其中 s^2 为训练样本平均范数；C-SVC 中，惩罚因子 C 在网格 $\{0.1, 0.5, 1, 5, 10\}$ 中搜索选取。

(2) 小规模数据集

选取 6 个 UCI 数据集作为实验数据集，如表 3.17 所示，其中 Total 表示样本总数，Class1 表示第一类的样本数，Class2 表示第二类的样本数，Dim 表示样本维数。将实验数据集等分为 M 个子集，令 $M=5$。

表 3.17　小规模实验数据集

数据集	Total	Class1	Class2	Dim
Wine	125	55	70	13
Iris	100	50	50	4
Liver	345	145	200	4
Heart	190	145	45	13
Spectf	225	190	35	44
Pima	765	265	500	8

经 5 倍交叉验证取得最佳参数后，依次在实验数据集上运行 C-SVC、SH 和 NALM。实验参数及分类结果依次记录于表 3.18。表 3.18 中，"—" 表示无参数。上述分类方法的训练速度记录于表 3.19。表 3.19 中，训练速度的单位为秒（s）。

表 3.18　C-SVC、SH、NALM 在小规模数据集上的分类结果

数据集	C-SVC	SH	NALM
Wine	$C=0.01$, $h=s^2/8$	—	$h=s^2/8$
	91.7%	95.8%	95.8%

续表

数据集	C-SVC	SH	NALM
Iris	$C=0.01$, $h=s^2/8$	—	$h=s^2/8$
	100%	100%	100%
Liver	$C=0.01$, $h=2s^2$	—	$h=s^2$
	63.5%	76.2%	78.4%
Heart	$C=0.01$, $h=8s^2$	—	$h=s^2/4$
	78.1%	70.3%	79.3%
Spectf	$C=1$, $h=s^2/4$	—	$h=s^2/8$
	66.0%	75.8%	71.9%
Pima	$C=0.01$, $h=s^2/8$	—	$h=s^2/8$
	66.2%	68.7%	70.0%

表3.19　C-SVC、SH、NALM 训练时间

数据集	C-SVC	SH	NALM
Wine	1.1406	0.7344	0.1563
Iris	0.7031	0.2500	0.3125
Liver	3.0781	10.6250	1.7188
Heart	1.2500	5.4219	0.4688
Spectf	0.5156	0.5652	0.1564
Pima	1.0234	19.734	2.2344
平均	1.2851	6.2218	0.8412

　　由表3.18 可以看出，在 Liver、Heart、Pima 数据集上 NALM 具有最优的分类性能；在 Iris 数据集上三种算法分类性能相当；在 Spectf 数据集上 NALM 分类精度略低于 SH，但高于 C-SVC。由此可见，与 C-SVC、SH 相比，NALM 在实验数据集上具有较好的分类性能。

　　由表3.19 可以看出，在 Wine、Liver、Heart、Spectf 数据集上 NALM 的训练速度优于 C-SVC 和 SH；在 Iris 数据集上 NALM 的训练速度略低于 SH，但高于 C-SVC；在 Pima 数据集上 NALM 的训练速度略低于 C-SVC，但高于 SH。从平均训练速度看，NALM 好于 C-SVC 和 SH。由此可见，与 C-SVC、SH 相比，NALM 在上述数据集上的训练速度具有一定优势。

(3) 中大规模数据集

为了验证 NALM 在中大规模数据集上的有效性，采用如表 3.20 所示的数据集。数据集 Chess、Contraceptive、Magic 下载于 www.ics.uci.edu/~mlearn/ML-Repository.html；数据集 Forest 下载于 www/cse.ust.hk/¬ivor/cvm.html。

表 3.20　中大规模实验数据集

数据集	Total	Class1	Class2	Dim
Contraceptive	1 140	629	511	10
Chess	3 196	2 294	904	37
Magic	19 020	12 332	6 688	11
Forest	58 102	28 329	29 773	54

实验随机选取数据集的 70% 作为训练样本，余下的 30% 作为测试样本。将实验数据集等分为 M 份。实验参数通过 5 倍交叉验证获得，实验结果记录于表 3.21。表 3.21 中 M 表示数据子集的个数，"Time"表示训练时间，单位为秒（s）。

表 3.21　NALM 在中大规模数据集上的分类结果

数据集	M	分类精度/%	Time
Contraceptive	10	87.2	3.2500
Chess	30	95.5	9.7813
Magic	100	70.0	38.5630
Forest	500	85.9	220.2200

由表 3.21 可以得出如下结论：从分类精度看，NALM 分类性能优良，能较好地完成分类任务；从训练时间看，随着样本规模的增大，数据子集的划分个数随之增加，但训练速度均保持在理想的范围之内。由此可见，NALM 能有效地解决中大规模样本的分类问题。此外，由分类超平面相关内容可知，SH 最大特点是分类超平面仅由三个空间点确定，这在很大程度上避免了信息泄露，保证在分类过程中数据的安全性。由 NALM 的工作原理可知，上述特性在 NALM 中仍适用。

3.6.3　小结

针对核 SVM 在实际应用中存在的信息泄露问题和大规模数据分类问题，提出一种基于分类超平面的非线性集成学习机 NALM。首先将数据集分成若干数据子集，然后分别在各数据子集上运行 SH，最后将各子集上的分类结果进行集成得到最终的分类结果。实验表明 NALM 有效地解决了 SVM 面临的两大问题。但上述方法仍面临一些问题，如：训练样本如何更有效地划分，适用范围能否推广到单类问题和多类问题等。这些问题将是 NALM 下一步的工作。

第 4 章 学习者兴趣建模方法

信息技术的飞速发展,尤其是互联网及智能移动设备的普及,学习者可以实时接触到的信息资源日益增多,与此同时,学习者日常浏览的大量数据以各种方式不断地被收集和记录。这两类信息融合在一起,通过不断地共享与交互等相互作用,导致信息量爆炸式增长,这标志着人类已经全面进入大数据时代。

然而,大数据的到来使得信息的利用率急剧下降。信息的混杂、无序让学习者感到无所适从,给学习者带来诸多挑战。信息检索技术可以使学习者便捷地查询到其想要的信息。然而,信息检索属于被动信息获取方式,已经不能满足学习者的个性化需求。近年来,为了主动进行知识发现,研究人员利用数据挖掘技术来推测学习者的潜在兴趣和爱好,从而将信息进行筛选和过滤,只展现学习者最关注和最感兴趣的少数学习资源信息。该类针对推荐问题而研发的技术被提炼、总结成各种推荐方法,并作为核心算法应用于不同的推荐系统中[156]。现实中大量信息过载和数据挖掘问题可以形式化为信息与服务的推荐问题,因此,如何进一步完善推荐系统相关的算法和技术逐渐成为重要的研究课题,受到研究人员的广泛关注。

学习者兴趣建模是推荐系统的关键技术之一,只有准确地把握学习者兴趣,才能设计出高效的推荐算法,从而提升学习者的学习体验。然而,不幸的是,这也是目前推荐系统没有很好解决的问题之一。实际上,学习者兴趣建模的挑战主要来自三个方面:首先,学习者兴趣具有多样性的特点。学习者的需求和爱好往往因人而异,而且同一个学习者也经常同时具有多个兴趣。其次,同一个学习者的兴趣具有易变性。在不同情境(场景)下,同一个学习者的需求往往是不同的,而且这种需求也经常随时间发生潜移默化的改变。最后,可以用来捕获学习者兴趣的数据不足。由于大数据和长尾效应的共同作用,出现了少量学习者数据极度丰富,而大部分学习者数据仍然不足的情况。这些挑战导致现有推荐算法经常受到学习者冷启动和学习者兴趣过拟合等问题的困扰,并进一步导致推荐准确率低、学习者体验差的情况。为此,本章在深入分析学习者兴趣模型研究进展基础上,指出学习者兴趣模型面临的挑战,着重探讨学习者兴趣建模方法。

4.1 学习者模型与学习者建模

个性化信息服务的形式多种多样，但无论何种形式，都需要首先建立对学习者的描述，即建立学习者模型，然后才能基于此为学习者提供个性化的信息服务。

学习者模型用来表示学习者在某段时间内对特定主题信息相对稳定的兴趣需求，它能够反映出某学习者在相当长的一段时期内对信息需求的主要倾向。然而学习者模型目前还没有统一的定义，比较通用的是"学习者模型是系统关于学习者的目标、计划、信念、知识等的假设的集合；是人对外部世界的认识及人与外部世界交互的描述；是用来捕捉学习者需求及其兴趣点，并记录、管理学习者兴趣，描述学习者潜在兴趣及需求的模型"[157]。

学习者模型是个性化信息服务的基础，学习者模型的质量直接关系到个性化信息服务的质量。只有当学习者的兴趣、偏好和访问模式等信息可以很好地被系统理解时，才可能实现理想的个性化信息服务。学习者模型与个性化信息服务的关系如图4.1所示。

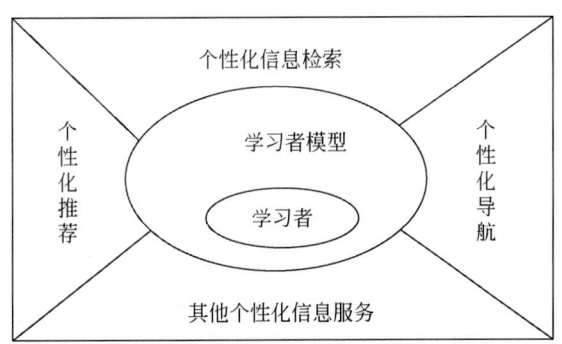

图4.1 学习者模型与个性化信息服务的关系

学习者建模是对每一个学习者的兴趣和行为进行捕获，并为每一个学习者建立一个学习者描述文件，即构建学习者模型[158]，但对学习者兴趣的准确描述并不是学习者建模的全部。作为以计算机平台为依托的个性化信息服务系统，可计算性是它对学习者模型的基本要求。也就是说，个性化信息服务系统中的学习者模型不是对学习者个体的一般性描述，而是一种面向算法的、具有特定数据结构的、形式化的学习者描述。

因此，学习者建模是从有关学习者兴趣和交互行为的信息（如浏览内容、浏览行为、背景知识等）中归纳出可计算的学习者模型，并跟随学习者兴趣变化不断演化的过程。只有在高质量的学习者建模的基础上，才有可能实现个性化信息服务系统所追求的各种目标。

4.2 学习者兴趣建模研究进展

学习者兴趣建模是信息化服务的关键技术，目前学习者兴趣建模研究在国内整体处于起步阶段，现有的学术研究主要集中在学习者兴趣模型表示、学习者行为与兴趣数据采集、学习者兴趣模型演化和学习者兴趣模型评价四个方面。

4.2.1 学习者兴趣模型表示

(1) 学习者兴趣模型表示类型

当前常用的学习者兴趣模型表示方法大致分为关键词表示法、主题表示法、向量空间模型表示法、语义表示法四类。

关键词表示法是以学习者感兴趣的一组关键词来表示学习者模型。蔡银珊和黄英铭[159]在学习者兴趣建模中引入关键词依赖模型，将以关键词共现率为基础的高权值赋予同一上下文中共现率较高的关键词来说明关键词依赖，然后以关键词为节点，关键词间依赖关系为节点间联系，选取权值最高的节点和联系来表示学习者兴趣模型。兰杨[160]结合加权关键词法（包括学习者兴趣类和兴趣度）和粗兴趣粒度表示法表示学习者兴趣模型，并根据学习者稳定访问某一资源时间段的长短区分为学习者的长期兴趣模型和短期兴趣模型。顾其威等[161]将基于空间向量的学习者网页兴趣模型和学习者广告兴趣模型分配权重后综合起来表示学习者兴趣模型。但是一个信息主题可以包含很多个关键词，而且有些关键词之间存在同义性，因此基于关键词的表示方法效率有待于进一步提升。

主题表示法是关键词表示法的一种改进，该方法以学习者感兴趣的信息主题来表示学习者模型。刘永利等[162]提出基于概念聚类的兴趣建模方法，该方法首先通过分析历史文档构造后缀树结构，然后选择不同的相似度阈值，以不同的粒度合并基本簇，依据不同阈值条件下合并的基本簇之间的包含关系，生成兴趣层次；费洪晓等[163]提出一种在文本聚类后根据词条与聚类的分布特征调整词条权重的方法，并设计和实现一个基于文本聚类与权重调整的兴趣模型构造算法；Wu等[164]将学习者生成的内容与其他学习资源动态交互相结合的方法来构建学习者模型，结果表明，该方法发现的学习者兴趣标签反映了学习者更广泛的兴趣。

向量空间模型表示法是当前使用最多的学习者兴趣模型表示方法。它是对主题和关键词表示法的完善。用一个 n 维特征向量 $\{(t_1, w_1),(t_2, w_2),\cdots,(t_n, w_n)\}$ 表示学习者兴趣模型，其中 y_x 表示学习者兴趣的第 i 个关键词，兴趣权重 x 可取布尔值或实数，用来表示学习者对某一概念类别感兴趣的程度。该方法能够反映出各个概念在学习者浏览过的页面中的重要性，便于获取学习者感兴趣的主题。顾其威等[161]综合考虑基于空间向量的学习者网页兴趣模型和学习者学习资源兴趣模型的优势来表示学习者兴趣模型；刘滨强[165]利用添加了"情景"维度的"学习者–学习资源"矩阵来记录学习者对学习资源兴趣度，并基于此，提出多维度学习者兴趣 U-I-C 模型。然而向量空间模型表示法仅能使用一组关键词来描述学习者的兴趣特征，不能全面地捕捉到学习者的兴趣，因此利用该方法建立的兴趣模型可能不太准确。

语义表示法主要是基于本体技术，通过构建一个本体来表示学习者感兴趣的信息。页面的主题本体来描述学习者兴趣信息，通常将学习者兴趣主题以层次化的形式展示，每个节点代表学习者的一个兴趣主题。本体能够表达出概念之间复杂的关系。语义表示法把需求信息中的语义关系转变为本体中节点之间的关系，以此来表达出学习者需求。Kang 和 Choi[166]将文档进行语义描述，基于学习者历史行为和文档的语义关系开发了一个基于本体的个性化推荐系统。Shishehchi 等[167]通过分析学习资源特征与学习者兴趣的语义关系，应用本体建模进行语义匹配，同时应用规则过滤进行内容推荐。李珊[168]提出基于本体的四元组多兴趣细粒度表示模型，具体包括学习者感兴趣的主题、对应主题的特征项集合、对应特征项的权重和权重变化更新时间。廖开际等[169]提出基于大项集组的兴趣建模方法，将项目和学习者评价之间的映射关系转化为项目属性和学习者评价之间的映射关系来解决稀疏度问题，并采用高阶大项集组来描述学习者的多兴趣问题。

（2）学习者兴趣度量化表示

学习者浏览行为能很好体现学习者兴趣，多数研究人员基于学习者浏览行为量化学习者兴趣度。目前，基于学习者浏览行为的兴趣数据采集多以学习者浏览时间为核心因素，因此，基于学习者浏览时间的学习者兴趣度量化方法相对较多[170-176]，但浏览时间只能体现部分学习者兴趣度，实际研究中还需结合其他因素，如学习者浏览网页次数、学习者对页面中超链接点击量和学习者对页面的点击率、学习者浏览速度等。国内一些研究人员将学习者浏览时间和拉动滚动条次数相结合来量化学习者兴趣度[172,175]。韩旭[170]将学习者浏览时间和浏览网页次数相结合，将学习者一次查询访问的页面合并为页面集，页面集访问时长作为数列并计算其平均值和方差，再用高斯归一化公式处理平均值和方差，最后通过平移操作使权值落到 [0，1] 区间上来量化学习者兴趣度。许波等[172]提出三种基于学习者行为确定页面权值的方法，即根据学习者页面驻留时间确定页面权值、根据学习者对页面中超链接点击量确定学习者兴趣度、根据学习者对页面的点击量确定页面权值，再为三者分配权重来量化学习者兴趣度。邱晓俊和刘发升[173]根据学习者浏览时间和浏览字节数的比值来量化学习者兴趣度，同时利用非线性归一化方法处理浏览速度，以避免大量学习者兴趣度为 0 或 1。陈抒然[174]用双曲线模型和 Logistic 模型分别得到滚动条兴趣度和浏览时间兴趣度，再用线性回归方程计算学习者兴趣度。邵秀丽等[176]针对学习者浏览时间、浏览内容、学习者操作时间对学习者兴趣度的贡献，利用加权法为三者赋予不同权重来量化学习者兴趣度。毛晓星等[177]认为学习者兴趣度量化主要包括每个兴趣类包含页面总数和学习者在每个页面上有效驻留时间（在有效信息上的驻留时间）两方面，然后结合这两个变量计算学习者兴趣度。

除基于学习者浏览时间的学习者兴趣度量化外，兰杨[160]用学习者对兴趣类的关注度（学习者浏览该兴趣类网页在所有浏览网页中的比重）量化学习者兴趣度。张玉连和王权[175]为不同学习者浏览行为赋予不同权值，并引入"时间段兴趣度"和"时刻兴趣度"来区分同一网页在相同时段的不同时刻被浏览的意义差别，网页时间段兴趣度是该网页时刻兴趣度之和。冯子威[178]提出的基于记忆模型的学习者兴趣建模用向量表示学习者在某时刻对具体兴趣类的兴趣度，并建立函数量化学习者对多个兴趣类中每个兴趣类的兴趣度。马海兵等[179]根据中图法中体系结构相差的层数来设定特征项权值，将学习者手动添加和模型自动学习到的兴趣类特征项权值均设置为 1。易明等[180]提出基于 Web 学习者标注行为的学习者兴趣度量化方法，该方法认为 Web 学习者对具体 Web 资源的兴趣度等于学习者对具体子类的兴趣度和该子类与具体 Web 资源的关联度的乘积。前者为 Web 学习者利用具体子类中的社会化标签来标注某一 Web 资源的次数与 Web 学习者利用所有社会化标签标注该 Web 资源的次数之比；后者为所有 Web 学习者利用该子类中的社会化标签来标注某一 Web 资源的次数与所有 Web 学习者利用所有社会化标签标注该 Web 资源的次数之比。

4.2.2 学习者行为与兴趣数据采集

（1）学习者行为与兴趣的关系

学习者行为与其自身兴趣有很大关联。K. Lewin 依据力场理论指出，学习者行为是作为主体的人及环境的函数。E. Hilgard 利用内驱力理论来解释生物控制现象（学习者信息行为在一定条件下取决于内驱力和习惯强度）[171]。学习者行为可以体现学习者对其所浏览内容是否感兴趣，尤其是学习者浏览行为，如页面驻留时间、鼠标点击量和鼠标滚动时间等，均能反映学习者兴趣，并可量化为表示学习者兴趣度的相应值[63]。

（2）基于学习者行为的兴趣数据采集

国内研究人员主要通过学习者浏览行为来采集学习者兴趣数据，常分为三类：保留类，如保存网页、下载行为等；参考类，如跟随超链接；审查类，如拖动滚动条、浏览时间等。此外，付关友和朱征宇[171]认为表现学习者兴趣度的关键行为有网页浏览时间和翻页/拉动滚动条次数两种；许波等[172]认为表示学习者兴趣的浏览行为有网页浏览时间、页面中点击的链接、页面点击率三种。

国内研究人员常常依据学习者行为方式，结合所需采集信息侧重点，用不同方式采集学习者兴趣数据。陈抒然[174]引入双曲线模型和Logistic模型分析学习者浏览时间与拖动滚动条次数，以采集学习者兴趣数据。杨继萍等[181]通过挖掘学习者行为日志获取学习者的订阅、刷新、浏览、播放和下载行为，以采集学习者兴趣数据。也有研究人员借助其他工具采集基于行为的学习者兴趣数据。邱晓俊和刘发升[173]用Web Monitor监视学习者浏览器来采集学习者兴趣数据。邵秀丽等[176]用可以随系统启动的进程监视器时刻监视系统进程表的信息，通过实时记录学习者进程表中的所有进程名称，间接计算学习者进程使用时间，采集学习者兴趣数据。尹春晖[182]认为监视内容包括学习者网页驻留时间、学习者对同一页面的访问次数、让学习者标注的页面兴趣度。

4.2.3 学习者兴趣演化模型

学习者兴趣演化模型分为两类：基于显式反馈信息的兴趣演化模型，该模型通过学习者对资源评价获取学习者兴趣信息；基于隐式反馈信息的兴趣演化模型，该模型通过学习者浏览行为（主要包括浏览时间、浏览次数、收藏操作、查询操作、保存和打印操作）和Web日志（主要是学习者浏览历史记录）获取学习者兴趣信息。前者可能会干扰学习者浏览，但能准确采集学习者兴趣变化信息，如蒋翀和费洪晓[183]根据学习者对推荐结果的显式反馈来更新学习者兴趣模型；李珊[168]提出系统应提供学习者手动更新兴趣模型的功能，以弥补系统学习不能理解学习者意图的不足。后者无需学习者直接参与，实际应用多采用该方式[174]。

更新学习者兴趣模型需调整模型中已有特征项权值[184]及兴趣特征项[168]。学习者兴趣模型在学习者浏览感兴趣内容过程中记录学习者兴趣[182]，若该兴趣不存在，则将兴趣词条添加到学习者兴趣模型中，反之，则修改该词条在学习者兴趣模型中的权值，并采取相应机制删除学习者不再感兴趣的特征项[168,184]。徐麟军等通过该方法更新短期学习者兴趣模型，再通过短期模型更新长期学习者兴趣模型，用遗忘因子来逐渐遗忘学习者长期兴趣以适应学习者兴趣变化[188]。杨继萍等[181]提出通过时间段的近远决定学习者短期兴趣权重大小，学习者短期兴趣所处时间段离学习者兴趣模型更新时刻越远，其权重越小，对学习者长期兴趣的影响越小，反之亦然。李珊[168]对学习者兴趣模型的空间进行限制，当现有模型空间不足而又发现新兴趣时则将模型中权值较小的兴趣移除，然后将新兴趣添加到模型中。王平等提出合并由学习者行为反馈获取的信息与原有兴趣子集向量空间模型来更新学习者兴趣子集，通过学习者点击行为增加相关学习者兴趣子集的兴趣度及无点击行为自动衰减学习者兴趣子集的兴趣度来更新学习者兴趣模型[185]。张玉连和王权[175]把从学习者端返回的网页按最近浏览时间分为七天前和七天内，再根据已经建立的模型对网页进行分类，且文本化和计算其词条权值，然后采取用单一兴趣类中抽取兴趣集的算法对其计算构成新兴趣词条集，并用不同因子区分新（七天内）旧（七天前）词条在已有模型中的重要性，最后通过计算每个兴趣类的兴趣词条权值并排序，取前 m 项来完成学习者兴趣模型更新。兰杨[160]依据学习者兴趣类是否出现在时间窗中来添加增强因子或遗忘因子，实现对模型兴趣权值的时间窗更新，当兴趣类的记忆因子为零时，将其从学习者兴趣模型中移除。颜端武等[186]通过滑动窗口控制学习者兴趣概念的计算规模，通过时间窗口和兴趣衰减函数更新学习者兴趣模型。此外，马海兵等[179]提出基于浏览时间、浏览次数、评价等级的加权学习者兴趣模型更新算法。也有研究人员将显式更新和隐式更新相结合进行学习者兴趣模型更新[180]。蒋翀根据学习者显式反馈及浏览行为分别获取显式评分和隐式评分，将两者结合按固定算法衰减学习者兴趣，若学习者对兴趣设定了新评分，则评分为新权值，最后剔除权值为 0 的学习者兴趣[180]。

4.2.4 学习者兴趣模型评价

目前学习者兴趣模型评价体系尚无统一标准，采用的评价指标和方法主要为间接评价法和直接评价法两种，前者与具体系统相结合，通过系统的性能改变来评价学习者兴趣模型，无需对学习者兴趣的标准答案进行标注或提出新评价指标；后者使学习者兴趣模型评价脱离具体个性化服务技术，需结合模型表示提出针对性评价方法[187]。此外，利于学习者兴趣模型评价的标准答案也很重要。冯子威通过人工标注方式获取标准答案，标注原则为学习者对某类的兴趣度正比于其在该类下的兴趣学习资源数[178]。

国内一些研究人员以查准率 Precision = | Relevant ∩ Retrieved | /Retrieved 为

评价指标[162,181]，其中 Relevant 表示与学习者兴趣相关的学习资源集，Retrieved 表示被检索系统推荐的学习资源集。一些研究人员以查准率和召回率为评价指标[188]。马莉[189]采用混合查准率和召回率的 F-measure 法评价学习者兴趣建模的推荐质量。许欢庆和王永成[190]用 11Point Precision Average 法评价加权概念网络模型和向量空间模型。该方法先将学习者学习资源分为训练集和测试集，再对测试集按相关度排序，计算测试集中被学习者评为相关学习资源的召回率 R 和准确率 P，其中 $R=a/c$，$P=a/b$，a 为测试集中学习者评价学习资源之前所有相关学习资源数，b 为学习者评价学习资源之前所有学习资源数，c 为学习资源集中所有相关学习资源数。将区间 [0，1] 划为 10 份，11 个边界值均为 R，然后计算 R 下 P 在每个区间内的最大值，最后将 P 的计算值表示成 11 维向量，然后对比加权概念网络模型与向量空间模型的 11 维向量，得出评价结果。

此外，付关友采用 Matlab 中的 Regress 命令比较用线性回归方程计算的兴趣度和学习者标注的兴趣度，以评价模型有效性[171]；易明等[180]用平均绝对误差（mean absolute error，MAE）评价学习者兴趣模型，通过计算预测的学习者评分与实际学习者评分间的偏差来度量学习者兴趣模型的预测准确性，值越小表示模型预测效果越好，预测精准性体现为基于细粒度学习者兴趣模型的个性化推荐结果准确度。

4.3　学习者建模面临的挑战

当前推荐系统中的学习者兴趣建模面临诸多挑战，如学习者兴趣具有个性化和多样性的特点，而且不同情境下的兴趣往往不同；数据不足导致推荐系统面临"冷启动"问题；带约束的、增量的及可交互情况下的学习者兴趣建模问题；多数据来源的学习者兴趣融合问题等。本节重点探讨推荐系统的"冷启动"问题和学习者兴趣多样性问题。

4.3.1　推荐系统"冷启动"问题

推荐系统"冷启动"是指学习者的评分、个人信息等相关数据非常有限或稀缺，从而导致协同过滤算法不能对学习者兴趣进行有效建模，并向学习者进行准确的学习资源推荐的问题[191,192]。根据学习者数据量的稀缺程度，学习者"冷启动"问题可以进一步分为完全新学习者的"冷启动"问题及已有少量数据的（即非完全）新学习者"冷启动"问题。

(1) 完全新学习者

由于新注册的学习者并没有可以利用的学习行为信息，一种应对"冷启动"

问题的方法是利用学习者注册时输入的个人属性信息进行辅助推荐，如年龄、居住城市、受教育程度、性别和职业等。具体思路是根据新学习者的属性信息，利用数据挖掘法，找到与其属性相似的邻居学习者，并将这些邻居学习者所喜欢的产品推荐给新学习者。例如，为了实现对新学习者的个性化推荐，丁永刚等[193]将学习者的社交网络信息与协同过滤相融合，计算新学习者与好友间的信任度来预测学习者对学习资源的评分，以提高个性化推荐的质量。Xuan 等[194]利用学习者的年龄、性别和职业三种属性，设计提出 User-Info-Aspect 模型，并用最大期望（expectation maximization，EM）算法进行参数估计，最后根据相似属性学习者的打分分布得到新学习者对学习资源的评分值。然而，出于隐私保护等目的，大部分学习者不会输入足够的个人信息，或者会输入虚假信息，使得利用新学习者属性进行学习资源推荐的方案存在一定的风险。

还有一种可行的思路是让新学习者直接输入其所喜欢的学习资源信息（学习资源标签或类别等）。例如，若一个新进入学习资源推荐系统的学习者标注了喜欢"历史"、"名人"和"中国哲学"，则系统可以直接捕获学习者兴趣，并推荐《王守仁评传》《老子》等学习资源。而更直接的思路是选择一些有代表性的学习资源，并让学习者进行评分，从而更准确地了解学习者需求，方便之后的学习资源推荐。这类方法成功与否的关键在于如何选择这些"有代表性的学习资源"。然而，据笔者所知，当前存在的这些解决方案都需要学习者交互，而且只关注于学习特定学习者对特定学习资源的喜好，同时没有尝试主动对学习者兴趣进行引导，以增加学习者的学习效率。

（2）非完全新学习者

对于非完全新学习者的推荐，也可以用完全新学习者的策略来提升效果。然而，已经有了少量的学习者行为信息，此时有更好的方法供系统选择。事实上，这些方法的主旨思想很简单，即充分挖掘学习者已有的个人信息，从而最大限度理解学习者喜好。

最直观地，学习者的学习信息值得深入挖掘。例如，基于学习者的直接关系（co-rating），Ahn[195]设计了三个启发式的学习者相似度评判标准，从学习者评分的临近度（proximity）、影响度（impact）和流行度（popularity）等方面计算学习者的相似度；而 Koren[196]则在进行学习者和学习资源投影时，综合考虑了学习者评分的全局信息及近邻影响，实验结果表明，该结合方法可以产生更准确的评分预测结果。除了挖掘直接关系，还有一些方法考虑度量学习资源和学习者的间接相似度，如 Huang 等[197]在"学习者–学习资源"二部图上运行关联抽取技术，利用间接的、传递的关联估计学习者兴趣，从而解决"冷启动"问题和数据稀疏问题；而 Yildirim 和 Krishnamoorthy[198]直接让学习者在学习资源关联图上进行带重启动的随机游走,根据随机游走在学习资源上的停留概率作为学习资源推荐排序的依据。

此外,有些研究试图利用额外信息,如学习资源的属性、类别信息,以及学习者间的社交、信任信息等,来解决"冷启动"问题。例如,Weng 等[199]观察发现,喜欢相似学习资源的学习者也会有相似的学习资源类别喜好,因此他们将冷启动学习者的学习资源信息与学习资源的类别信息相结合来代表学习者兴趣;Gantner 等[200]更进一步地将学习者的性别、地理位置、年龄及学习资源的类别、关键词等映射为矩阵分解模型的一个隐式特征,利用传统的矩阵分解方法提高冷启动学习者的推荐准确度;Wu 等[201]利用学习者对学习资源的标签数据为学习者和学习资源发现最近邻,并以这些邻居的兴趣分布来学习和估计给定冷启动学习者的兴趣分布。随着社交网络等的兴起,学习者的社交情境信息被广泛用来提升新学习者的兴趣预测效果。例如,Jamali 和 Ester[202]设计了 TrustWalker 算法,它利用随机游走模型来中和冷启动学习者的直接邻居(根据 co-rating 的相似计算得到)与间接邻居(根据学习者的信任关系求得)对其学习兴趣的影响;Ma 等[203]直接将信任关系与标签等社交情境信息放入概率矩阵分解模型中,进行学习者的评分预测。该方法有效解决了评分数据稀疏、学习者冷启动等问题,同时还具有良好的可扩展性。

4.3.2 兴趣多样性问题

学习者兴趣的多样性和易变性为学习者兴趣建模与推荐算法设计提出了诸多挑战,包括如何准确识别学习者当前活跃的兴趣、如何预测学习者未来可能的兴趣、如何根据学习者兴趣为其提供新颖的且意外的学习资源推荐,以及如何建模群组推荐中的学习者兴趣多样性等。

1) 识别学习者当前活跃的兴趣最有效的方法是利用学习者的学习资源浏览时间去解决学习者兴趣的漂移问题。例如,Ding 和 Li[204]通过观察发现,学习者近期浏览的学习资源比很早之前浏览的学习资源更能够代表学习者当前需求,因此提出根据学习者的学习资源浏览时间对学习资源进行加权,并使用加权的学习资源为学习者进行协同过滤推荐;Koren[205]认为学习者兴趣随时间的动态变化是兴趣建模时必须考虑的重要因素,因此将季节周期等时间因素与协同过滤模型相结合,在数据集上取得了较好的预测结果;Xiang 等[206]利用图结构建模学习者的长期兴趣和短期兴趣,并根据随机游走进行学习者兴趣扩散;Cao 等[207]对学习者兴趣随时间的漂移问题进行了系统研究。他们首先定义了四类学习者兴趣模型,并给出了识别方法,最后给出了不同兴趣模型所对应的推荐策略,如对于发生了兴趣漂移的学习者，可以仅根据其当前的兴趣进行学习资源推荐。

2）受内外界诸多因素影响，学习者兴趣经常发生变化，因此，推荐系统需要及时预测学习者未来可能的兴趣。事实上，如果推荐系统不能捕获学习者兴趣的变化，仍然根据学习者之前的兴趣进行推荐，那么很容易导致过拟合（over-specialization）问题[208]。许多解决过拟合问题的思路已经被提出。例如，过滤掉跟学习者兴趣过分相似的学习资源[209]。其他解决手段包括预测学习者兴趣的扩展，或者直接进行多样性推荐等。

当前预测学习者兴趣的扩展的主要思路是在协同过滤中考虑学习资源的转移概率[210]。然而，由于学习资源规模庞大，现有方法会带来较大的时空消耗。Nakatsuji 等[211]通过建立学习者关联图，在图上寻找与给定学习者位置相近的学习者（这些学习者并不一定是给定学习者的相似学习者），并利用这些学习者来扩展给定学习者的兴趣。在多样化推荐方面，Ziegler 等[212]利用内容信息评估推荐列表的多样性；Zhang 和 Hurley[213]从优化的角度建模，在保证推荐效果的同时最大化推荐列表的多样性；Zhang[214]对当前利用多样性提高推荐效率的研究进行了梳理。近年来，为了自适应地为学习者进行多样化推荐，Shi 等[215]设计了潜在因子组合（latent factor portfolio，LFP）推荐算法，该算法将学习者在不同兴趣维度的分布方差当作学习者兴趣浮动程度，并利用兴趣维度间的关联估计学习资源之间的关联。

3）除了以上提到的根据一定规则进行的多样化推荐，为学习者提供新颖的或出乎意料的"惊喜"推荐也是提升学习者黏着度的有效手段之一。例如，Iaquinta 等[216]展示了如何将惊喜推荐（利用启发式的方法）与基于内容的推荐算法相结合，同时认为惊喜推荐也可以解决学习者兴趣的过拟合问题。考虑到已有推荐算法经常推荐流行的或者学习者已知的学习资源，然而，在实际应用中一些新奇的、小众的学习资源受到广大学习者的关注。鉴于此，胡吉明和张蔓蒂[217]在分析社会网络环境下用户小众化需求特征策略变革的基础上，引入用户与资源之间的关联关系，提出社会化小众推荐策略；Herlocker[218]研究发现不能仅用推荐准确度来衡量推荐算法；Ge 等[219]提出推荐算法评估的两个准则：覆盖率和惊喜程度，他们指出惊喜推荐应当与精确推荐进行融合才能提高学习者满意度。

4）学习者、数量增多而引发的兴趣多样性问题：群组推荐（例如，为一对学习者推荐学习资源）中的学习者兴趣建模。给定一组学习者，对其进行兴趣建模，从而为学习者推荐学习资源，推荐学习资源的思路大致可以分为两种[220]。第一种思路是将群组中所有的学习者视为一个学习者，并为该虚拟学习者进行兴趣建模和推荐，其中兴趣建模和推荐方法都与传统的个性化推荐类似[221]。第二种思路是根据群组中每个学习者的兴趣，为其生成一个独立的学习资源列表，然后将所有独立列表整合成唯一一条列表，并展示给群组中的学习者。很多不同的策略用来整合推荐列表，即整合群组中学习者的兴趣。例如，Masthoff[222]采用学习资源的预测评分均值、预测评分最小值等作为最终评分预测的依据；Baltrunas等[223]测试了许多直接生成排序列表的整合方法。以上研究一般假设群组中的学习者有相同的投票权，然而Recio-Garcia等[224]研究发现，群组中有的学习者很挑剔，而其他学习者则可能比较随意，因此挑剔学习者实际上主导了群组的浏览行为，基于该发现，他们根据学习者性格和社交关系处理群组兴趣的多样性。

4.4 基于本体的学习者建模

传统的学习者模型普遍存在模型表示缺乏语义、兴趣获取困难和模型难以更新等缺点。鉴于此，本节提出了基于本体的学习者模型，该模型从行为心理学的角度分析学习者兴趣的特征，将语义技术应用到学习者建模。

4.4.1 本体的定义

本体的概念最初起源于哲学领域，可以追溯到公元前古希腊哲学家亚里士多德。本体在哲学中被定义为"对世界上客观存在物的系统描述，即存在论"，是客观存在的一个系统的解释或说明，关心的是客观现实的抽象本质[225]。在借鉴了知识工程领域之后，研究人员对本体有了新的诠释，认为本体是对概念化对象的明确表示和描述[226]。随着研究人员对本体的理解不断完善，本体被赋予了很多新的定义：

1991年，Neches[227]给出构成相关领域词汇的基本术语和关系，以及利用这些术语和关系定义这些词汇外延的规则。

1993年，Gruber[228]认为本体是概念模型的明确的规范说明。

1997年，Borst[229]认为本体是共享概念模型的形式化规范说明。

从内容上看，本体包含一些基本要素，如概念、概念之间的关系等。从内涵上看，不同研究人员都把本体当作是领域内部不同主体（包括人、机器、软件系统等）之间进行交流的一种语义基础，即由本体提供一种明确定义的共识。本体的定义可归纳为：本体是共享概念模型的明确的形式化规范说明。本体包含以下四个方面的含义。

1) 概念模型（conceptualization），指通过抽象客观世界中一些现象的相关概念而得到的模型。概念模型所表现的含义独立于具体的环境状态。

2）明确（explicit），指所使用的概念及使用这些概念的约束都有明确的定义。

3）形式化（formal），指本体是计算机可读的，即能被计算机处理。

4）共享（share），指本体中体现的是共同认可的知识，反映的是相关领域中公认的概念集，即本体针对的是团体而非个体的共识。

本体的目标是捕获相关领域的知识，提供对该领域知识的共同理解，确定该领域内共同认可的概念，并从不同层次的形式化模式上给出这些概念和概念间相互关系的明确定义。由于本体论对特定领域对象的表示与描述具有规范性、可重用性、可靠性等特点，有些研究者将本体论应用于信息检索领域，对领域知识进行描述，以提高系统的联想能力和精确性[230]。

4.4.2 学习者模型表示方法

基于本体的学习者模型表示方法使用规范的结构模式来描述学习者的兴趣，把学习者兴趣与领域知识的语义概念层次相结合，体现出强大的语义能力。笔者以"学习资源本体"进行模型表示，先对学习资源本体的层次结构及相互间的关系进行定义，进而实现基于本体的学习者模型表示。

定义1 本体层，本体结构由一个六元组组成：

$$\vartheta := \{C, P, A, H^C, H^P, \text{prop}, \text{att}\} \quad (4.1)$$

式中，C、P、A 分别表示概念、关系、属性的集合；H^C 表示一个概念层次，$H^C \in C \times C$，$H^C(C_1, C_2)$ 表示 C_1 是 C_2 的子概念，H^P 表示一个关系层次，$H^P \in P \times P$，$H^P(P_1, P_2)$ 表示 P_1 是 P_2 的子关系；prop 是一个表示非层次关系的函数，$P \to C \times C$，函数的定义域 $\text{dom}(P) := \prod_1(\text{rel}(P))$，函数的值域 $\text{range}(P) := \prod_2(\text{rel}(P))$；函数 att：$A \to C$ 表示将概念赋以属性值。这个定义允许本体内各概念间的一种多对多的关系，为了将实际中的学习资源与本体概念相关联，还需定义一个本体词汇层。

定义2 本体词汇层，核心本体结构的词汇集可以用一个六元组来表示：

$$L := \{L^C, L^P, L^A, F, G, J\} \quad (4.2)$$

式中，L^C、L^P、L^A 分别表示概念、关系、属性的词汇条目集合；$F \subseteq L^C \times C$，$G \subseteq L^P \times P$，$J \subseteq L^A \times A$ 分别为概念、关系、属性的引用。这个定义允许本体概念间、词汇条目间的多对多关系。

定义3 实例层，元数据结构可以用一个六元组来表示：

$$MD := \{\vartheta, I, L, \text{inst}, \text{instr}, \text{instl}\} \quad (4.3)$$

式中，ϑ 表示本体；I 表示实例标识集；L 表示常量集；函数 inst：$C \to 2^I$ 表示概念的实例化；函数 instr：$P \rightarrow 2^{I \times I}$ 表示关系的实例化，函数 instl：$P \rightarrow 2^{I \times L}$ 表示属性的实例化。

定义 4 实例词汇层，实例结构的词汇集可以用一个四元组来表示：

$$KB := \{\vartheta, I, L, \text{inst}, \text{instr}\} \tag{4.4}$$

上面介绍如何对本体进行实例化，下面以"计算机科学领域文献"为例来说明。如图 4.2 所示，该例子中包含学习者、学习者兴趣、学习者感兴趣的学习资源以及他们之间的关系。

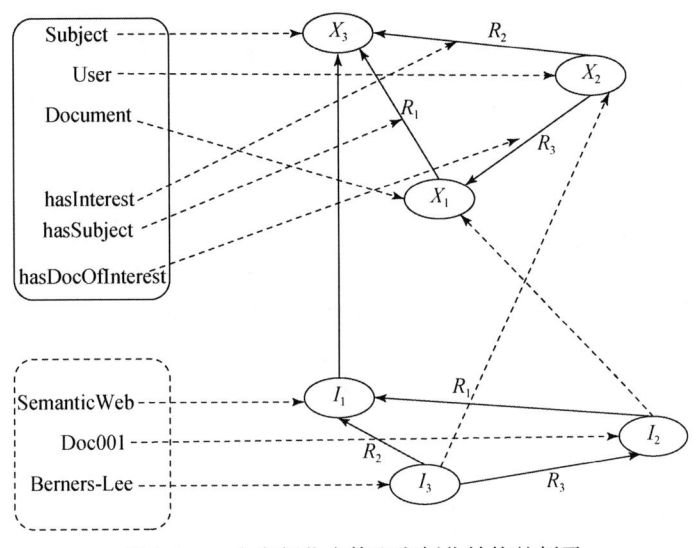

图 4.2 一个实例化本体和实例化结构的例子

其中，概念 X_1、X_2、X_3 分别表示学习资源、学习者和学习者兴趣，关系 R_1、R_2、R_3 分别代表 hasSubject、hasInterest 和 hasDocOfInterest 三种关系，I_1、I_2、I_3 为概念 X_1、X_2、X_3 的三个实例。

本体层表示为 $C := \{X_1, X_2, X_3\}$，$P := \{R_1, R_2, R_3\}$；根据其中定义域值域的定义，关系表示为 $R_1(X_1, X_3)$，$R_2(X_2, X_3)$，$R_3(X_2, X_1)$；词汇层分别为 $L^C = \{\text{Subject}, \text{Doucment}, \text{User}\}$，$L^P = \{\text{hasSubject}, \text{hasInterest}, \text{hasDocOfInterest}\}$；将词汇条目映射到本体概念和关系函数 F、G，分别为 $F(\text{"Subject"}) = X_3$，$F(\text{"User"}) = X_2$，$F(\text{"Document"}) = X_1$，$G(\text{"hasSubject"}) = R_1$，$G(\text{"hasInterest"}) = R_2$，$G(\text{"hasDocOfInterest"}) = R_3$。

基于上述本体，实例可以被定义为 $I := \{I_1, I_2, I_3\}$，$\text{inst}(I_1) = X_3$，$\text{inst}(I_2) = X_1$，$\text{inst}(I_3) = X_2$。实例之间的关系分别为 $R_1(I_2, I_1)$，$R_2(I_3, I_1)$，$R_3(I_3, I_2)$。实例的词汇条目表示与概念的相似，分别为 $L^I := \{\text{SemanticWeb}, \text{Doc001},$

Berners-Lee}，$J($"SemanticWeb"$)=I_1$，$J($"Doc001"$)=I_2$，$J($"Berners-Lee"$)=I_3$。

学习资源本体是针对学习资源的一个描述框架，用来存储、描述学习资源的语义内容，包括标题、学习者和学习时间等学习资源的基本信息，也包括学习资源的所属概念主题。其概念主题分类标准来自领域本体，用于对学习资源的内容分类与语义匹配。学习资源本题中的概念、概念间的关系如图4.3所示。

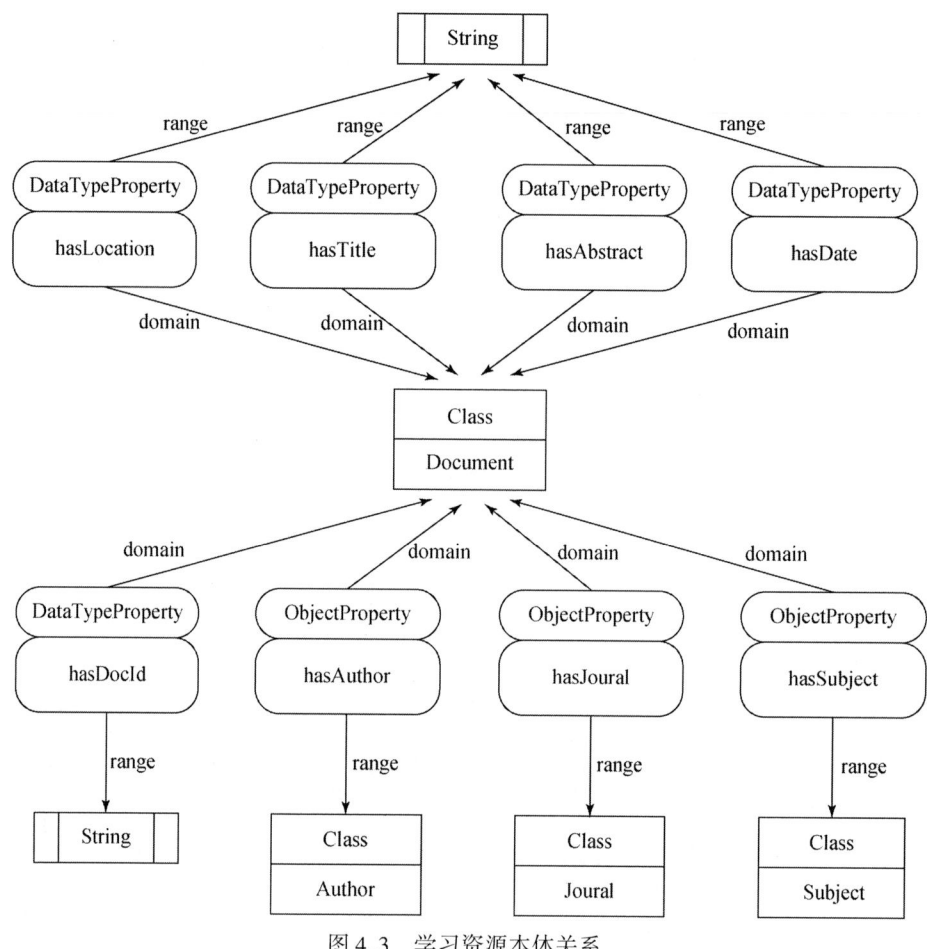

图4.3 学习资源本体关系

图4.3 学习资源本体的属性列表如表4.1所示。

表4.1 学习资源本体的属性列表

属性	属性类别	属性描述
HasDocId	DataTypeProperty	文档的编号，为字符串型

续表

属性	属性类别	属性描述
HasTitle	DataTypeProperty	文档的标题，为字符串型
hasAbstract	DataTypeProperty	文档的摘要，为字符串型
hasDate	DataTypeProperty	学习资源的日期，为字符串类型
hasLocation	DataTypeProperty	文档的存储位置
hasAuthor	ObjectProperty	文档的作者信息，具体信息由 Author 类描述
hasJoural	ObjectProperty	文档所在刊物的信息，具体由 Joural 类描述
hasSubject	ObjectProperty	文档所属类别描述，具体分类由领域本体描述

经过 Protégé 定义后，详细结构如图 4.4 所示。

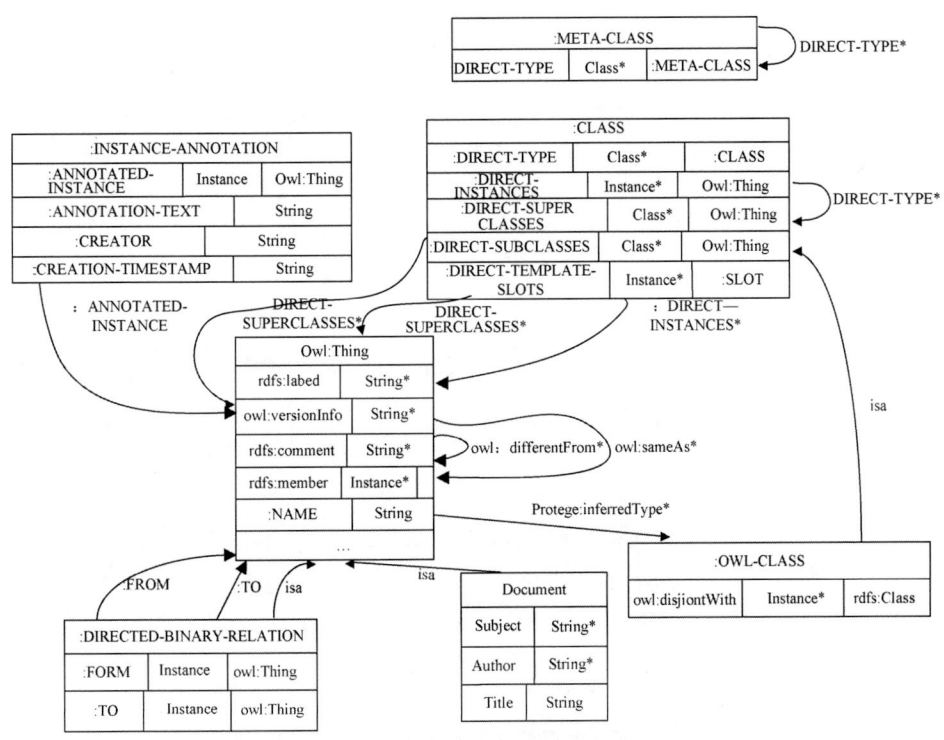

图 4.4　学习资源本体定义结构

所有的学习资源都采用以上本体的形式进行存储，实际上是对学习资源进行语义标注的过程。

4.4.3 学习者模型的演化

学习者的演化过程利用记忆的遗忘特性,提出基于"遗忘-激励"过程的学习者模型进化策略,该过程被描述为"兴趣建立-遗忘-激励-兴趣增强"的过程[231],图4.5描述了学习者模型的演化过程。

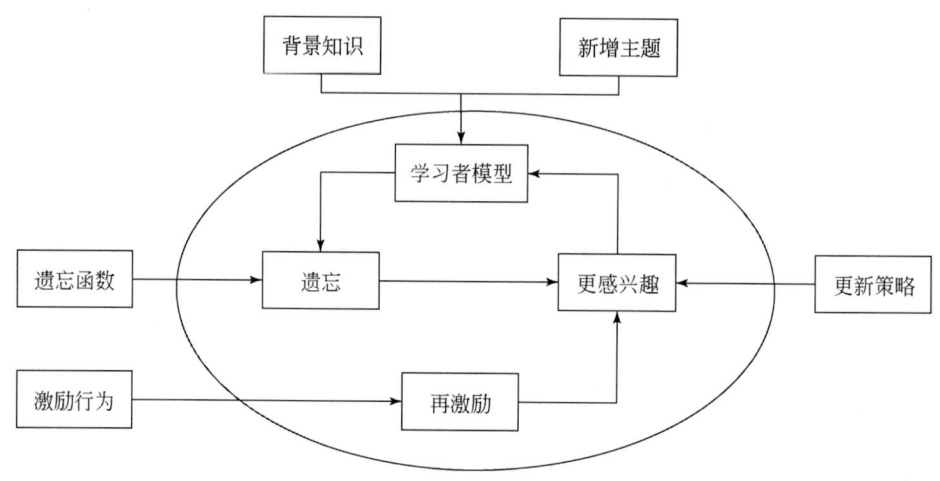

图4.5 学习者模型的演化过程

初始的背景知识经过学习者建模后形成初始学习者模型,学习者模型中的各个兴趣主题均有相应的兴趣权重,这是学习者对兴趣主题的初始兴趣度。之后,根据遗忘模型随着时间开始遗忘衰减,直到受到再激励为止。这个再激励动作指的是学习者再次操作属于该类主题的文档的交互行为,从而激活兴趣度更新进程,让主题的兴趣权重跃升到新的权值。如果兴趣主题很长时间都没有被再激励,那么兴趣权重将会逐渐衰减,到达一定阈值后该兴趣主题将会被学习者模型抛弃。通过这样的演化模型,可以使学习者模型中的初始兴趣随着系统的运行逐渐演化,使学习者模型及时反映学习者兴趣的变化。

4.5 基于主题模型的学习者建模

学习者建模需要利用学习者的各类信息来表示学习者的兴趣,从而使学习者模型更加精确。因此,需要整合大规模学习者行为数据,获取简洁的学习者特性表达,这一特性从技术上可以总结为数据降维。主题模型作为一种可以发现文档集中隐含主题的统计模型,通过将高维度的词的集合映射到低维度的主题空间上，来对目标数据进行降维。同时，通过该模型降维获得的低维空间的表示有很好的可理解性，可以很容易地转化为人们可理解的主题信息，以表达学习者兴趣。实际上，作为生成模型的主题模型以其建模时较强的解释性，近年来吸引了越来越多研究人员的关注，被广泛用于文本、图像等各类网络信息的建模，并表现出良好的建模效果。因此，针对学习者建模这一任务对主题模型进行深入研究和扩展具有重要的学术价值。

综上所述，在大数据时代，为了能帮助广大学习者在海量的网络数据中迅速找到能满足其个性化需求的信息，需要充分利用学习者留在网络中的各种数据，而这些数据规模庞大，充满噪声，需要利用数据降维技术进行学习者建模。因此，将基于主题模型进行有效扩展，以综合运用学习者注册信息、学习者浏览的内容信息、学习者的标签信息及隐含的学习者特性信息等多种信息来构建高质量学习者模型，满足个性化信息服务中对学习者建模的迫切需求。

4.5.1 主题模型

主题模型是一种统计机器学习模型，提供了一种对大规模语料进行降维的方法。主题模型通过对目标文本集进行建模分析，可以发现学习资源中潜在的主题，并通过这些主题来对学习资源进行标注，而这些潜在主题的标注也被用来对目标文本进行组织、总结。

主题模型建立在一个文本生成假设之上，这个生成假设如图4.6所示。主题模型作为一种混合概率模型[232]，利用词语间的共现关系，通过最大化的概率来

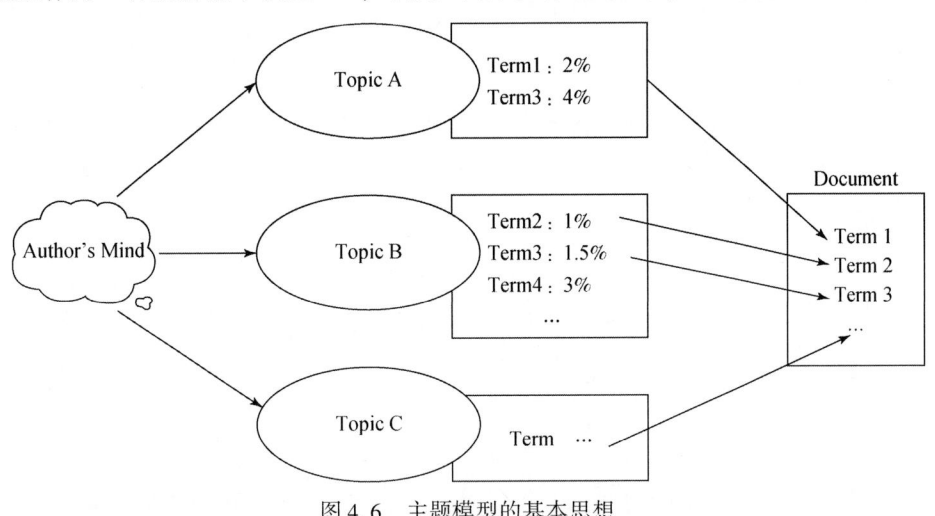

图4.6 主题模型的基本思想

发现文档中的聚类簇。尽管主题模型允许一个文档拥有多个主题，但同时又通过狄利克雷（Dirichlet）分布来限定主题的比例以阻止一个学习资源具有过多的主题。图 4.7 是经典的主题模型 LDA 对文本语料的建模效果，图中不同颜色分别表示不同的主题。通过 LDA 可以得到图 4.7 中所示的学习资源的主题分布（图 4.7 右侧柱状图），而对于学习资源中的每个词，都会被分配一个主题，此外，还可以得到在整个学习资源集中，主题词的分布关系，如图 4.7 中左侧所示。

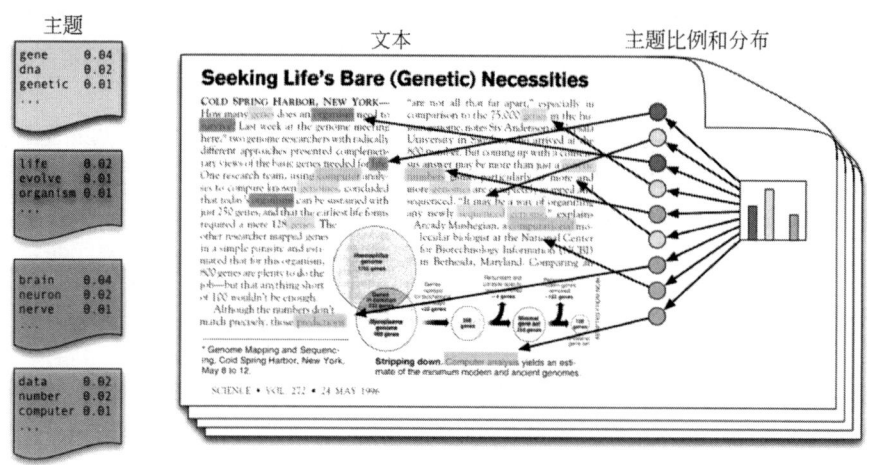

图 4.7　主题模型的效果示意

4.5.2　隐狄利克雷分布模型

(1) 模型假设

LDA 的一个基本假设是，文本集中的文本是由多个主题按照一定比例混合而成，这个假设和实际情况大体是相符的。例如，对于一本关于计算机应用的杂志，其内容可能涉及多个方面，如移动设备的使用、软件的应用、硬件的评测、万联网服务等，而每篇文章则在这些主题上有不同的侧重，如一篇介绍新型号手机的文章，同时会涉及手机硬件性能的评测和软件应用，而另一篇介绍一个互联网服务的文章，可能也会提到其对应的手机客户端的使用。这样，如果假设一篇文章只有一个主题，便不能很好地描述这种每个主题只是整个文章一部分的情况。

这种混合主题的现象在文本中普遍存在，为了处理上述问题，LDA 将这种文本中的主题定义为模型中的"隐变量"，借助概率分布函数将隐变量与实际观测值关联起来。通过这种隐变量模型，可以获得观测数据后面隐藏的主题结构，由此通过后验概率推断来获得这个隐藏的结构。

主题模型中另一个常用假设是"词袋"（bag of words）假设[233]，其认为同一学习资源中的词是无序的，不同词之间的顺序是可交换的，且其基本思想如图 4.8 所示。当然，在一些对主题模型的扩展的研究中，也有利用自然语言处理的知识，通过考虑词语间的先后顺序或者语法语义的信息，来打破词袋这个假设，获得更符合语法结构和语言习惯的模型。

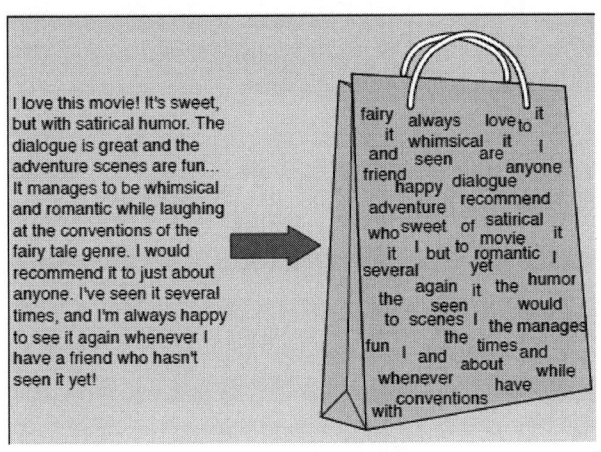

图 4.8　词袋假设示意

（2）模型生成过程

在 LDA 中，隐变量和实际观测值之间的关联是通过生成模型的方式表现出来的。

令 K 为主题的数目，V 为词表的大小，α 和 η 为正实数，$\text{Dir}_V(\cdot)$ 为 K 维狄利克雷分布，则 LDA 的生成过程如下：①对于每个主题 k，抽取其在词表上的分布 $\beta_k \sim \text{Dir}_V(\eta)$；②对于每篇学习资源 d，抽取学习资源 d 上的主题分布 $\theta_d \sim \text{Dir}(\alpha)$；③对于学习资源中 d 的第 n 个词 $w_{(d,n)}$，抽取其对应的主题 $z_{dn} \sim \text{Mult}(\theta_d)$，其中，$z_{dn} \in \{1, \cdots, K\}$；抽取词 $w_{dn} \sim \text{Mult}(\beta_{(z_{dn})})$，其中，$w_{(d,n)} \in \{1, \cdots, V\}$。

对于一篇包含 N 个词的学习资源，主题的混合比例 θ，学习资源中每个词分配的主题的集合 z，以及词语集 w 在 α，β 条件下的联合概率分布，如式（4.5）所示。

$$p(\theta, z, w \mid \alpha, \beta) = p(\theta \mid \alpha) \prod_{n=1}^{N} p(z_n \mid \theta) p(w_n \mid z_n, \beta) \qquad (4.5)$$

通过对 θ 积分及对所有 z 进行求和，可以得到该学习资源的边缘分布，如式（4.6）所示。

$$p(w|\alpha,\beta) = \int p(\theta|\alpha)(\prod_{n=1}^{N}\sum_{z_n}p(z_n|\theta_n)p(w_n|z_n,\beta))d\theta \qquad (4.6)$$

最后，将学习资源集中的每篇学习资源的边缘分布求积，便可得到整个学习资源集的概率分布，如式（4.7）所示。

$$p(D|\alpha,\beta) = \prod_{d=1}^{M}\int p(\theta_d|\alpha)(\prod_{n=1}^{N_d}\sum_{z_{dn}}p(z_{dn}|\theta_d)p(w_{dn}|z_{dn},\beta))d\theta \qquad (4.7)$$

图 4.9 为 LDA 图模型表示，图模型作为主题模型使用中的一个重要工具，不仅可以使模型更加直观、更加便于理解，而且在模型的参数推导中也有很大帮助。从图 4.9 中可以很容易地发现，LDA 在文本建模时分为三层：语料层（α）、学习资源层（θ_d）和词语层（z_{dn}，w_{dn}）。这个层层递进的三层结构也是区别于普通狄利克雷-多项式聚类模型的重要一点。

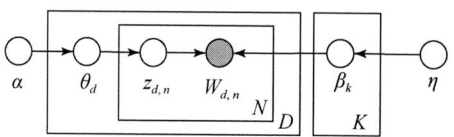

图 4.9　LDA 图模型表示

通过主题模型的建模方法，利用各学习者相关数据进行分析，建立学习者的个性化模型，由此向学习者提供有针对性的服务，满足学习者个性化的信息需求。

4.6　基于社交网络的学习者建模

随着互联网的快速发展，社交网络（social network）不断地走进人们的生活。一些流行的在线教育网络平台，如国内的网易云课堂、传课网、慕课网等已经广受大众接受，甚至已经成为学习者获取知识的重要一部分。这些社交网络平台不仅降低了学习者学习的成本，还提高了沟通效率，促进学习资源的快速流动。

与其他传统的互联网应用相比，社交网络的主要亮点在于其社交性。社交网络上的绝大多数活动都围绕着人与人之间的交流展开。以网易云课堂为例，每个学习者都可以发表自己的意见，学习完课程的学习者之间可以匿名进行交流、沟通。用图表示学习者之间的社交关系，把图的结构称作社交网络的结构。大量研究表明，社交网络的结构可以间接地体现学习者的特点。因而，挖掘社交关系是学习者建模的可行途径。不同类型的社交网络，其结构在某方面存在一定的共性，因此基于社交网络的学习者建模存在一定的普适性。

4.6.1 社交网络

J. A. Barnes 在1954年首次使用"社交网络"一词,其起点来源于电子邮件。随着互联网的飞速发展,社交网络应用在多个领域。在教育领域,通过社交网络来增加学习者之间的兴趣爱好,实现学习资源共享、学习者间的沟通。其中,社交网络由各种各样的实体组成,包括学习者、学习资源等,都是实体这一概念的实例。学习者的社交关系构成社交网络的结构,社交网络的结构常用图描述。

假设社交网络中只有学习者这一种实体。用图 $G=(V, E)$ 描述社交网络的结构。每一个学习者 u 与图中的一个顶点 $v_u \in V$ 相对应。由于这种一一对应关系,可以直接用符号 u 同时表示学习者和图中的节点,即 $v_u \in V$ 可简记为 $u \in V$。在不引起误会的前提下,笔者会不加区分地使用"顶点"和"学习者"两个术语。

4.6.2 基于社交网络的学习者建模

基于社交网络的学习者建模是指通过对学习者属性(图4.10)建立适当的数学模型,然后从已知数据中提取或推测模型中未知的变量,从而丰富学习者模型。以网易云课堂为例,可以对学习者的兴趣爱好、心理状态、收入水平等属性进行建模,从而向学习者推荐学习资源。

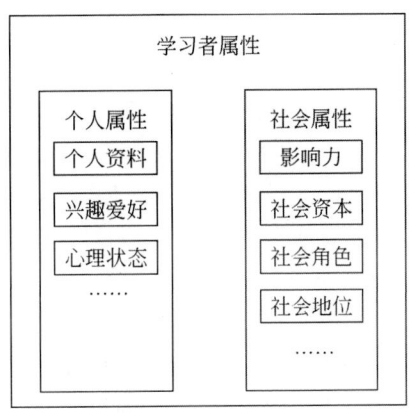

图 4.10 学习者建模所涉及的学习者属性分类示意

学习者作为建模的主体,具有复杂的状态和特点。学习者的属性包括个人属性和社会属性两类，其中个人属性包括个人资料、兴趣爱好、心理状态等；社会属性包括影响力、社会资本、社会角色、社会地位等。

考虑个人属性在社交关系中的影响，特别地，考虑心理状态的谨慎度在学习者建立朋友关系时的作用。学习者的谨慎度能够影响学习者建模的效率。因此，笔者重点考虑社交网络的图结构与谨慎度的关系，暂不考虑其他类型的数据。

4.6.3 学习者模型表示

考虑最简单也最常见的情形：单个社交网络上的学习者建模。给定一个社交网络的图 G，试图用多种类型的未知属性描述学习者，如年龄等数值类型的属性，以及兴趣爱好等可以用关联度向量表示的属性。假设基于社交网络的学习者模型需要推测 n 项未知属性，可以用一个 n 维的向量统一表示这些属性，向量的每一维表示学习者模型中每一项属性。进一步地，学习者建模问题的目标就是构造函数：

$$f_G(u) : V \to R^n \tag{4.8}$$

式中，R^n 表示 n 维实向量空间。函数 $f_G(u)$ 是从给定学习者 u 到 n 维向量的映射，$f_G(u)$ 表示推测出的学习者 u 的各项属性的值。

4.6.4 谨慎度模型

谨慎度是学习者的一项隐藏属性，因此没有任何先验的标记可以参考。

图 $G=(V, E)$ 用来描述网易云课堂中的好友关系。顶点集合 V 对应于网易云课堂的所有学习者，如果学习者 u 与学习者 v 是好友关系，则有边 $(u, v) \in E$。给定网易云课堂的图 G，试图构造函数 $f(u)$ 表示学习者 u 的谨慎度。其中，学习者 u 的谨慎度是指学习者 u 在看到一个账号时，正确区分为正常账号还是"垃圾"账号的概率，这里仅考虑与学习者 u 自己有关。

谨慎度是学习者的一项隐藏属性，难以从公开的数据中直接观察，因此通过其他信息间接地推测谨慎度。当学习者 u 看到一个新账号 v 时，学习者 u 会经过下面的过程决定是否要加 v 为好友。首先学习者 u 判断 v 是否"垃圾"账号。如果是"垃圾"账号则不加；如果是正常账号，则有可能加为好友。学习者 u 并不会加所有他认为正常的账号，最终决定与多方面因素有关，如接近度[234]、同质性[235]和结构均衡[236]等。在学习者 u 认为账号 v 正常的前提下，定义 $r(u, v)$ 是学习者 u 最终加 v 为好友的条件概率。综合以上过程，已知账号 v 是否为"垃圾"账号，学习者 u 最终加 v 为好友的概率为

$$P((u,v) \in E \mid Y_v = 0) = f(u)r(u,v)$$
$$P((u,v) \in E \mid Y_v = 1) = (1-f(u))r(u,v) \qquad (4.9)$$

式中，随机变量 Y_v 表示账号 v 的状态，若 v 是"垃圾"账号，则 $Y_v = 1$，反之 $Y_v = 0$。

描述三种典型的学习者如下：①谨慎的学习者，只会加正常账号为好友，因此 $f(u) = 1$；②随意的学习者，对正常账号和"垃圾"账号没有辨别能力，因此 $f(u) = 1/2$；③恶意的学习者，总加那些"垃圾"账号为好友，因此 $f(u) = 0$。

模型中 $r(u, v)$ 的计算其实就是链路预测问题，其中，链路预测问题是指社交网络在某个时间点的快照，预测给定的学习者是否会与另一个学习者建立社交关系[236]，在线教育网络中的链路预测是指目标学习者在未来是否会加另一个学习者为好友。如何计算 $r(u, v)$ 使模型更加准确是一个较为复杂的问题。因此，可以通过以下推导避开 $r(u, v)$ 的计算。应用贝叶斯规则可得 v 是"垃圾"账号的条件概率为

$$P(Y_v = 1 \mid (u, v) \in E) = \frac{P((u, v) \in E \mid Y_v = 1)P(Y_v = 1)}{\sum_{y \in (0,1)} P((u, v) \in E \mid Y_v = y)P(Y_v = y)}$$
$$= \frac{(1-f(u))P(Y_v = 1)}{f(u)(Y_v = 0) + (1-f(u))P(Y_v = 1)} \qquad (4.10)$$

式（4.10）表明，学习者 u 的谨慎度只依赖于其所加好友是否为"垃圾"账号，与 $r(u, v)$ 无关。

第 5 章　学习资源推荐方法

随着在线教育不断发展，学习资源呈现出海量、异质、分布等特点。这些学习资源极大地丰富了在线学习的内涵，为学习者提供了更多的选择。然而在实际应用中，一些学习者在学习过程中往往由于感到枯燥而中途放弃。据统计，慕课在线课程的平均完成率只有 15%；作为课程最丰富的 Coursera 在线学习平台，其学习者课程完成率不到 10%，最高完成率不过 40%。如何根据学习者的兴趣偏好从海量的学习资源中找到满足学习者需求的学习资源，进而推荐给学习者，已经成为一个亟待解决的问题。

在理论研究方面，学习资源推荐技术的研究不断增长，受到国内外研究人员的广泛关注。然而，传统的学习资源推荐技术存在一些挑战，如评分数据的稀疏性、新学习者冷启动性、推荐的实时性及算法的可扩展性等。这些问题严重影响了推荐系统的性能，并成为国内外研究人员的研究热点。

在应用研究方面，随着在线教育的快速发展，个性化推荐技术具有实践方面的需求。大数据时代的到来改变了学习者的学习方式，越来越多的学习者可以从网上获取其所需要的学习资源，然而海量的学习资源使学习者很难在短时间内找到自己感兴趣的学习资源，从而使学习者对个性化服务产生了迫切的需求。

基于上述分析，本章对学习资源推荐方法进行了深入的探索和研究。5.1 节回顾了学习资源推荐方法的研究进展；5.2 节对基于兴趣图谱的学习资源推荐方法展开研究；5.3 节对基于二部图的学习资源混合推荐方法展开研究；5.4 节对基于本体的学习资源推荐方法进行研究。

5.1　学习资源推荐方法研究进展

5.1.1　文献计量学分析

随着网络的快速发展，网上的学习资源越来越多。为了解决"学习资源过载"和"学习资源迷航"等问题，学习资源推荐技术应运而生。学习资源推荐是指通过数据挖掘，分析学习者的个性特征，发现学习者的个性需求，自动地向学习者推荐其感兴趣的学习资源,使学习者更加便捷地获取其需要的学习资源,从而提高学习者的学习效率[237]。

文献计量学在1969年由英国著名情报学家阿伦·普理查德首次提出,这一术语的产生标志着文献计量正式形成一门科学。文献计量学是集数学、统计学为一体,注重量化的综合知识体系。文献计量学的应用主要体现在通过对文献特征信息的分析,预测学科的发展趋势等[238]。文献计量学是现代学科定量化发展趋势的集中体现。20世纪80年代,我国开始出现文献计量学的研究,经过几十年的不断发展,我国文献计量学的研究范围不断扩大,研究内容涉及理论方法和应用实践等方面[239]。

近几年,我国教育领域的个性化推荐技术日趋完善,而文献发表情况最能反映该领域的研究动态和成熟度。试图从文献计量学角度分析学习资源推荐方法的研究现状及发展趋势。研究主要从文献的年发文量及作者间的关系、高频引用文献和研究热点、研究领域和所属机构等方面分析学习资源推荐方法的研究现状及发展趋势,以期为学术界研究学习资源推荐方法提供重要的参考。

1. 数据来源

以中国知网(CNKI)为数据来源,检索时间范围是2007年1月1日至2016年12月31日,检索方式为(主题="学习",主题="资源"AND主题="推荐"),检索近十年来学习资源推荐方法研究相关的文献,共得到1005篇文献,除去通知、要目、指南,得到有效文献727篇,转换CNKI数据库下载格式并以.xls的形式保存,以便在Gephi软件中处理。文献资源类型包括期刊、硕士学位论文、博士学位论文。

2. 分析工具

采用的可视化软件是Gephi,它是一款开源免费跨平台基于JVM的复杂网络分析软件,可以用于探索性数据分析、链接分析、社交网络分析及生物网络分析等。另外,还利用Excel工具对2007~2016年学习资源推荐方法文献进行统计,然后从文献计量学角度作出详细的分析。

3. 数据分析

以728篇学习资源推荐方法文献为研究对象,分别从文献每年发文量及所占比例、作者分析、高频引用文献分析、研究热点分布、研究领域分布和机构分布六个方面,对学习资源推荐方法的发展历程、研究现状、发展趋势等方面进行梳理和展开分析。

(1) 文献每年发文量及所占比例

某领域期刊文献在时间上的分布一定程度上反映了该领域学术研究的理论水平和发展速度。学习资源推荐方法相关研究的文献每年发文量及所占比例如图5.1所示,其中柱状图表示每年发文量,折线图表示文献在近十年中的比例。

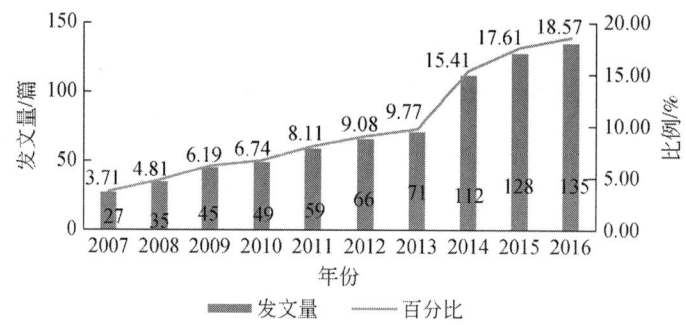

图 5.1 2007～2016年学习资源推荐方法相关研究的文献每年发文量及所占比例

由图5.1可以看出：第一,2007～2016年,研究者对学习资源推荐方法的研究一直处于增长态势；第二,学术界对学习资源推荐方法的研究在2007～2013处于平稳上升趋势,2013年以后,随着互联网的快速发展,海量的学习资源使学习者面临"学习资源过载""学习资源迷航"等问题。因此,与2013年相比,2014年学习资源推荐方法的研究呈爆炸式的增长,进一步查阅资料发现,2013年4G网络商用后,在线教育得到快速发展,网上的学习资源激增,传统的搜索引擎已经不能满足部分学习者的需求,而"学习资源推荐"是提高学习者学习效率的重要途径。因此,教育领域出现了对学习资源推荐方法的研究热点。

(2) 作者分析

作者的发文情况可以从侧面反映作者在某一研究领域的成熟度。从作者发文量和作者间的合作两个方面衡量作者对该学科的把握程度。

作者发文量：作者发文量的分析在一定程度上衡量该领域作者研究能力的强弱。根据洛特卡定律,某一学科中,撰写 x 篇论文的作者数 y_x 与其所撰写的论文数 x 间存在下述反比关系：$y_x = c/x^n$,其中 c 约等于0.6,即发文量仅1篇的低产作者在作者总数中所占比例应为60%左右。

第一作者发文量分布如表5.1所示。

表 5.1 第一作者发文量分布

发文量/篇	作者人数/人	占作者总数/%
1	631	93.90

续表

发文量/篇	作者人数/人	占作者总数/%
2	34	5.06
3	2	0.30
4	3	0.44
5	1	0.15
6	1	0.15
合计	672	100

由表5.1可以看出，在728篇有效文献中，共涉及672位第一作者，其中发文量仅1篇的低产作者为631位，占93.90%，高出洛特卡定律参数34%左右，而且发文量多于1篇的作者中又有相当大一部分作者的发文量仅有2篇。进一步表明，研究者在该领域还没有形成一个比较成熟的作者队伍。

作者间的合作：文献的合作现象能够反映研究者的团队情况以及合作的研究特点。研究者的合著率越高，说明作者研究的深度和广度越好，也就说明该学科的整体发展水平越高。利用Gephi作图软件，将发表文献数≥2的作者间的网络关系直观地展现出来，其中连线的粗细表示作者间合作的频次。研究者间的合作大部分仅有一次左右，较为稀疏。由此得知，该领域的研究者合作能力不容乐观，其广度和深度有待拓宽，进一步说明该学科的发展水平较低。此外，合作最为密切的作者是来自东北师范大学的姜强以及来自东北师范大学的赵蔚，进一步查证，该校是教育部的重点研究基地。

(3) 高频引用文献分析

文献的权威性和知名度都反映在引文中，被引次数较多的文献都是一些经典的、有代表性的研究。文献被引用频次的高低，在一定程度上是衡量其社会影响力的重要指标之一[240]。表5.2列举了2007~2016年的727篇文献中被引次数排名前十的文献标题、作者、机构、被引次数及发表年份等具体信息。

表5.2 2007~2016年被引次数最多的前10篇文献

编号	文献标题	作者	机构	被引次数	发表年份
1	《基于关联主义的大规模网络开放课程（MOOC）及其学习支持》	樊文强	北京航空航天大学高等教育研究所	499	2012
2	《大规模在线开放课程的新发展与应用：从cMOOC到xMOOC》	王萍	上海大学计算中心	421	2013
3	《推荐系统的协同过滤算法与应用研究》	郭艳红	大连理工大学	155	2008
4	《个性化推荐技术中的协同过滤算法研究》	夏培勇	中国海洋大学	131	2011

续表

编号	文献标题	作者	机构	被引次数	发表年份
5	《基于大数据的个性化自适应在线学习分析模型及实现》	姜强等	东北师范大学	122	2015
6	《推荐系统关键技术研究》	任磊	华东师范大学	122	2012
7	《基于协同过滤技术的学习资源个性化推荐研究》	王永固等	浙江工业大学教育科学与技术学院	65	2011
8	《协同过滤推荐系统关键问题研究》	孔维梁	华中师范大学	64	2013
9	《基于Felder-Silverman量表用户学习风格模型的修正研究》	姜强等	东北师范大学	56	2010
10	《泛在学习的内容个性化推荐模型设计——以"学习元"平台为例》	陈敏等	北京师范大学现代教育技术研究所	53	2011

由表 5.2 可以看出，第一，该研究从 2008 年开始持续受到研究者的关注与研究，进一步说明我国对教育领域的推荐方法研究正在不断完善。其中，《基于关联主义的大规模网络开放课程（MOOC）及其学习支持》文献被引次数最多，2012～2016 年被引 499 次，比被引数排第二的文献高出 70 多次，可以看出，近年来，大部分研究者针对网络开放课程进行研究，研究成果呈现出增长态势。此外，该作者的机构是北京航空航天大学高等教育研究所，是一所比较权威的研究机构，说明我国的教育研究者一直在完善该学科的研究。第二，协同过滤推荐方法在教育领域得到研究者的多次引用，说明该技术已经相当成熟。研究人员在协同过滤推荐技术的基础上，针对冷启动和稀疏性提出一些改进，并取得了很好的效果。

图 5.2 显示了频繁被引的前 50 篇文献中作者间的关系。

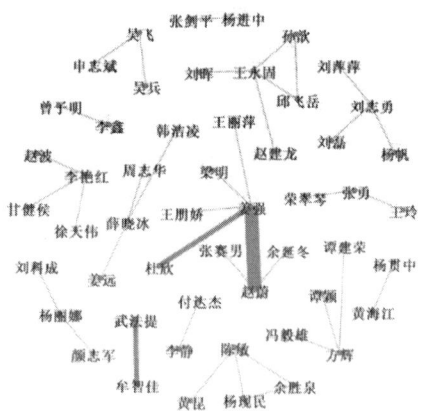

图 5.2　频繁被引的前 50 篇文献中作者间的关系

由图 5.2 可以看出，被引次数较多的作者间的合作比较稀疏，说明其研究的广度比较小，也说明该学科的发展水平有待提高。其中，姜强与赵蔚之间的合作最为密切。经进一步查阅文献，赵蔚发表的学习资源推荐文献频繁被广大研究人员引用[241-247]。

表 5.3 给出了频繁被引的前 50 篇文献的发文量≥2 的研究机构。

表 5.3　文献数≥2 的机构

编号	机构	文献数
1	东北师范大学	7
2	北京师范大学	4
3	辽宁师范大学	3
4	浙江大学	3
5	大连理工大学	2
6	吉林大学	2
7	华中师范大学	2
8	浙江工业大学	2
9	南京大学	2
10	云南师范大学	2

由表 5.3 可以看出，发文量较多的研究机构在该领域具有权威性，都是该领域的重点研究机构。

（4）研究热点分布

关键词是一篇文献内容的浓缩与提炼，在一定程度上可以表示文献的核心思想[248,249]。关键词中的高频词往往可以很好地反映出某一研究领域的关注热点[250]。因此，通过对关键词，尤其是高频关键词的分析来揭示我国学术界对学习资源推荐方法的研究热点及趋势。

关键词预处理：为保证关键词的有效性，首先对关键词进行筛选和整理。第一步，去掉"推荐""推荐系统"等词。这些词是研究的依据之一，无统计意义，因此予以删除；第二步，对同义词或近义词进行合并，如"e-learning""在线教育""在线学习"等统一表示为"在线教育"。

高频关键词统计分析：随着互联网的快速发展，网上学习资源不断涌现。为了更好地了解和分析学习资源推荐方法的研究现状与热点，在 2007~2016 年发表的 727 篇文献中共出现了 1678 个不同的关键词。对频次≥10 的关键词进行分析，文献中频次≥10 的关键词如表 5.4 所示。

表 5.4　频次 ≥10 的关键词统计

关键词	频次	关键词	频次
个性化推荐	290	学习资源	69
在线教育	122	泛在学习	35
协同过滤	120	标签	32
兴趣模型	77	混合推荐	15
数据挖掘	140	情境感知	14
本体	74		

由表 5.4 可以看出，第一，个性化推荐（频次 290）一直受到研究者的关注；第二，在线教育（频次 122）是学习资源推荐方法主要的应用平台，满足了互联网时代学习的需求；第三，协同过滤（频次 120）最早由王永固于 2011 年将电子商务领域的推荐技术引入到学习资源推荐中，目前，协同过滤是学习资源推荐方法中使用最广泛、应用较成熟的推荐技术；第四，随着互联网的快速发展，兴趣模型方法受到学术界的广泛关注。

（5）研究领域分布

2007～2016 年，728 篇有效文献涵盖了 16 个研究领域，呈现出跨领域研究的特点。图 5.3 给出了 728 篇学习资源推荐方法相关文献的排名前 10 的研究领域。

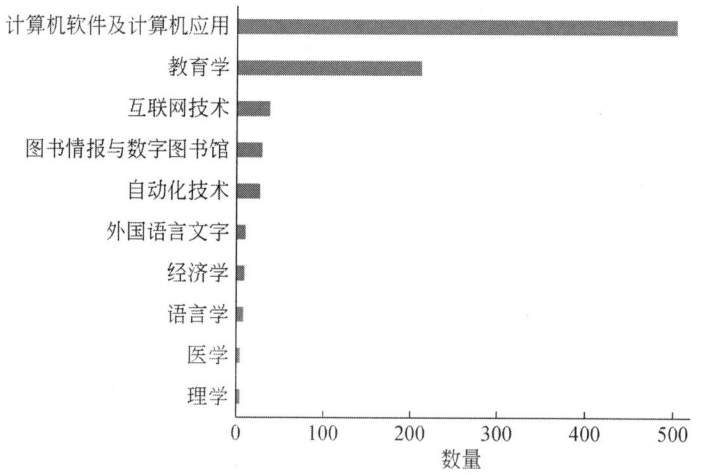

图 5.3　文献发表排名前 10 的研究领域

由图 5.3 可以看出，学习资源推荐方法的研究涉及多个领域，如计算机软件及计算机应用、教育学、互联网技术、图书情报与数字图书馆、自动化技术、外国语言文字、经济学、语言学、医学、理学以及其他领域。其中，主要研究领域是计算机软件及计算机应用（530 篇，59.18%）和教育学（307 篇，24.94%），上述两个领域的研究成果占成果总数的 80% 以上，是研究学习资源推荐方法的核心领域。

（6）机构分布

表 5.5 给出了发文量排名前 10 的机构、二级机构及发文量的具体情况。

表 5.5 发文量排名前 10 的机构、二级机构及发文量的具体情况

机构	二级机构	发文量
华中师范大学	国家数字化学习工程技术研究中心；教育信息技术学院	35
东北师范大学	传媒科学学院；信息科学与工程学院	32
电子科技大学	成都学院；计算机科学与工程学院	22
吉林大学	计算机科学与技术学院；教育技术中心	18
陕西师范大学	计算机科学学院；现代教学技术教育部重点实验室	15
北京邮电大学	网络教育学院	15
华东师范大学	教育信息技术学系	15
上海交通大学	计算科学与工程系；现代远程教育研究中心	15
山东师范大学	信息科学与工程学院	14
浙江工业大学	教育科学与技术学院	14

由表 5.5 可以看出，发文量较多的机构都是重点研究机构，在该领域的影响较大。其中，华中师范大学发文量最多。此外，以东北师范大学、电子科技大学、吉林大学、陕西师范大学、北京邮电大学、华东师范大学、上海交通大学、山东师范大学、浙江工业大学为代表的高校也有较高的发文量。从二级机构看，主要集中在各高校的计算机科学、教育技术学院为主的院系，还有从事教育信息化技术研究和科研成果转化的国家数字化学习工程技术研究中心。

4. 分析与总结

以 CNKI 数据库 2007～2016 年发表的学习资源推荐文献为研究对象，运用文献计量法，从文献每年发文量及所占比例、作者分析、高频引用文献分析、研究热点分布、研究领域分布和机构分布等方面分析学习资源推荐方法的研究现状及发展趋势。研究结果表明：① 从文献每年发文量及所占比例来看，学习资源推荐方法的研究在 2007～2016 年一直处于增长态势。特别是 2013 年以后，研究者对学习资源推荐方法的研究明显增多；② 从作者分析来看，姜强、赵蔚等研究者的发文量名列前茅；③ 从高频引用文献分析来看，学习资源推荐方法在网络

教育研究中更加突出,其中,协同过滤推荐受到广泛关注;④ 从研究热点分布来看,学习资源推荐方法的研究主要针对数据挖掘、协同过滤、泛在学习等方面进行研究;⑤ 从研究领域分布来看,学习资源推荐方法在计算机软件及计算机应用及教育学领域应用最广;⑥ 从机构分布来看,学习资源推荐方法的研究机构分布在中东部地区。

5.1.2 研究现状

随着在线教育的普及,学习资源推荐方法受到广泛关注。目前,学习资源推荐方法没有统一的分类标准,但受到大家公认的推荐方法包括基于内容的学习资源推荐、基于协同过滤的学习资源推荐、混合推荐。

(1) 基于内容的学习资源推荐

当前主流的基于内容的学习资源推荐方法有:廖黎莉等[251]基于学习者不同的学习情境,提出一种个性化的推荐系统,使得学习者可以根据自己当时的环境获取优质的学习资源;马佳佳等[252]基于学习者的不同学习阶段和不同情境,提出一种面向学习过程的个性化学习资源推荐系统;赵学孔和岑磊[253]在对学习者与知识领域建模的基础上,综合关联规则技术与重组学习资源的技术,设计了个性化的学习路径推荐系统;杨丽娜等[254]利用信息过载处理思想,提出个性化的学习资源推荐系统,为解决不同背景和不同偏好学习者的个性化资源需求;赵蔚等[242]首先利用本体技术创建学习者知识和知识资源,然后利用知识推荐技术实现 e-learning 环境下的个性化知识推荐;黄志芳等[255]针对当前适应性学习路径推荐面临的适应性不足的问题,综合利用本体技术和情境感知技术,提出基于情境感知的适应性学习路径推荐系统;姜强等[246]以本体技术为核心,以用户模型为依据,提出个性化本体学习资源推荐系统;陈敏和余胜泉[256]从学习过程情境出发,综合资源推荐和学习过程对推荐系统进行重新设计,以期满足学习者对教育资源的个性化需要。基于内容的学习资源推荐方法是学术界最早提出的一种推荐方法,它是通过学习者的特征向量同学习资源向量的匹配程度向学习者推荐学习资源,不易发现学习者的新兴趣。

(2) 基于协同过滤的学习资源推荐

1992 年,Goldberg 等[99]首次提出协同过滤技术。2011 年,王永固等[257]发现电商中的商品条目与学习资源条目具有某些相似属性,因此将协同过滤推荐技术从电子商务领域引入到教育领域,并且得到很好的发展。协同过滤技术通过学习者-资源评分矩阵的形式表示,计算目标学习者具有相同或相似学习兴趣的学习者,然后将学习资源推荐给目标学习者。当前主流的基于协同过滤的学习资料推荐方法有：孙歆等[258]通过分析学习者学习行为及学习资源的特点，利用协同过滤技术，提出基于协同过滤技术的在线学习资源个性化推荐系统；赵学孔等[259]针对e-learning学习环境"适应性不足"的问题，利用邻近区用户群（邻居用户）相似性规则，提出一种Web环境下个性化学习路径生成的协同推荐方法；丁永刚等[193]针对协同过滤算法冷启动和稀疏性的问题，通过将学习者社交网络信息与协同过滤算法相融合的方法，实现对新学习者的个性化学习资源推荐；李宁等[260]通过引入社会化标签，对学习者-学习资源的评分矩阵进行填充，提出了一种个性化的学习资源推荐系统，有效解决了协同过滤算法的稀疏性问题；刘小雪[261]提出一种基于协同过滤的自适应推荐系统，其中离线模块建立学习者学习模型，在线模块实时发现学习者目标，该研究为Web使用挖掘在e-learning中的应用开拓了思路；徐天伟等[262]针对高校选课系统中存在的缺乏个性化课程推荐、选课效率不高等问题，提出基于项目、用户及属性值矩阵的协同过滤算法。

（3）混合推荐

混合推荐方法将上述两种推荐方法相结合。牟智佳和武法提[263]为了适应不同条件下的需求，在建立基于电子书包学习系统的学习者模型基础上，设计了混合式推荐系统；王剑和陈涛[264]基于学习者不同的学习能力，将协作学习和推荐系统相结合，给学习者推荐更加个性化的资源；吴正洋等[265]将本体论技术与过滤推荐相结合，提出一种基于本体的学习推荐系统；李保强和吴笛[266]利用知识本体表达、机器学习和数据挖掘等技术，提出基于知识关联的学习资源混合协同过滤推荐系统。基于内容的学习资源推荐根据学习资源向量的匹配程度向学习者推荐相关的学习资源，因此只能推荐相似的学习资源，无法推荐优质的学习资源；基于协同过滤的学习资源推荐存在冷启动和稀疏性问题。为了解决上述推荐方法面临的问题，研究人员提出混合推荐方法。

总体来看，现有的学习资源推荐方法在很大程度上满足了学习者的个性化需求，提高了信息服务质量，然而个性化推荐效率仍然不高，其主要原因有：一是学习者兴趣表达不准确；二是海量的学习资源导致传统的建模方法失效，进而导致推荐效率下降。因此，如何利用最新的兴趣表达工具及大数据处理技术来构建更高效的个性化学习资源推荐是国内外研究人员今后研究的热点和努力的方向。

5.2 基于兴趣图谱的学习资源推荐方法

随着在线教育的发展及学习资源日益增多，人们在学习时常常面临"信息过载"和"信息迷失"问题。个性化推荐技术是解决上述问题的有效方案。目前,个性化推荐技术的研究不断深入,一些重要的研究成果逐渐在实际应用中取得成效,但仍面临兴趣表达不充分、推荐效率不高等问题。鉴于此,综合利用兴趣图谱、本体理论、云计算和信息推荐等技术对学习者建模与个性化推荐方法展开研究[267]。在深入分析用户行为数据的基础上,利用兴趣图谱对学习者进行建模,研究兴趣图谱的生成、演化与反馈方法,建立云环境下的个性化推荐系统。着重攻克两大技术难题:如何对学习者兴趣进行准确刻画及如何实现高效地学习资源推荐。所解决的问题对于提高在线教育服务水平具有现实意义,相关理论研究成果对于解决个性化学习相关问题提供重要参考。

5.2.1 方法描述

学习者建模及学习资源推荐的思路是:学习资源包括在线课程、音频、视频、图像、电子文献等,将各种学习资源按照与之相关的课程进行分类,通过对学习者在线学习行为数据的分析,挖掘出蕴含在课程背后的学习兴趣,从而为学习者推荐其感兴趣的课程和学习资源。

1. 数据来源

学习者行为数据来源于社交网站、社会化标签网站、关联数据云及谋刻网。谋刻网是山西省首家O2O(Online To Offline)教育平台,该平台上的学习者行为数据主要包括两类:显式数据和隐式数据。显式数据包括学习者的注册信息、兴趣标签、已选课程、学习者对推荐资源及讨论内容的评价;隐式数据包括搜索关键词、学习者浏览的内容及次数、页面停留时间、下载文件、拖动滚动条次数等。社交网站支持学习者的广泛交流,通过对大量社交数据的分析可以发现兴趣相同或相似的学习者,有利于形成学习圈并实现个性化推荐。社会化标签是Web2.0的典型应用之一,学习者可以利用标签对感兴趣的学习资源(如视频、图片、文本等)进行标注,这些标签数据反映了学习者的学习兴趣。关联数据云通过发布和链接网上的结构化数据使得各类数据相互关联,通过对关联数据的分析可以发现学习者与学习资源之间的关系。社交网站、社会化标签网站均提供应用程序接口(application programming interface,API),通过这些接口可以调用其功能,利用网络爬虫程序便可分别获取学习者的交互数据及感兴趣的课程数据;通过调用关联数据云提供的API并利用数据挖掘技术可以获取学习者与学习资源的关联数据。

2. 兴趣图谱的生成、演化与反馈方法

(1) 兴趣图谱

2010 年底,研究人员受到社交图谱启发提出兴趣图谱。兴趣图谱是在互联网环境下用户无意识形成的关系网络。兴趣图谱由用户和兴趣节点组成,是一种人与物之间相互关系的虚拟图。通过对用户的网络行为(如搜索、关注、评价等)及生产的内容(如贴吧、评论、博客等)进行分析可以得到用户兴趣,根据不同用户之间的社交关系形成基于兴趣的关系网络。从局部看,兴趣图谱是一个用户的兴趣集合;从整体看,兴趣图谱展现了不同用户之间的相互关系。

兴趣图谱的研究主要集中在用户信息的采集、用户行为分析、兴趣信息的挖掘、兴趣图谱的生成与更新等。近年来,基于兴趣图谱的社交工具和网络不断出现,并取得了较好的社会反响,但兴趣图谱的研究尚处于起步阶段,鲜有利用兴趣图谱表征用户兴趣的成果。

(2) 兴趣图谱生成与集成

兴趣图谱的优势在于能对多样化、复杂度高的用户兴趣进行精确刻画,因此,本研究利用兴趣图谱来表征学习者的兴趣。兴趣图谱由兴趣节点和学习者构成,表示学习者与课程之间关系的虚拟网络图,旨在从学习者行为数据中获取学习兴趣,将虚拟社交关系转化为兴趣关系网络。兴趣图谱生成与集成方法示意如图 5.4 所示,该图以天文领域本体为例。

生成学习者兴趣图谱的主要步骤如下。

第一步:生成与学习者兴趣相关的领域本体库。利用多源数据融合算法从学习者浏览过的学习资源中获取学习者感兴趣的概念,其中包括相似、相近的兴趣概念,利用最近邻算法实现兴趣领域本体的概念匹配,兴趣本体用 io 表示。

第二步:建立基于各网站的局部兴趣图谱。利用 K-means 聚类算法分别针对学习者在社交网站、社会化标签网站、关联数据云及谋刻网上留下的行为数据和浏览记录进行深入分析,以期发现学习者感兴趣的兴趣概念,兴趣概念用 ic 表示,利用最近邻算法将兴趣概念与领域本体中的概念进行映射,并将语义分析法应用于计算学习者对兴趣概念的感兴趣程度,感兴趣程度又称为兴趣权重,用 iw 表示。

第三步:整合各网站的兴趣概念、兴趣关系及其权重生成全局兴趣图谱 $\{IC, IR, IW\}$,其中,各网站兴趣概念集用 $IC = \{ic_1, ic_2, \cdots, ic_n\}$ 来表示,各网站的兴趣关系集用 $IR = \{ir_1, ir_2, \cdots, ir_n\}$ 来表示,与兴趣概念相关的兴趣权重用 $IW = \{iw_1, iw_2, \cdots, iw_n\}$ 来表示。

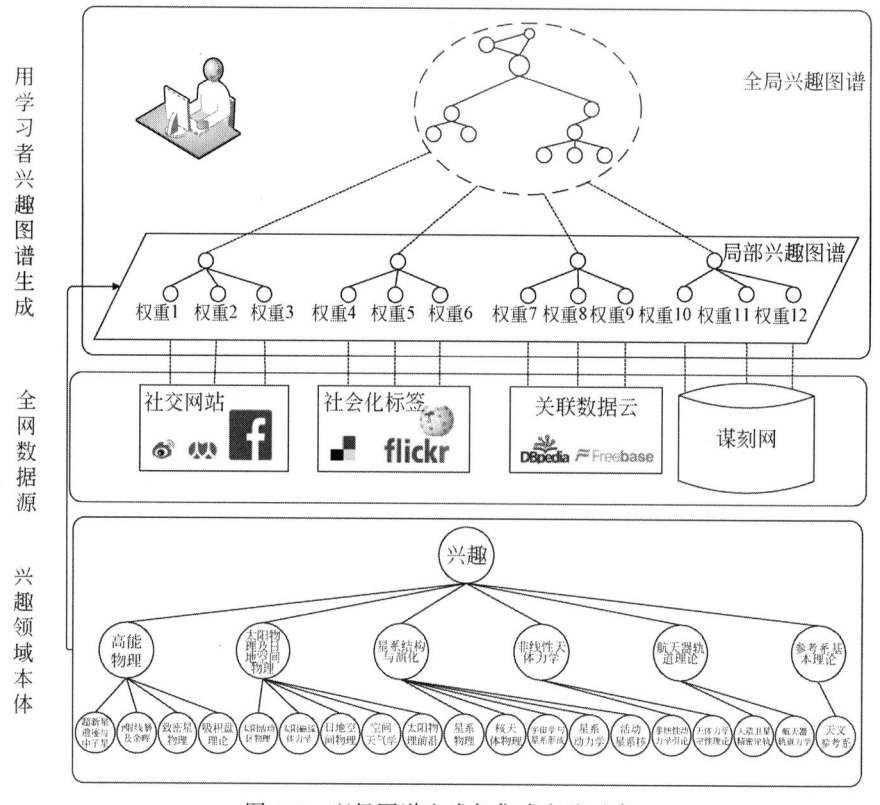

图 5.4 兴趣图谱生成与集成方法示意

3. 兴趣图谱动态演化与反馈机制

一般情况下,学习者的兴趣会随着时间的推移而发生变化。鉴于此,提出兴趣图谱动态演化与反馈机制,其主要步骤如下。

第一步:在学习者兴趣图谱的基础上,建立"学习者-兴趣"二部图,利用复杂网络链路预测算法向学习者推荐其感兴趣的新兴趣 ic^{new}。

第二步:学习者兴趣采纳过程通过定性模拟模型实现,学习者根据推荐的兴趣向系统提供反馈信息,系统则根据反馈机制更新兴趣图谱中的兴趣权重 iw。

第三步:建立"学习者-兴趣-课程类别"三部图,利用文本关键词提取算法获取学习者对推荐课程的反馈信息,为后续研究学习者对推荐资源的满意度奠定基础。

4. 推荐系统建模

基于兴趣图谱的学习资源推荐方法以兴趣图谱为依据,先推荐课程类别,再根据学习者的偏好推荐相应课程及学习资源。通过构建加权的"学习者–兴趣–课程类别"三部图，计算学习者语义相似度以生成学习者候选兴趣集，然后采用贝叶斯分类算法基于"兴趣–课程类别"的二维矩阵向学习者推荐课程类别，再从学习者偏好数据库取得学习者对该课程类别属性的偏好，并通过不同的推荐算法向学习者推荐符合其兴趣的学习资源。基于兴趣图谱的学习资源推荐系统结构如图 5.5 所示，各层功能简述如下。

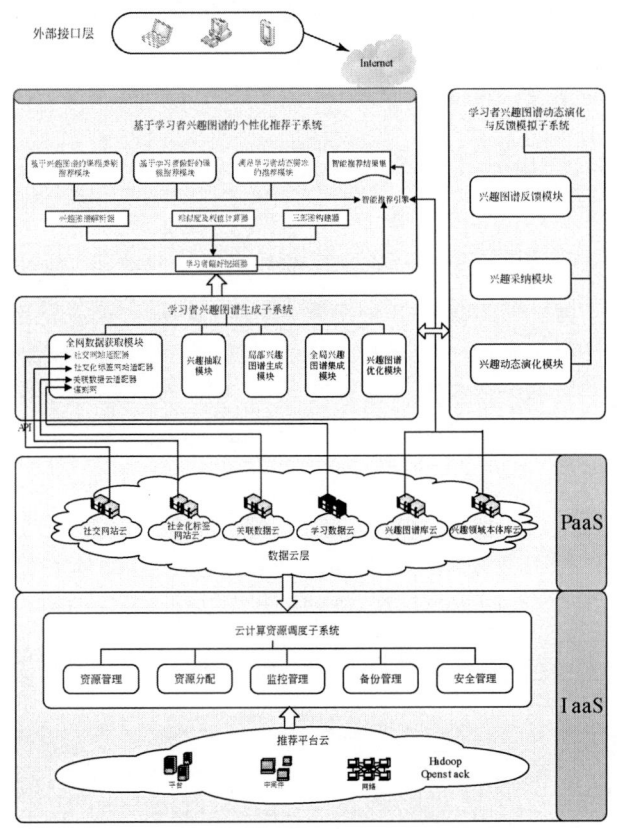

图 5.5　基于兴趣图谱的学习资源推荐系统结构

1）外部接口层。外部接口层的功能是实现学习者与推荐系统的交互；提供推荐系统管理的界面；提供与云资源调度子系统交互的接口。

2）基于学习者兴趣图谱的个性化推荐子系统。其中，兴趣图谱解析器通过对已建兴趣图谱库的分析，达到解析学习者兴趣图谱的目的；相似度及权值计算器利用余弦相似度计算学习者之间的相似性，利用语义分析法计算学习者、兴趣、课程的权重；三部图构建器的作用是建立"学习者–兴趣–课程类别"三部图；学习者偏好挖掘器的作用是挖掘学习者对课程类别属性的偏好，为相关课程及学习资源推荐提供基础数据。该子系统提供三种推荐方式，第一种是基于兴趣图谱的课程类别推荐方式；第二种是基于学习者偏好的课程推荐方式；第三种是满足学习者的推荐方式动态需求。

3）学习者兴趣图谱生成子系统。该子系统在对学习者行为数据采集和分析的基础上，形成局部兴趣图谱和全局兴趣图谱，并实现兴趣图谱的优化。该子系统利用社交网站、社会化标签网站、关联数据云、谋刻网等站点提供的 API 获取学习者行为数据，并利用 K-means 聚类算法抽取学习者感兴趣的信息，针对各网站生成局部兴趣图谱，并在此基础上，利用集成技术生成全局兴趣图谱。该子系统利用兴趣图谱来刻画学习者的学习兴趣。

4）学习者兴趣图谱动态演化与反馈模拟子系统。该子系统在引入遗忘机制的基础上，利用时间序列预测法和复杂网络链路预测法实现学习者兴趣动态演化；利用主成分分析法对学习者提供的反馈信息进行特征提取，利用文本向量表示模型将反馈信息进行向量化表示，并基于此建立兴趣图谱反馈机制；利用历史反馈信息建立定性模拟模型用以反映学习者对学习资源的采纳情况。

5）云计算资源调度子系统。该子系统实现资源的分布式管理。云平台由 IaaS（Infrastructure as a Service）层和 PaaS（Platform as a Service）层构成，其中 IaaS 提供计算基础设施服务，PaaS 提供定制化的中间件平台。建立 OpenStack 分布式混合云平台，并实现社交网站云、社会化标签网站云、关联数据云、学习行为云、兴趣图谱云和兴趣领域本体云等数据的存储，有力地支撑上层系统的应用。此外，Hadoop 作为分布式系统基础架构实现海量行为数据的并行处理。

5. 基于兴趣图谱的学习资源推荐系统的教学模式

在线学习的效率不仅取决于推荐系统的性能，也取决于教学模式的优劣。教学模式是指在一定教学思想指导下建立起来的教学活动结构框架和活动程序。在一个教学模式中，教师往往起着主导作用，教学活动是在教师的指导下完成的。在基于学习资源推荐系统的教学模式中，推荐系统充当了教师的角色，推荐系统根据学习者的兴趣偏好和学习进度，为其推荐匹配的学习资源，着重研究由推荐系统主导的教学模式。

基于兴趣图谱的学习资源推荐系统在应用中包括两个步骤。

第一步：学习者进入推荐系统，根据自身情况确立学习目标。

第二步：根据学习者定制的学习兴趣、注册信息及系统新发现的兴趣，为学习者提供相关的学习资源。

基于兴趣图谱的学习资源推荐系统主要依赖于两类分析模式：一类是显式分

析模式，该模式针对学习者预先设置的学习兴趣进行学习资源推荐；另一类是隐式分析模式，该模式对学习者在学习过程中的学习行为进行分析，在发现其学习兴趣的基础上推荐合适的学习资源。显式分析模式主要针对首次登录系统的学习者。系统无法通过学习行为对这类学习者进行兴趣分析，因而，只能利用其注册信息进行学习资源推荐。学习者提供的注册信息包括年龄、职业、专业、文化程度等，此外，还需提供其学习兴趣（即初始兴趣）。学习者登录系统后，首先根据实际情况设定学习目标，推荐系统结合学习者提供的学习兴趣及注册信息（如年龄、职业、文化程度等），在明确学习主题的基础上为学习者推荐其感兴趣的学习资源。上述显式分析模式有效地规避了推荐系统普遍存在的"冷启动"问题。隐式分析模式根据学习者的学习行为和学习记录来建立学习者兴趣模型，并基于此，实现相关学习资源的推荐。该模式主要包括学习者兴趣建模及学习资源推荐两部分。基于兴趣图谱的学习资源推荐系统利用兴趣图谱对学习者兴趣进行建模，该模型依赖于社交网站、社会化标签网站、关联数据云及谋刻网等平台上学习者的行为数据。学习者兴趣模型建成后，推荐系统根据学习者的兴趣偏好向其推荐学习资源。学习者根据推荐资源的满意度向系统进行反馈，学习者兴趣模型根据反馈信息进行兴趣调整，从而使学习者兴趣模型更加接近学习者的真实兴趣。学习者在完成学习后，可以选择进入谋刻网参与测试，系统对测试情况进行统计分析，帮助学习者发现学习过程中存在的问题，在一定程度上检验学习目标的完成情况。若未达到学习目标，系统将根据学习者的知识能力推荐相应的学习资源进一步学习，直至完成学习目标。

5.2.2 实验分析

实验以中北大学2014级物理学专业120名学生为研究对象，在谋刻网上借助基于兴趣图谱的学习资源推荐系统进行天体物理学课程的学习。采用问卷调查法进行实验结果评价。事先发放调查问卷120份，实际收回118份，收回率达到98.33%，实验结果如表5.6所示。

表5.6 问卷调查结果

编号	问题	等级		
		非常满意/赞同	基本满意/赞同	不满意/赞同
1	该系统界面友好，操作简捷，易于使用，交互性能好	95份（80.5%）	23份（19.5%）	0

续表

编号	问题	等级		
		非常满意/赞同	基本满意/赞同	不满意/赞同
2	利用兴趣图谱描述学习兴趣,有利于提高学习资源推荐效率,有助于个性化学习	87份(73.7%)	21份(17.8%)	10份(8.5%)
3	根据定制的学习兴趣推荐资源,也可以根据学习行为推荐资源,均能达到学习目标	92份(78.0%)	26份(22.0%)	0
4	提供个性化的学习资源,促进学习者个性的发展,提高学习的积极性	97份(82.2%)	18份(15.3%)	3份(2.5%)
5	基本满足学习需求,希望继续使用该系统学习	88份(74.6%)	22份(18.6%)	8份(6.8%)

在表 5.6 中,第 1 个问题是关于推荐系统界面可用性问题,反馈结果表明学习者对该系统的可用性较为满意,80%以上的学习者对其非常满意,没有不满意的学习者。第 2～第 5 个问题涉及推荐系统的性能问题。73.7%的学习者非常满意利用兴趣图谱描述学习者学习兴趣,有利于提高学习资源推荐效率,有助于个性化学习。78.0%的学习者满意该系统根据定制的学习兴趣推荐资源,也可以根据学习行为推荐资源,均能达到学习目标。82.2%的学习者满意该系统可以提供个性化的学习资源,促进学习者的个性发展,提高学习的积极性。此外,还有74.6%的学习者表示该系统基本满足学习需求,希望继续使用该系统学习。

上述实验表明,基于兴趣图谱的学习资源推荐系统受到了广大学习者的肯定,但仍有少数学习者对其不太满意,接下来笔者将进一步整理反馈结果,深入分析系统的不足,进一步完善系统功能,以期满足更多学习者个性化学习的要求。

5.3 基于二部图的学习资源混合推荐方法

协同过滤推荐方法是解决学习者在线学习过程所面临"资源过载"和"学习迷航"问题得有效方案。近年来,协同过滤推荐方法受到广泛关注,并在实际应用中取得了较为理想的效果。然而,协同过滤推荐方法推荐范围有限且忽视小众资源,无法满足部分学习者的个性化需求。鉴于此,将物理学中的热传导和物质扩散理论引入到推荐系统中,提出一种混合推荐模型——基于二部图的学习资源混合推荐方法[268]。该方法将基于热传导和基于物质扩散的推荐方法混合使用，通过引入一个可调参数，使两种方法在不同应用场景下发挥不同的作用。该方法为进一步研究个性化学习资源推荐方法提供了重要参考。

5.3.1 方法描述

物理学中的热传导和物质扩散理论告诉我们，当两个温度不同的物体接触时，热量将从温度高的物体流向温度低的物体，直至两者的温度相同，达到稳态。受热传导和物质扩散理论启发，可将其应用于推荐系统。学习资源被推荐的可能性用热量表示，热量越大，表明推荐的可能性越大，反之亦然。在推荐过程中，尽量平衡学习资源之间的热量，在一定程度上提高"低温"资源的热量，从而实现"小众"推荐的目的。

基于热传导的推荐方法和基于物质扩散的推荐方法中，学习者与学习资源之间的关系可用二部图表示。引入热传导和物质扩散理论后，每个学习资源的受欢迎程度可用热量表示，温度高的节点代表热门资源；温度低的节点代表冷门资源。热量从温度高的节点流向温度低的节点，在足够长的时间内，整个二部图中的所有节点温度达到一致。

1. 基于热传导的推荐方法

基于热传导的推荐方法最关键的是确定二部图中边的权重。边表示学习者对学习资源的信息行为，如评分、分享等，权重表示关注或使用的次数。通过热量在二部图中扩散，可以得到各节点的热量值，即该学习资源的受欢迎程度。

基于热传导的推荐方法只考虑学习者与学习资源之间的选择或被选择关系，不考虑两者的特征属性。假设学习者集合为 $U=\{u_1, u_2, \cdots, u_m\}$，学习资源集合为 $O=\{o_1, o_2, \cdots, o_n\}$，为学习者推荐的学习资源集合 $H=\{h_1, h_2, \cdots, h_p\}$，其中 m、n 和 p 分别表示学习者、学习资源及推荐资源的数量。若学习者 u_i 选择了学习资源 o_α，则两者之间建立一条边 $a_{i\alpha}$。

基于热传导的推荐方法的主要步骤如下。

第一步，初始化学习资源的热量。学习资源 o_β 的初始热量为 $f_\beta \geqslant 0$，根据学习者的度将学习资源的热量平均分配给与之相连的学习者 u_i。为学习者推荐的学习资源 h_i 计算公式如下：

$$h_i = \sum_{\beta=1}^{n} \frac{\alpha_{i\beta} f_\beta}{d_i} \tag{5.1}$$

式中，d_i 表示学习者 u_i 选择的学习资源数量，也就是二部图中学习者 u_i 的度。

第二步，在二部图中，学习者 u_i 根据自己的度将学习资源的热量平均分配给学习资源 o_α，学习资源 o_α 得到的热量 f'_α 计算公式如下：

$$f'_\alpha = \sum_{i=1}^{m} \frac{a_{i\alpha} h_i}{k_\alpha} \tag{5.2}$$

式中，k_α 表示选择学习资源 o_α 的学习者人数，也就是二部图中学习资源 o_α 的度。

第三步，学习资源 o_α 和 o_β 之间的转移热量 $w_{\alpha\beta}$ 可由式（5.3）计算得到：

$$w_{\alpha\beta} = \frac{1}{k_\alpha} \sum_{i=1}^{m} \frac{\alpha_{i\alpha} \alpha_{i\beta}}{d_i} \tag{5.3}$$

2. 基于物质扩散的推荐方法

与基于热传导的推荐方法相比，基于物质扩散的推荐方法首先根据学习资源的度将学习资源的热量平均分配给学习者，然后根据学习者的度将传导的热量平均分配给学习资源。主要步骤如下。

第一步，初始化学习资源的热量。学习资源 o_β 的初始热量为 $f_\beta \geq 0$，根据学习资源的度将学习资源的热量平均分配给与之相连的学习者 u_i。为学习者推荐的学习资源 h_i 计算公式如下：

$$h_i = \sum_{\beta=1}^{n} \frac{a_{i\beta} f_\beta}{k_\beta} \tag{5.4}$$

式中，k_β 为学习资源 o_β 的度。

第二步，在二部图中，学习者 u_i 根据自己的度将其所得的热量平均分配给学习资源 o_α，学习资源 o_α 得到的热量 f'_α 计算公式如下：

$$f'_\alpha = \sum_{i=1}^{m} \frac{a_{i\alpha} h_i}{d_i} \tag{5.5}$$

第三步，学习资源 o_α 和 o_β 之间的转移热量 $w_{\alpha\beta}$ 可由式（5.6）计算得到：

$$w_{\alpha\beta} = \frac{1}{k_\beta} \sum_{i=1}^{m} \frac{\alpha_{i\alpha} \alpha_{i\beta}}{d_i} \tag{5.6}$$

3. 混合推荐策略

基于热传导的推荐方法中，小众的学习资源不断获得热量，其受欢迎程度持续上升，致使基于热传导的推荐方法容易推荐出新奇的、小众的学习资源，因而，其推荐的多样性较好。基于物质扩散的推荐方法中，学习资源的热量始终保持不变，经过足够长时间的热量传递，系统的稳态结果与节点度值成正比，因此，容易推荐热门的学习资源，其推荐的精确性较好。

综上所述，两类推荐方法各有所长，如何将两者的优势充分发挥是值得思考的一大问题。在上述两类推荐方法的基础上提出混合推荐策略，其既可以为大多数学习者推荐热门的学习资源，也能为部分学习者提供小众的学习资源，既提高了推荐的准确性，也提高了推荐的新颖性和多样性。

一个合理的做法是将基于热传导的推荐方法和基于物质扩散的推荐方法混合使用，通过引入一个可调参数，使得两种方法在不同应用场景下发挥不同的作用。

假设可调参数 $\lambda \in [0, 1]$，混合推荐方法为

$$W_{\alpha\beta} = \frac{1}{k_\alpha^{1-\lambda} k_\beta^\lambda} \sum_{i=1}^{m} \frac{\alpha_{i\alpha}\alpha_{i\beta}}{d_i} \tag{5.7}$$

特别地，当 $\lambda = 0$ 时，混合推荐方法简化为基于热传导的推荐方法；当 $\lambda = 1$ 时，混合推荐方法则为基于物质扩散的推荐方法。该混合方法在一定程度控制了热门学习资源的推荐，也有效增强了小众资源的推荐；与此同时，该方法突出了学习者之间的差异性，兼顾了推荐的新颖性和多样性，从而较好地满足了学习者个性化学习的需求。

4. 推荐系统模型

基于二部图的学习资源混合推荐模型由四个模块组成：数据采集与预处理子模块、学习者行为建模子模块、学习资源推荐子模块及推荐结果存储与呈现子模块。该推荐模型的系统架构如图 5.6 所示。

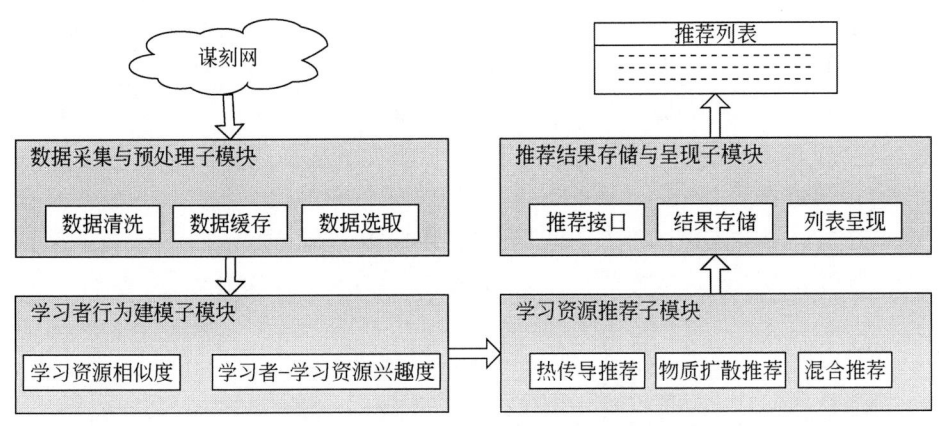

图5.6 基于二部图的学习资源混合推荐模型架构

各模块主要功能如下。

1）数据采集与预处理子模块。该模块主要包括数据采集和数据预处理两大功能。该模块从谋刻网采集两类数据，一类是学习资源数据，另一类是学习者行

为数据。通过该网站提供的 API 获取学习资源数据；通过网络日志获取学习者访问网站的信息，利用网络爬虫程序实现学习者与该网站的交互信息。此外，从谋刻网采集到的数据存在部分脏数据，且这些数据格式不一，不利于后续处理，因此，有必要进行数据清洗、数据标准化。

2）学习者行为建模子模块。该模块包括两大功能，一个功能是对学习资源的相似度进行计算，计算方法是最近邻算法；另一个功能是根据学习者与学习资源的之间关系，一方面计算学习者-学习资源兴趣度，另一方面构建"学习者-学习资源"二部图，为后续模块进行学习资源推荐奠定基础。

3）学习资源推荐子模块。该模块包括基于热传导的推荐方法、基于物质扩散的推荐方法及基于热传导和物质扩散的混合推荐方法。在不同应用中，可以根据实际需要选择适合的推荐方法。

4）推荐结果存储与呈现子模块。推荐系统根据学习者的兴趣产生学习资源的推荐列表。推荐列表存储于 SQL Server 数据库中。为了方便学习者快速找到所需的学习资源，采用 Top-N 算法为学习者组织推荐列表。最后通过推荐接口将推荐结果返回给学习者。

5. 推荐结果评价指标

学习资源推荐系统的最终目标是满足学习者个性化学习的需要。学习者对推荐结果的满意程度是衡量推荐系统好坏的关键。然而，学习者的满意度评价具有很大的主观性，是否满意，在多大程度上满意，都很难进行定量度量。因此，研究人员提出若干定量评价指标，如精确率、召回率、覆盖率、F 值、均方根误差（root mean squared error，RMSE）、平均绝对误差（mean absolute error，MAE）等。根据基于二部图混合推荐系统的特点，给出如下评价指标。

(1) 准确性

推荐系统为学习者 u_l 推荐了其未选择的学习资源 o_i，其学习者选择的学习资源在推荐资源列表中的位置是 p，可以利用式（5.8）得到其排序度：

$$\text{rs}_{li} = \frac{p}{n-d_i} \tag{5.8}$$

将推荐系统为学习者推荐其未选择学习资源的 rs 值求平均，可以得到推荐系统的准确性度量。rs 值越小，表明推荐系统的准确性越高。

(2) 新颖性

新颖性是指推荐系统向学习者推荐其感兴趣且小众的、新颖的学习资源的能力，新颖性与流行度的含义正好相反。学习资源被学习者选择的次数越多，表明该学习资源受到越多的关注，其流行度越好。假设学习者 u_l 选择学习资源 o_i 的

概率为 k_α/m，则该学习资源的流行度可由式（5.9）来表示：
$$I_\alpha = \log_2((k_\alpha/m)+1) \tag{5.9}$$

将所有学习者的 I_α 值求平均，可以得到推荐系统的新颖性度量。I_α 值越小，表明推荐系统的新颖性越高。

(3) 多样性

多样性是指推荐系统为学习者推荐学习资源的类别数，可以利用式（5.10）计算推荐系统的多样性：

$$\text{InterD} = \frac{2}{m(m-1)} \sum_{l_1 \neq l_2} \left(1 - \frac{|O_R^{l_1} \cap O_R^{l_2}|}{L}\right) \tag{5.10}$$

式中，m 表示学习者的人数；$O_R^{l_1}$、$O_R^{l_2}$ 分别表示推荐系统为学习者 u_{l_1} 和 u_{l_2} 推荐的学习资源集合；L 表示推荐列表的长度。

将所有学习者的 InterD 值求平均，可以得到推荐系统的多样性度量。InterD 值越大，表示推荐系统的多样性越好。

(4) 综合性

单一评价指标无法体现推荐系统的整体性能，因此提出一种综合的评价方法。首先利用倒数法将准确性评价数据、新颖性评价数据进行正向化和归一化处理；多样性评价数据满足正向化和归一化特点，因此，无需进行上述处理。然后利用模糊 Borda 法得到综合评价指标 f。f 值越大，表示推荐系统的综合性能越好。

5.3.2 实验分析

通过在真实数据集上与协同过滤推荐算法、基于物质扩散的推荐算法及基于热传导的推荐算法比较，从准确性、新颖性、多样性和综合性等方面来验证基于二部图的混合推荐算法的有效性。实验中，协同过滤推荐算法利用皮尔逊（Pearson）相关系数来计算学习者的相似度。

实验以谋刻网 943 名学习者、1682 个学习资源为研究对象。学习者往往接受推荐列表中排名靠前的学习资源，因此本实验对推荐列表排名前 20 的学习资源进行分析与评价。推荐列表长度与推荐结果的准确性、新颖性、多样性和综合性的关系如图 5.7 ~ 图 5.10 所示。

在图 5.7 中，横坐标表示推荐列表长度，纵坐标表示平均排序度。由图 5.7 可以看出，随着推荐列表长度的增加，平均排序度增大，准确度下降。基于物质扩散的推荐算法在准确度上的表现要优于其他推荐算法。由此可知，基于物质扩散的推荐算法擅长向学习者推荐大众喜欢的学习资源。值得关注的是，与基于热传导的推荐算法及协同过滤推荐算法相比，基于二部图的混合推荐算法提供更为准确的推荐服务。

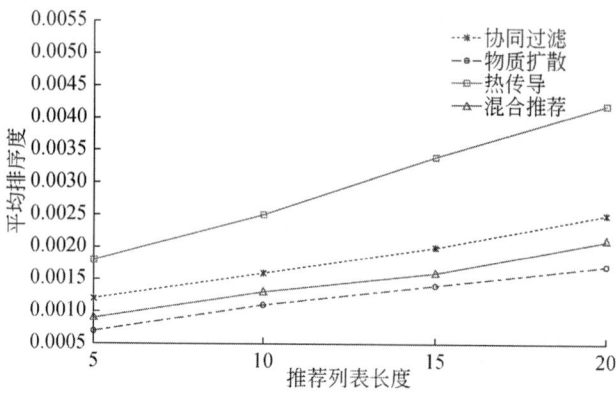

图 5.7　推荐列表长度对准确度的影响

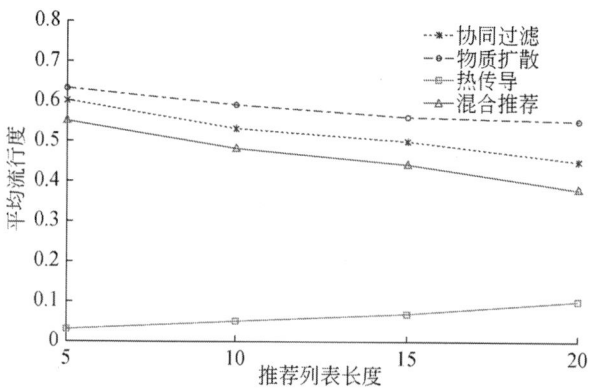

图 5.8　推荐列表长度对新颖度的影响

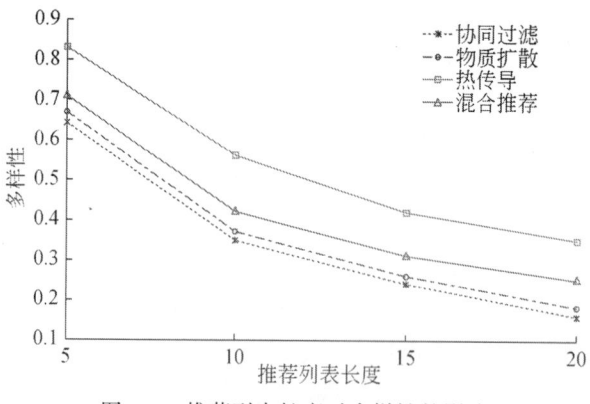

图 5.9　推荐列表长度对多样性的影响

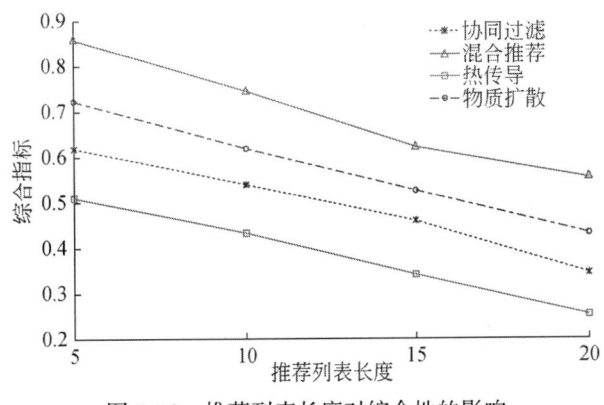

图 5.10　推荐列表长度对综合性的影响

在图 5.8 中，横坐标表示推荐列表长度，纵坐标表示平均流行度。由图 5.8 可以看出，随着推荐列表长度的不断增加，协同过滤算法、基于物质扩散的推荐算法和基于二部图的混合推荐算法的平均流行度呈下降趋势，而基于热传导的推荐算法呈增长趋势，但前三种推荐算法的平均流行度明显高于基于热传导的推荐算法。基于物质扩散的推荐算法推荐的学习资源流行度最高，所以其对应的新颖度最低，而基于热传导的推荐算法平均流行度低，其新颖度相对较高。与基于物质扩散的推荐算法及协同过滤推荐算法相比，基于二部图的混合推荐算法更擅长推荐一些小众的、新颖的学习资源。

在图 5.9 中，横坐标表示推荐列表长度，纵坐标表示多样性。由图 5.9 可以看出，随着推荐列表长度的增加，学习者获得学习资源的多样性呈下降趋势。在四种推荐算法中，基于热传导的推荐算法表现最优。与协同过滤推荐算法及基于物质扩散的推荐算法相比，基于二部图的混合推荐算法推荐的学习资源具有更好的多样性。

在图 5.10 中，横坐标表示推荐列表长度，纵坐标表示综合指标。由图 5.10 可以看出，随着推荐列表长度的增加，综合指标整体呈下降趋势，这表明推荐列表越靠前，越能满足学习者的要求。由图 5.12 可知，基于二部图的混合推荐算法具有最优的综合推荐能力。综合上述实验结果可以看出，基于二部图的混合推荐算法的综合推荐性能是最好的。

5.4　基于本体的学习资源推荐方法

5.4.1　问题的提出

传统的在线学习通常以教学大纲作为学习者学习进度安排的依据，这在课程的设计上是科学合理的,对于完全"零基础"的课程学习者而言,可以按照大纲的设置逐步完成学习任务。虽然学习讲究循序渐进,但对于"非零基础"的课程学习者而言,其所掌握知识的程度和水平差异性大。如果仅按照大纲的设置顺序安排学习任务可能会因重复学习而浪费时间,影响学习进度,而且无法突出当前需要学习的重点,从而降低学习者的学习兴趣,使学习者迷茫。因此,有必要在学习系统中加强对学习者的引导。对于这一问题,可以在建构主义学习理论中找到解决思路。

1. 在线学习者的推荐方式分析

建构主义学习理论提出"情境""协作""会话""意义建构"是学习环境中的四大要素。学习环境中的"情境"即狭义的学习环境,学习者需要处于一个有利于实现学习目标,或有利于学习意义建构的氛围内。"协作"是指学习者对所需学习材料的获取,阶段学习效果的评价等。"会话"是协作过程必不可少的环节,学习者之间必须通过会话商讨学习问题和任务计划,以及共享学习心得。"意义建构"是整个学习过程的最终目标,即要有清晰明确学习目标。将建构主义学习理论的思想融入在线学习平台的设计中,就是要使平台能够为学习者营造良好的学习氛围,让学习者能够快速获得所需学习资源,能够与学习好友分享经验,并能够获得有利于激发学习动力的学习路径安排,从而达到增加学习兴趣和提高学习效率的目的。

学习者是学习活动的主体,也是在线学习平台的主要用户。基于软件工程的实施步骤,要进行系统升级,要以用户需求为出发点。为达到个性化学习推荐的目的,我们以学生所具备的相关知识程度水平为依据,分以下两种情况考虑对目标学习者的推荐方式。

(1) 对于"零"基础的目标学习者

根据其参加在线课程教学大纲的知识序列进行学习安排,再从共同参加课程学习的学习者中,找到他/她的最相似或亲密度最高的人员,作为学习好友推荐给目标学习者,使达到能够与其他学习者进行"会话"的目的,如图 5.11 所示。

(2) 对于已具有本课程部分知识的非"零"基础的目标学习者

在进行课程学习之前,首先了解其已经掌握的知识水平,然后在课程里现有的其他学习者中,找到他/她的相似学习者,将相似学习者作为学习好友推荐给目标学习者;同时,将相似学习者所掌握的学习资源及所经历的学习过程,阶段引导式地推荐给目标学习者,如图 5.12 所示。

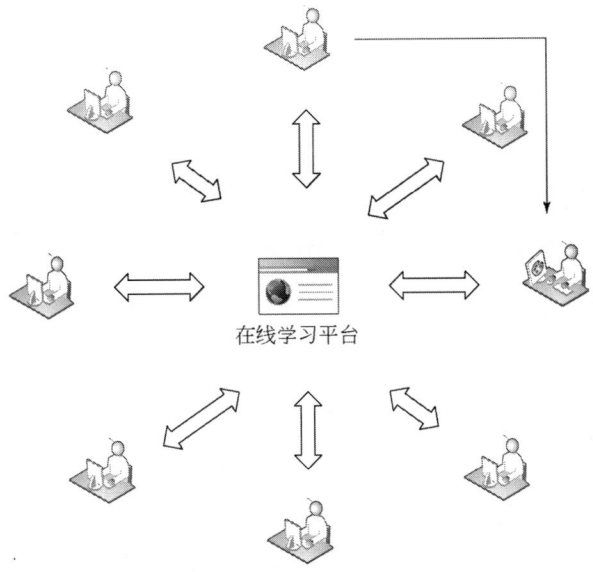

图 5.11 "零"基础目标学习者的学习好友推荐

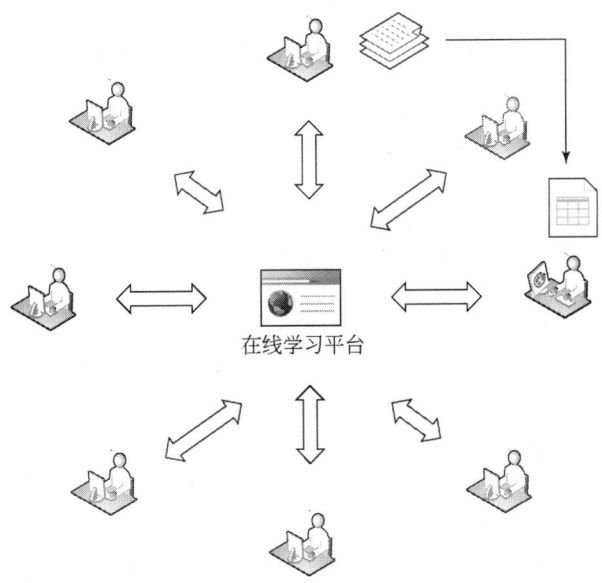

图 5.12 非"零"基础目标学习者的学习好友及学习资源推荐

首先提出一个假设条件,即目标学习者进入在线学习平台开始课程学习之后,所有关于本课程知识的学习都通过该在线学习平台完成。这样假设是因为,如果学习者通过其他的学习途径掌握了课程的知识，将影响系统对其学习进度和学习路径的判断。

2. 在线学习者知识掌握程度的取值

在学习活动过程中，完成的课程知识点学习次数越多，对该知识点的掌握程度也越高，即课程中知识点学习的次数与对该知识点掌握的程度成正比。根据德国著名的心理学家艾宾豪斯提出的过度学习理论，教育心理学中采用式（5.11）所示的函数描述学习者对课程知识点的掌握程度：

$$f(x) = \begin{cases} 0.1+15\ln\dfrac{a}{a-x} & x \leq 6 \\ \dfrac{x-4.4}{x-4} & x > 6 \end{cases} \quad (5.11)$$

式中，x 表示课程知识点学习次数；$f(x)$ 表示对该课程知识点的掌握度；正实数 a 与课程所在学科特点相关，$a \in [115, 133]$。对于在线学习平台的建设而言，不知道学习者具体参与哪门学科的课程学习，所以统一将 a 取为平均值 120。基于以上函数，可根据课程知识点学习次数，获取的课程知识点掌握程度如表 5.7 所示。

表 5.7　课程知识点学习次数与知识点掌握程度对应关系

学习次数	0	1	2	3	4	5	6	[7, +∞]
掌握程度	0	0.23	0.35	0.48	0.60	0.74	0.87	0.95

在实际应用中，每个在线课程的知识点可能对应若干学习资源，如电子课本、微课、讲义、习题等，可以将课程知识点下的每个学习资源算作"1"个学习元单位，完成所有元单位的学习即完成了该知识点的学习，并假设完成知识点的学习便已经掌握了该知识点。学习元单位的完成度与知识点掌握程度之间的对应关系如表 5.8 所示。

表 5.8　学习元单位与知识点掌握程度对应关系

学习元单位完成度	0	23%~35%	48%~60%	74%~87%	≥95%
掌握程度	不了解	基本了解	基本掌握	掌握	完全掌握

学习者对课程知识点掌握程度的取值，根据学习者的知识基础，按初学者和已在在线学习平台开展了课程学习的目标学习者分别记录。

1）对于初学者，在进入在线学习平台的课程学习之前，先要对其关于本课程知识的掌握情况进行测评，可以采用试题测验或问卷形式。

问题 1：对于本课程，您对以下知识点的掌握程度是？

知识点 A   不了解   基本了解   基本掌握   掌握   完全掌握

知识点 B   不了解   基本了解   基本掌握   掌握   完全掌握

⋮

知识点 N   不了解   基本了解   基本掌握   掌握   完全掌握

试题测验或问卷的结果将计入目标学习者的初始化信息库中，并作为学习者建模的基础数据。

2）对于已在在线学习平台开展了课程学习的目标学习者，系统需要监控其学习进展，并对其课程知识点学习的完成情况进行统计。对学习者课程知识点掌握程度的更新以学习次数为依据，根据表 5.7 所列出的课程知识学习次数与知识掌握程度的对应值，当对某一知识点的学习次数达到 1 次、3 次、5 次、7 次时进行掌握程度的变化记录。课程知识点的粒度可以根据课程所在学科的特点和实际应用需要进行设置。

根据以上分析，为了达到实现推荐学习资源或学习路径的目标，首先要对学习者、课程进行概念、属性特征的分析和建模，并根据学习者模型比较找到目标学习者的相似学习者，再将相似学习者的学习路径和每阶段的学习资源提取出来，完成推荐操作。

5.4.2 本体的构建

1. 学习者本体构建

借鉴对学习者描述的标准和研究成果，融合学习者在社交网络中的特征，结合推荐系统的设计要求，提出从学习者的基本信息、学习历程、社交信息、知识状态、学习风格五个方面构建学习者本体，其特征组成如图 5.13 所示。

基本信息：学习者的个人信息，包括姓名、性别、所在单位、出生年月、学历学位、掌握外语、资格水平、专业领域、研究兴趣等。

学习历程：记录学习者在学习过程中的各种行为信息，包括学习者与系统的交互行为、测试成绩和作品信息等。

社交信息：学习者在社交网络中的特征信息，如好友关系、所在社区或虚拟团队等。

知识状态：反映学习者在一段时间内的知识掌握情况，包括已具备的知识基础、已掌握的领域知识等。

学习风格：学习者在感知、理解和处理信息方面所偏好的模式、方法等，是

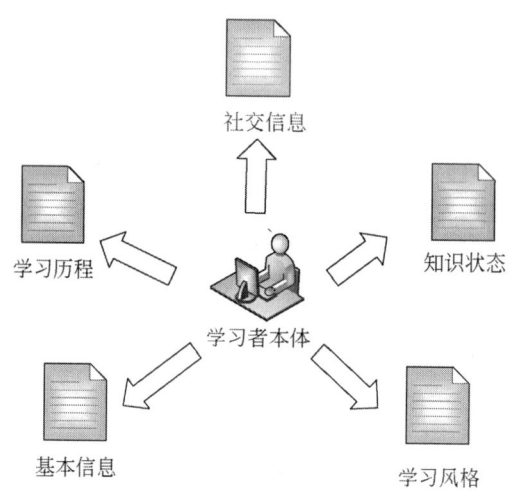

图 5.13 学习者本体的特征组成

智能学习系统提供学习内容个性化呈现的重要依据。

(1) 学习者学习风格模型

为了更好地描述学习者的学习风格，进一步构建学习风格子本体。对于学习风格子本体的构建，采用 Felder-Silverman 学习风格模型作为参照，该模型包括信息加工、感知、输入、理解四个维度，每个维度对应两种风格类型。学习风格的初始化是在学习者初次进入系统时实现的，并随学习者在系统中的学习过程进行调整。当学习者初次进入系统进行注册时，系统使用学习风格指标对其进行测试，并在学习过程中，通过观察学习者的学习行为、分析学习者的日志文件来不断调整学习者的学习风格。

(2) 学习者社交信息模型

学习者的社交信息包括两个部分，第一部分是学习者在系统使用过程中的交流习惯、好友关系、所属虚拟团队等社交活动信息。第二部分是学习者社交偏好信息。所谓社交偏好信息是指学习者对网络社区的学习资源、网络课程、指导教师的偏好，通常采用对学习资源、网络课程、指导教师的评分来反映。因为这是学习者在学习交互交流的过程中产生的评价信息，通常是在学习者完成一个学习项目时形成的，进入下一个学习项目后可能会遗忘，而这类信息是反映学习者学习兴趣、偏好的一项重要指标。系统可以通过设置学习者的"项目–评分"表来获取这些评价信息。

学习者参与网上课程的学习，会随着学习活动的开展，逐渐接受越来越多的知识点和学习资源，这些知识点和学习资源构成了学习者自身的知识体系。随着学习活动的进行，引起的学习者本体的部分属性也在变化，我们根据离散的时间节点记录这些变化的版本。

2. 学习资源本体构建

在学习推荐系统中设置学习资源本体。学习资源是指学习者在学习过程中所阅读的参考文献、课件、题库等。所谓学习资源本体，即是对学习资源进行的语义描述，其逻辑关系基于学习者所学的知识结构体系，如教学大纲、课程提纲、主讲教材或讲义目录等，语义节点之间通过知识点的继承、泛化、组合等关系相关联。此外，学习资源并非一成不变，所以需要给学习资源本体设定一个变化机制，即根据课程的主讲教材或讲义目录章节知识的进阶逐步积累而动态形成。学习资源本体各知识节点上的对象实例即对应实际上的学术资源。在学习推荐系统的实际应用中，并非所有知识点上的学习资源都能非常有效地促进相应知识点的学习，因此为每个学习资源增加一个分值属性，学习者在利用学习资源开展学习的过程中，同时给所学的学习资源对于当前的知识点的有效作用程度按 5 分制进行评分。

3. 学习者本体和学习资源本体更新

在学习推荐系统中，包含了学习者本体和学习资源本体。学习者本体描述了学习者的特征属性，学习资源本体描述了系统中学习资源的特征属性。在开展学习的过程中，学习者不断地使用和评价系统中的学习资源。同时，学习者自身的知识结构也在随之发生变化。系统通过学习者本体和学习资源本体的概念演变与标注更新来达到这一动态的效果。

在学习者本体和学习资源本体初始构建完成后，根据系统中学习资源情况对学习资源本体进行语义标注，注明各类学习资源实例。随着学习者学习活动的开展，学习者本体和所学课程的学习资源本体也会随时间推移发生变化。首先是学习者的学习风格变化，学习者的学习风格会随着学习活动的开展不断调整；其次是所使用学习资源发生变化，所使用的学习资源会随着学习的推进而不断增多。从发展趋势来看，学习者的知识结构将会沿知识点逐步形成一个树状的层次结构。反映到学习者本体的更新方面，为了保证所有学习者本体的变化在结构上是一致的，首先要对学习资源本体概念进行引用。学习者本体 Ol 对学习资源本体 Or 的概念引用定义如下。

定义：设 $Cl(T)$ 和 $Cr(T)$ 分别表示 T 时刻学习者本体 Ol 和学习资源本体 Or 中的概念集，cr 表示 Or 中的概念，即 $cr \in Cr(T)$。

若 $cr \notin Cl(T)$，则 $T+1$ 时刻 Ol 对 Or 中概念 cr 的引用为 $Cl(T+1) = cr \cup Cl(T)$；

若 cr ∈ Cl(T)，则 $T+1$ 时刻 Ol 中的概念集为 Cl($T+1$) = Cl(T)。

在引用学习资源本体后，再根据 T 时刻学习资源本体的实例标注更新学习者本体学习资源类的语义标注，完成学习者本体的更新。随着时间的推进，学习活动在时间轴上留下了若干快照，组成了按时间排序的学习者本体集合。对应的学习活动可以产生两个时序本体流，一个是学习者本体流，另一个则是学习资源本体流。从一个较长的时间段来看，学习资源本体流的结构是相对稳定的，因为学习资源的类型和数量在系统中不会频繁大幅度增减，但会随着学习者的学习活动开展而调整评分值。在某一个时间 T_i，两个本体流的本体快照 Ox(T_i) 之间的逻辑关系如式（5.12）所示。

$$\text{Ol}(T_i) \rightarrow \text{Or}(T_i) \tag{5.12}$$

对于时间轴上的某一点 T_i，学习者本体流处于 Ol(T_i) 快照时，必然存在有对应的学习资源本体流快照 Or(T_i)，Or(T_i) 便反映了学习者在 T_i 时间点已经使用或者正在使用的全部学习资源。

5.4.3 推荐模型

1. 模型框架

本研究提出的学习资源推荐模型建立在学习社交网络平台上，学习者同时也是学习社交网络平台的用户。模型的主要功能模块包括本体处理模块和学习推荐模块，并基于学习社交网络，模型框架如图 5.14 所示。

1) 本体处理模块。该模块具有本体构建、本体引用、本体流生成、本体流存储、本体流知识提取的功能。①本体构建功能，根据学习者的基本信息、社交信息、知识状态、学习历程、学习风格五类信息进行本体构建。②本体引用功能，根据学习者的学习进度，从学习资源本体中引用相应的知识点实例，用于新版本学习者本体的生成。③本体流生成功能，监控学习者的学习进度，根据知识点完成情况调整学习者本体和所使用学习资源本体，实现学习者本体、学习资源本体随学习活动开展演化，并记录演化的时间，进而形成学习者本体流。④本体流存储功能，存储学习者本体流，并保存本体流快照之间的关联信息。⑤本体流知识提取功能，根据所存储本体流快照之间的关联信息，提取所表示的逻辑知识。

2) 学习推荐模块。该模块具有学习者本体相似度计算、学习好友推荐、学习资源及学习路径推荐功能。学习者本体相似度计算功能，用于计算学习者本体之间的相似度。学习好友推荐功能，根据得到的相似学习者本体，查找学习好

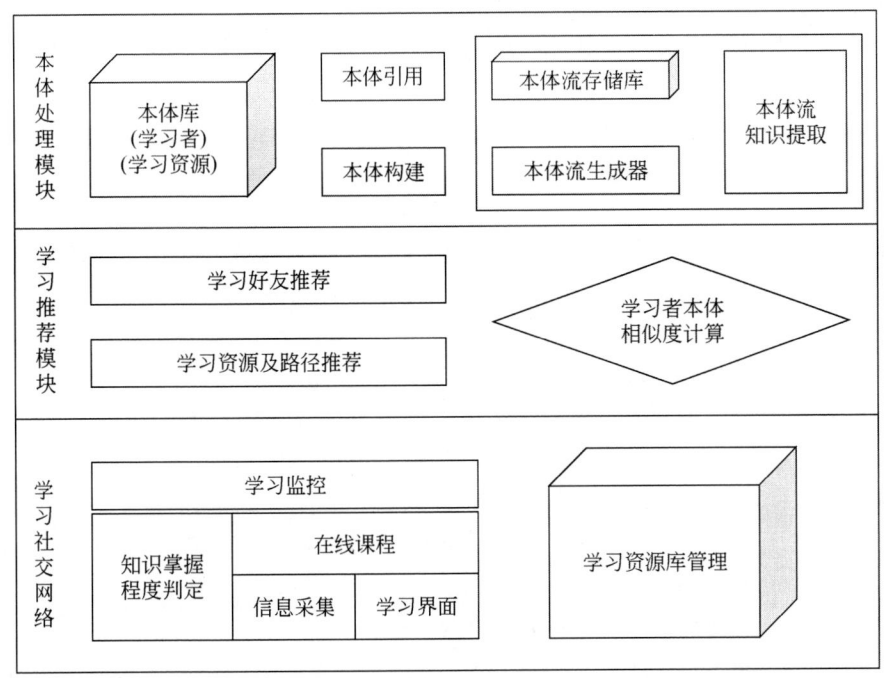

图 5.14 社交网络下基于本体的学习资源推荐模型框架

友,并提取学习资源进行推荐。推荐模块的核心功能是"学习好友推荐",实现学习好友推荐的思路是,目标学习者进入系统后,由本体处理模块构建目标学习者本体,然后由学习者本体相似度计算模块计算目标学习者本体与系统本体库中现有的学习者本体流快照的相似度,找到相似的学习者本体流快照集合,将相似学习者本体对应的学习者作为目标学习者的学习好友,再将学习好友的学习资源及路径推荐给目标学习者。

3)提供学习服务的社交网络除了提供在线课程外,还具有学习监控、知识掌握程度判定、学习资源库管理等功能。其中,学习监控功能是用于对社交网络中学习者的学习进度进行监控,当发现学习者完成某阶段的学习,便触发本体处理模块中的本体引用功能;知识掌握程度判定功能用于初始判定学习者的知识掌握程度,如果是该课程"零"基础学习者,则根据课程大纲推荐学习资源和学习路径;如果是非"零"基础学习者,则根据其学习好友推荐学习资源及路径。

2. 学习者本体流的更新频率管理

随着学习的推进,学习者本体将不断更新,产生多个版本的本体,学习者本体流也会不断扩大。如果过于频繁记录学习者的每次学习活动,则有可能产生太多版本的本体，增加学习者本体相似度计算的负担；而如果记录间隔时间太长，又可能忽略最相似的学习者本体，影响推荐的准确度。假设学习者在系统中未进行任何学习活动，学习者本体不需要更新；而学习者完成了一个知识点的学习，学习者本体必须更新。设 u 为本体更新频率阈值，根据式（5.13）取值。

$$u = \frac{k}{R} \quad k \in [0, R] \tag{5.13}$$

式中，k 表示完成某个知识点学习资源的个数；R 表示该知识点学习资源的总数；u 的取值范围在 $[0, 1]$，具体根据系统实际运行情况调整。

3. 相似学习者查找及学习推荐

（1）相似学习者查找

相似学习者查找是通过计算学习者本体的相似度实现的。本研究采用了学习者本体相似度计算方法，分别计算本体的属性相似度 $\text{Sim}_{property}(O_1, O_2)$ 和结构相似度 $\text{Sim}_{structure}(O_1, O_2)$，再将两种相似度组合计算。组合计算公式如下：

$$\text{Sim}(O_1, O_2) = f_1 \times \text{Sim}_{property}(O_1, O_2) + f_2 \times \text{Sim}_{structure}(O_1, O_2) \tag{5.14}$$

式中，f_1、f_2 表示两类相似度各自所占的权值。

（2）学习推荐的实现

设目标学习者为 A，对应的本体为 O_A，相似学习者为 B，对应的本份为 O_B。在实际应用中，与 O_A 相似的学习者本体集合可能是系统中学习者过去某个时间的本体流快照，设为 $\{O_B(t_i)\}$，由于本体流存在时序特征，学习推荐系统按照以下方式实现推荐功能。

1）将相似学习者本体对应的学习者作为学习好友，推荐给目标学习者。

2）将相似学习者本体中所描述的学习资源实例推荐给目标学习者。实现过程是：提取相似学习者本体 $\{O_B(t_i)\}$ 中对应的学习资源实例信息，然后找到相应学习资源所在的路径，并将其推荐给目标学习者。

3）将相似学习者本体的下一个版本本体的学习资源实例推荐给目标学习者。实现过程是：根据相似学习者本体 $\{O_B(t_i)\}$ 的下一版本信息，找到下一个版本的本体 $\{O_B(t_{i+1})\}$，然后提取其对应的学习资源实例信息，并将其推荐给目标学习者。

以上三项推荐内容分别对应学习好友、学习资源和学习路径，能够为学习者提供更加丰富和全面的学习引导信息。

第6章 大数据环境下的学习资源推荐方法

随着大数据时代的到来，在线教育资源的数量呈现指数级增长的态势。大数据虽然为学习者提供了海量的学习资源，但也带来了选择的困扰——"信息过载"和"信息迷航"。如何快速准确地获取学习者感兴趣的学习资源是当前个性化学习关注的热点问题之一。推荐系统的出现有效地解决了"信息过载"问题，这为进一步提高在线教育服务质量奠定了技术基础[269]。

推荐系统的核心任务是从海量学习资源中快速、准确地找到学习者感兴趣的资源，并将该资源推荐给学习者。数据量越大，推荐系统的价值就越突出。大数据环境下，海量数据呈现出体量大、速度快、多模态、高价值低密度、真实性等特征，传统架构服务器的处理能力已经无法满足大数据的存储、处理和分析的要求，急需建立基于集群服务器的大数据平台，并借助于分布式文件系统和分布式计算模式对学习资源数据进行存储、处理与分析。因此，大数据环境下的学习资源推荐方法研究受到广泛关注。

本章着力对大数据环境下的学习资源推荐方法展开研究。6.1节引出大数据的概念及特征，并对传统推荐系统与大数据环境下的推荐系统进行比较研究；6.2节围绕大数据环境下用户建模、基于矩阵分解的推荐系统、隐式反馈数据的推荐系统、社会化推荐系统、组推荐系统及大数据环境下推荐结果评价等方面的研究进展进行探讨；6.3节给出大数据环境下推荐系统的典型应用，包括大数据环境下的疾病诊断和治疗推荐系统、大数据环境下的研发项目机会推荐系统；6.4节提出大数据环境下的学习资源推荐系统；6.5节指出推荐系统面临的挑战，并对未来研究进行了展望。

6.1 大数据与推荐系统

6.1.1 大数据的概念及特征

近年来，随着互联网、云计算、物联网等技术的快速发展，"大数据"开始渗透至各个行业和领域。互联网用户不仅是网络信息的使用者，也是网络信息的生产者。大数据存在于人们生活的方方面面，对人们工作、生活甚至国家经济、社会发展都将产生重大影响。据国际数据公司（International Data Corporation，IDC）监测，全球数据量大约每两年增长一倍。如图 6.1 所示，截至 2020 年，全球拥有 35.2ZB 的数据量。在大数据时代，挖掘和利用隐藏在数据中未被发现的价值显得尤为重要。

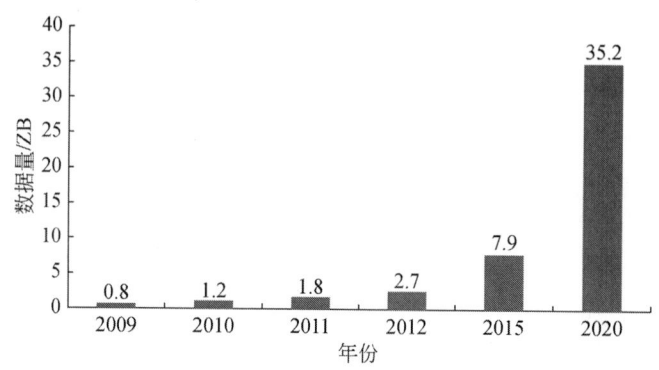

图 6.1　IDC 全球数据使用量预测

　　大数据发展非常迅速，涉及多学科知识，目前尚未有一个公认的定义，主流"大数据"的定义有：①狭义的"大数据"是指不能够装载进计算机内存储器的数据。②李国杰院士认为，一般意义上，大数据是指无法在可容忍的时间内用传统 IT 技术和软件工具对其进行感知、获取、处理与服务的数据集合[270]。③研究机构 Gartner 认为，大数据是需要新的处理模式才能具有更强的决策力、洞察发现力和流程优化能力的海量、高增长率与多样化的信息资产。④麦肯锡公司认为，大数据是无法在一定时间内用常规软件工具进行捕捉、管理、处理的数据集合[271]。

　　尽管"大数据"的定义尚无定论，但学术界和工业界对"大数据"的特征则达成共识。大数据一般具有"5V 特征"，即 Volume（体量大）、Velocity（速度快）、Variety（多模态）、Value（高价值低密度）、Veracity（真实性）。

　　1）Volume（体量大）：大数据体量大不单指数据体量巨大，也包括大数据采集、存储、计算体量巨大，如今大数据的量级已跃升至 ZB 级。

　　2）Velocity（速度快）：大数据的速度快不仅指数据的快速增长，也指处理速度快。对时效性要求高，用户只有把握住时效性，才能有效地利用这些数据。

　　3）Variety（多模态）：数据种类和来源多样化，存在结构化、半结构化和非结构化数据并存的局面。数据类型多样,包含诸如文本、音频、图片、视频等类型的数据。不同类型和不同来源的数据对算法及运算能力带来了全新的挑战。

4) Value(高价值低密度):虽然大数据具有较高价值,但是价值密度相对较低。例如,监控视频,连续不断的监控过程中,往往有价值的视频数据仅几秒钟。如何通过恰当的算法从海量数据得到有价值的信息,是大数据时代最为重要的问题。

5) Veracity(真实性):数据的准确性及可靠性,即数据质量。大数据中的内容是与真实世界息息相关的,研究大数据前提是要保证数据的准确性及可靠性。基于高可靠性的数据计算分析得到的结果才是可信的。

6.1.2 大数据处理平台一般框架

大数据处理一般流程是对数据源进行采集,首先通过数据清洗工具对源数据进行清洗整理,将清洗后的数据存储到分布式文件存储系统中,然后通过分布式计算框架对数据进行分析、计算、统计、推荐等,最后通过数据可视化技术把处理结果的数据以形象化的方式展现出来,其处理一般过程如图 6.2 所示。

大数据处理平台包括四层:数据采集层、数据处理与集成层、数据分析层和数据解释层。

(1) 数据采集层

数据采集层是所有数据系统不可或缺的部分。随着互联网的飞速发展,数据采集也面临诸多挑战,如数据源复杂、数据量大且变化快,如何保证数据采集的可靠性、如何处理重复数据、如何保证数据的质量引起业界的广泛关注。

(2) 数据处理与集成层

采集不同来源的数据,得到的大多是非结构化、不一致、不完整甚至是错误的数据。因此,对数据的处理与集成变得至关重要。原始数据需要经过数据清洗去噪、数据聚合和数据修正成为可信赖数据后,才能进行存储及运算。

数据清洗通常包括数据有效范围的清洗、数据逻辑一致性的清洗和数据质量的抽查。常用的数据清洗方法有数值化、标准化、降维、完整性和数据去噪等。

1) 数值化。原始数据的数据形式不同,系统能够处理的数据类型只有数值型,因此,必须对原始数据进行字节化处理。目前,有多种数值化处理方法,其中常用的一种方法是:按照 ANSI 码值求和,得到字符串的值,如果数值过大,则取一个适当的质数对其求模。该方法本质上是将各类数据映射到一个区间,最终将其转化为数值型。

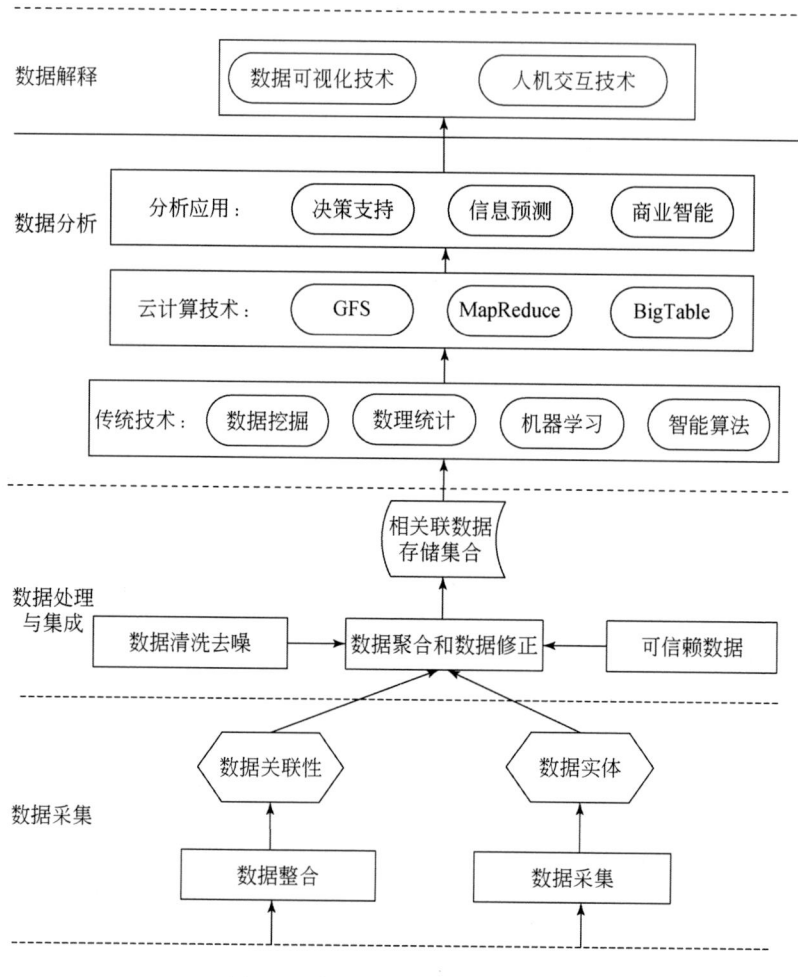

图 6.2 大数据处理平台一般框架

2）标准化。原始数据不同维度之间的数值差异较大，在进行相关性或方差等计算时，数值较小的维度权重过低，可能无法起到应有的作用。因此，有必要对数据进行标准化处理。将整体数据映射到一个指定的数值区间，常用的方法有 Min-Max 标准化和 Z-score 标准化。

3）降维。原始数据往往含有较高维度，甚至特征数量多于数据量，因此数据降维变得十分必要。此外，特征具有明显的自相关性也需要降维处理。常用的方法有主成分分析、线性判别分析和局部线性嵌入等。

4）完整性。保证数据完整性的操作包括填补、去重和数据合法性判别。将缺失的数据进行填补，应遵循以下规则：首先，通过其他相关信息进行填补，如使用身份证号填补性别、籍贯、出生日期、年龄等信息；其次，通过前后数据进行填补，如时间序列数据缺失，可以使用前后均值进行填补，若缺失数据较多可以进行平滑处理；最后，对于无法填补的数据进行剔除，但应保存副本以便日后使用。去重操作可以按主键去重、编写规则去重。数据合法性判别可以设定判定规则，将不符合要求数据进行警告，转为人工处理。

5）数据去噪。统计噪声是指在给定数据样本中发现的无法解释的变异或随机性的数据。统计噪声有两种主要形式：误差和残差，两者都是对"样本值偏离均值"的测量。样本误差是指样本观测值与真实值的偏离；残差则是指样本观测值与拟合值的偏离，其中拟合值是统计模型的拟合结果，是依据拟合模型得出的。

(3) 数据分析层

数据分析层负责接收从数据处理与集成层传来的数据，然后通过超文本传送协议（hypertest transfer protocol，HTTP）对 Hadoop 大数据平台进行读取操作，利用数理统计、机器学习和数据挖掘等方法，对海量数据进行处理和分析，从中发现有用的知识。

传统技术层包括数据挖掘、数理统计、机器学习、智能算法等。

数据挖掘按照既定的业务目标从大量数据中得到潜在、有效并能被人理解模式的高级处理过程[272]。数据挖掘有三个主要功能：关联规则、分类和预测、聚类分析。关联规则挖掘是指从事务数据库、关系数据库和其他信息存储中的大量数据的相集之间发现有价值的、频繁出现的模式、关联和相关性。分类根据训练数据集和类标号属性，构建模型来对现有数据进行分类。预测则是建立连续函数值模型，如预测空缺值。聚类是将物理或抽象的集合分成由相似对象组成的多个类的过程。聚类不仅可以作为独立的方法来获得数据分布的情况，也可以作为其他算法的预处理方法。

数理统计作为数学的一个分支，包括描述统计和推断统计。数理统计以概率论为基础，用来分析大量随机现象的统计规律。描述统计的任务是搜集资料，并整理、分组、编制统计表及绘制统计曲线，计算各种特征指标来描述数据分布的集中趋势、离中趋势和次数分布的倾斜度等。推断统计是在描述统计基础上，根据样本资料归纳出的规律性来进行推断和预测[273]。

机器学习在人工智能领域发挥着重要作用[277]，其发展历经浅层学习和深度学习两次浪潮。神经网络是机器学习的重要组成部分，其基本原理是对生物神经网络基本特征的抽象和建模，它可以从外部环境中学习，并以类似于生物的交互方式适应环境，为解决复杂问题和智能控制提供了有效的途径。典型机器学习算法有模拟退火算法、遗传算法、神经网络、蚁群优化算法等。

云计算技术层包括 GFS、MapReduce 和 BigTable。

GFS（Google File System）是一种可扩展的分布式文件系统，适用于大规模、分布式环境。它可以在廉价普通的硬件上稳定运行，具有较强的容错功能，并为用户提供高性能的服务。

MapReduce 是 Google 提出的面向大数据集处理的编程框架，被广泛应用于机器学习、数据挖掘、数据分析等领域[276]。MapReduce 并行计算过程如图 6.3 所示。首先数据源被分为多个块并交给多个 Map 任务去执行，Map 任务执行 Map 函数，根据规则对数据进行分类并写入本地磁盘；然后 Reduce 任务执行 Reduce 函数，从多个 Map 任务所在的节点收集具有同样关键值的中间结果；最后通过合并所有 Reduce 任务的输出数据可以得到程序的最终结果[277]。

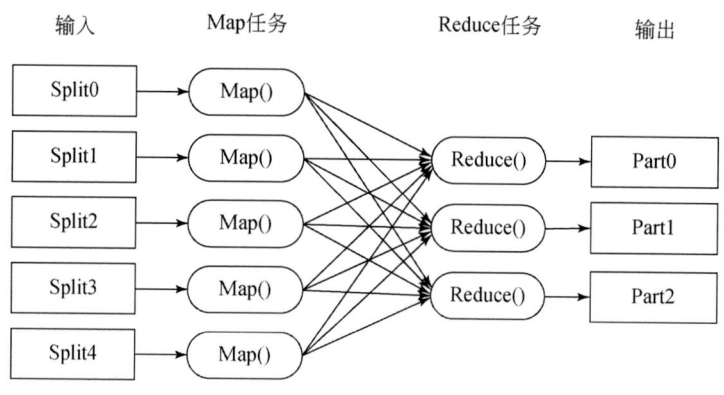

图 6.3　MapReduce 并行计算过程

BigTable 是分布式稀疏多维键值数据库。与传统的一维键值数据库系统不同，BigTable 的键有三个维度：行键、列键和时间戳。共享相同行键的键值对组成一行，行内的列组成列族。整个数据库按照行键、列键、时间戳的顺序排序。与关系数据模型和一维键值对数据模型相比较，BigTable 提供的多维键值数据模型在搜索机制上更为灵活和高效，用户可以在运行时动态地向列族中添加和删除列[278]。

分析应用层包括决策支持、信息预测和商业智能。从用户层面上看，人和技术、环境相互联系，用户对技术的发展至关重要。

决策支持系统（decision support system，DSS）是一种计算机应用系统，通过历史数据、现有模型和库存知识，以人机交互方式为决策者提供帮助[279]。DSS 通过调用各种信息资源和分析方法，为决策者提供问题的分析、模型的建立、决策的模拟过程和方案的实施环境；信息预测应用场景广泛，如销售预测、财务预测、天气预测、矿产资源预测甚至自然灾害预测。信息预测可以帮助人们对将要发生的事件进行充分的准备，对政策制定、战略规划、资源分配进行合理的支撑。

(4) 数据解释层

数据解释层主要是通过数据可视化技术把处理结果通过清晰易懂的图形、图像或图表的方式展现出来。该层包括数据可视化和人机交互两类技术。

数据可视化技术利用计算机图形方法和图像处理技术,将数据转化为设备上显示的图形或图像,并可以进行交互处理的理论、方法和技术。数据可视化技术使人们以更加直观、便捷和高效的方式了解数据集结构的关系。数据可视化技术的基本思想是将数据库中每一数据行作为单个图表元素表示,大量的数据将构成数据图像。将数据的多种属性值以多维数据的形式表示,可以从不同维度观察数据信息,从而加深对数据的理解[280]。

人机交互技术是计算机用户界面设计中的重要内容,它通过计算机输入输出(input/output, I/O)设备,实现人和计算机高效沟通的技术。人机交互技术与认知心理学、人机工程学、多媒体技术和虚拟现实技术密切相关。认知心理学与人机工程学是人机交互技术的理论基础;多媒体技术和虚拟现实技术与人机交互技术相互交叉及渗透[281]。计算机系统由计算机硬件、计算机软件和用户构成,用户与硬件、软件共同构成了人机界面,如图6.4所示。人机界面设计处理的是用户与硬件界面,或用户与软件界面的关系,而硬件与软件之间的关系则通过计算机技术来解决。人机交互技术的最终目的是要在人们使用数字产品或服务来工作或解决问题的过程中,向用户提供最佳和流畅的体验。

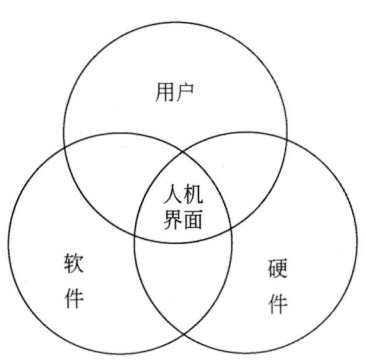

图6.4 人机系统的组成示意图

6.1.3 传统推荐系统与大数据环境下的推荐系统

传统推荐系统生成推荐结果的过程可分为两个阶段:一个阶段是用户兴趣建

模，推荐系统通过对用户访问记录的分析来获取用户兴趣偏好；另一个阶段是推荐结果生成，推荐系统根据用户偏好信息，利用推荐算法，从数据集中找到匹配的资源并推荐给用户。

大数据环境下的推荐系统是传统推荐系统的扩展，大数据环境下面临着比传统环境更加复杂的信息来源和数据特征，因此必须更加准确和充分提取用户在大数据环境中产生的各种行为数据中的用户偏好，才能生成更加准确的推荐结果。虽然大数据环境中推荐系统与传统推荐系统的基本思想相似，但大数据环境对推荐系统所带来的影响需要着重考虑：数据生成速度快，数据维度高并且稀疏，数据来源更加丰富多样，多源数据在计算时由于结构和来源的不同会引入额外的噪声与冗余，非结构数据、半结构数据和流式数据成为主要数据，造成数据结构比例不同于传统数据。此外，移动互联网的飞速发展，使移动端应用变得更加多样化，用户使用移动互联网产生了庞大的移动社会化网络数据，特别是用户位置数据包含了丰富的信息。以数据处理为主的诸多大数据问题使推荐系统对数据处理能力的要求更高，同时丰富的数据使得用户对推荐系统的实时性和准确性要求更高，从而使得适合传统推荐系统的方法直接用于大数据环境下的推荐系统中[282-284]，必须对算法进行改进和扩展，才能更好地满足用户对大数据环境下推荐系统的需求。

大数据环境下推荐系统的大数据特征主要体现在以下五方面[282]。

1）需要处理的数据量更大，多源数据融合将引入高维稀疏性数据，且数据具有更高的冗余和噪声，因此，大数据环境下推荐系统对数据处理能力提出更高的要求。

2）采集到的数据以用户隐式反馈数据为主，与传统推荐系统使用的用户评分数据相比，使用隐式反馈数据具有更多优势，其采集成本更低，对用户的使用体验干扰更小，数据规模更为庞大，数据类型更为丰富，可以有效地缓解传统推荐系统评分数据的稀疏性对推荐系统所造成的影响。

3）数据更新速度更快，这就要求大数据环境下的推荐系统必须具备更有效的更新计算效率，使推荐系统能够解决更新数据的处理问题。

4）用户对推荐结果的准确性要求更高。在大数据环境中，丰富的数据为提高推荐的准确度提供了可能，与此同时，日益严峻的"信息过载"问题使得推荐系统很难为用户提供满意的推荐结果。

5）用户对推荐结果的实时性要求更高。大数据环境下，数据更新快，信息产生速度快，信息的时效性短，因此只有通过提高推荐系统的实时性，才能在有效时间内为用户推荐满意的结果。

大数据环境下推荐系统与传统环境下推荐系统的主要差异如表 6.1 所示。

表 6.1　大数据环境与传统环境下推荐系统的主要差异

项目	大数据环境下推荐系统	传统环境下推荐系统
输入数据	数据规模更大，数据稀疏性、冗余度、噪声更强	数据规模小，数据稀疏性、冗余度、噪声较小
数据类型	以隐式反馈数据为主	以显式评分数据为主
数据更新	数据更新快，以增量更新为主	一段时间更新一次，以全局精确计算更新
推荐结果	推荐结果准确性要求更高	准确度要求较低
推荐实时性	推荐实时性需求高	实时性要求较低

6.2　大数据环境下推荐系统的研究进展

目前，关于大数据环境下的学习资源推荐系统的研究成果还不多，但相关领域的研究已经取得一些成果，这些成果对于大数据环境下的学习资源推荐系统的研究具有重要的参考价值。鉴于此，笔者对已有成果进行梳理，以期为大数据环境下的学习资源推荐系统的研究提供一定参考。

6.2.1　大数据环境下用户建模

大数据环境下用户建模的关键是用户偏好获取。偏好获取的准确性，直接影响推荐系统准确性和实时性。传统的偏好获取系统因为缺乏数据，很难精准获取用户短期内的偏好，无法准确捕捉用户偏好的动态变化。大数据环境下可以采集到更丰富的用户数据，如何从数据中获取用户短时期内的偏好，捕捉到用户偏好的动态变化，成为大数据环境下推荐系统的研究热点和难点[285-298]。

传统偏好获取系统由于数据不足，只能分析用户长期偏好，大数据环境下，可以获取更充足的数据，以此捕捉到用户短期偏好，它能动态反映用户最新的偏好，提高用户偏好预测的准确性和实时性。Yang 等[285]提出一种有效局部隐式反馈模型，并且使用随机梯度下降法[287]优化模型，可以高效地获取用户的短期偏好。

用户的偏好随时间迁移，大数据为研究人员精确捕捉这种变化带来可能。Rafailidis 和 Nanopoulos[286]提出用户偏好动态获取（user preference dynamics，UPD）技术，当用户偏好发生变化时，捕获量化 UPD 率，根据 UPD 值调整用户历史偏好的权值，结合用户统计学数据，对"用户–项目–时间"三维矩阵进行耦合张量分解，可以很好地捕捉偏好变化过程，获取用户动态偏好。

神经网络通过调整权值改变输出，这种性质能很好地追踪用户的兴趣变化[289]，因此很多研究人员关注于使用神经网络追踪动态的用户偏好。Oh 等[287]将用户偏好用关键字向量表示，当作深层神经网络（deep neural network，DNN）的输入，用户偏好发生变化时调整 DNN 的权值，该方法能很好地捕获用户动态偏好。

出于隐私的考虑，用户有时候不愿意透露自己的统计学数据，只能获取用户对项目的评分，因此不能很好地获取用户偏好。Bhagat 等[290]提出了贝叶斯矩阵分解推理，联合主动和被动两种方式，只需要用户按要求提供的评分数据，通过主动学习算法能最大化用户私有属性的期望值，同时最小化对用户分类的误判值。

6.2.2　大数据环境下基于矩阵分解的推荐系统

大数据环境下，推荐系统采集的用户数据具有高维和稀疏的特性，数据存在高冗余和高噪声的问题。此外，流数据作为一种重要的数据类型，传统的推荐系统处理这类数据的能力非常有限。鉴于此，研究人员希望建立一类推荐系统，该系统能较好地处理高维和稀疏数据，并且对冗余和噪声不敏感，有较低的复杂度，以及有良好的扩展性。

近年来矩阵分解逐渐取代了传统的推荐算法，成为研究重点和主流模型[291-304]。这主要归功于矩阵分解具有优良的准确性和可扩展性。矩阵分解的核心思想是将推荐问题转换为矩阵完全分解问题，将稀疏的用户评分矩阵映射到给定的用户集合和项目集合，通过矩阵运算预测缺省评分，反映用户对项目的潜在偏好，并将相关项目推荐给用户。该算法能够降低高维数据的稀疏性，以及对噪声和冗余的敏感性，具有良好的可扩展性。但该算法解释性较差，缺乏明确意义，计算复杂度较高[292]。

传统的矩阵分解算法包括奇异值分解（singular value decomposition，SVD）[23,32]、非负矩阵分解（non-negative matrix factorization，NMF）[301]、概率矩阵分解（probabilistic matrix factorization，PMF）[304]。这些算法的核心思想是将高维矩阵分解为两个或多个低维矩阵的乘积形式，以便在一个低维空间研究高维数据的性质[283]。PureSVD 直接对用户评分矩阵做奇异值分解，未知的值用 0 填充，可以快速获取用户对项目预测评分[291]。但是，奇异值分解允许分解出现负值，可解释性较差。非负矩阵分解保证分解所得矩阵的每个元素均为正值，这使得非负矩阵分解具有直观的物理意义。概率矩阵分解从概率的角度预测用户评分，假设用户和项目的特征矩阵均服从高斯分布，就可以把用户偏好问题转化为概率组合问题，从更深层次讨论矩阵分解的概率解释。

大数据环境下，研究人员试图把多种上下文因素引入建模，因此，有必要对传统的矩阵分解方法进行优化和改进，使其能处理更高维的张量数据。

Symeonidis 等[303]将位置上下文数据引入推荐系统,并利用高阶奇异值分解(higher order singular value decomposition,HOSVD),很好地处理"用户-位置-行为"三维张量;Koren 等[205]将时间上下文数据引入到建模中,并提出一种 SVD+算法来提高预测用户电影评分的精准度。

概率矩阵分解只能将两方面信息结合起来进行二维分解。为了提高大数据环境下推荐精准度,需要在建模中引入更多的概率因素。有研究人员对 PMF 进行了扩展研究。涂丹丹等[293]将联合概率矩阵分解(union probabilistic matrix factorization,UPMF)引入上下文广告推荐,将用户评分矩阵转换为用户、网页和广告特征矩阵的乘积。PMF 基于用户和商品特征矩阵均服从高斯分布的假设,然而大数据环境下,数据分布通常很难满足高斯分布,因此必须扩展 PMF 理论框架,以便 PMF 能够处理任意分布的数据。Bauer 和 Nanopoulos[294]提出一种矩阵分解框架,能够处理任意概率分布的 PMF 模型,提高了模型的通用性和鲁棒性,进而有效地提高了推荐系统的工作效率。

社会关系也是一种重要的上下文,将社会关系引入建模可以提高推荐的准确度。Pálovics 等[296]提出一种混合矩阵分解算法(mixing matrix factorization,MMF),用来计算每种潜在因素在用户决策时的权重,实时生成在线推荐。

大数据环境下,推荐系统能采集到几十种甚至更多的上下文数据,把这些上下文数据引入建模可以提高推荐的准确度。但是,如果将上下文数据全部引入建模,将会大幅增加推荐系统的计算复杂度。因此,对于那些对用户特征影响很小的上下文数据可以忽略不计,从而在一定程度上降低计算复杂度。Chen 等[295]提出一种梯度推进分解机,通过贪婪算法计算受上下文影响的特征值,有效地提高了计算效率。

流式数据也称为实时数据,是大数据环境下主要的数据形式。传统的矩阵分解处理流式数据时,面临数据更新和迭代耗费两大问题。Diaz-Aviles 和 Drumond[298]提出一种流排序矩阵分解算法(stream ranking matrix factorization,RMFX),该算法针对流式数据的矩阵分解进行了改进,RMFX 进行了 I/O 扩展,仅需一个缓冲器,就能满足数据流的计算要求,利用随机梯度下降优化分解过程,解决了更新数据的储存问题,提高了处理流式大数据的能力。社会网络中的用户交互流数据反映了用户对项目(如商品、博客、新闻等)的偏好,但传统推荐方法无法很好地保护用户隐私,并且处理流数据时结果的加权均根方误差较大[305]。Isaacman 等[306]用矩阵分解来处理流数据,使用分布式算法,防止了集中式方法中不受信任的第三方获取用户信息,降低了推荐结果的加权均根方误差。

传统的矩阵分解过程计算复杂度过高,当处理高维上下文数据或流式数据时,由于用户特征向量矩阵和项目特征向量矩阵乘积的计算复杂度过高,导致推荐系统性能大幅下降。鉴于此,Bachrach 等[307]将用户偏好问题由内积最大化搜索问题转换为欧几里得空间中最近邻搜索问题，用 PCA-Tree 表示最近邻结构，用汉明距离（Hamming Distance）衡量距离，有效地降低了算法的计算复杂度。

解决矩阵分解计算复杂度高的另一种思路是进行并行化计算，该方法通过集群来提高系统的计算能力。现有成熟分布式计算框架（如 Hadoop 或 Spark）为算法高效运算提供了基础，因此大量研究人员对矩阵分解的分布式运算进行了研究。目前，主流的并行化优化方法有两种，分别是随机梯度下降法（stochastic gradient descent, SGD）[288] 和交替最小二乘法（alternating least squares, ALS）[308]。

随机梯度下降法是一种潜在完全因素分解方法，具有计算复杂度低的优点，通过有效的分布式计算扩展[309-311]，随机梯度下降可以充分利用集群和多核的计算能力。但是随机梯度下降法分布式扩展存在一些挑战：在计算过程中，随着数据规模的增大，因并行化数据分享引起的读写冲突加重，这极大地限制了设备的计算能力。因此，随机梯度下降法的并行化扩展成为研究热点。为了降低读写冲突对计算性能的影响，Gemulla 等[312] 提出分布式随机梯度下降法（distributed stochastic gradient descent, DSGD），该算法将矩阵划分成块，通过调整更新序列，避免并行更新带来的重写冲突，但该算法并未考虑各分块中用户偏好评分数据的规模，可能会导致计算节点上的负载失衡。Zhuang 等[310] 在 DSGD 的基础上，提出快速并行化随机梯度下降法，该算法优化了负载平衡。已有的随机梯度下降法无法根据输入数据的一些固有性质来处理大数据，且改进方法大多都采用了大容量的同步处理模式，即在集群中所有计算节点的本地副本同步更新共享数据，之后定期同步更新。不同的改进方法在算法收敛速度和计算节点通信成本之间进行权衡，目前尚无统一公认的结论。Petroni 和 Querzoni[313] 采用基于图分割的思想，提出一种异步图随机梯度下降法（graph asynchronous stochastic gradient descent, GASGD），该方法将用户或项目视为节点，而用户对项目的评分视为边，基于此构建图模型，利用贪婪算法，实现计算节点之间负载均衡。

交替最小二乘法是基于潜在因素的另一种矩阵分解算法[308]，具有良好的并行化性能，但本身计算复杂度较高，研究人员直接将其集成到分布式计算平台，利用集群强大的计算能力计算矩阵分解问题。Schelter 等[297] 通过交替最小二乘法解决低秩矩阵分解问题，利用 MapReduce 实现并行化应用，取得了良好的集群计算性能。

6.2.3　大数据环境下隐式反馈数据的推荐系统

大数据环境下隐式反馈数据（如用户作息时间、视频浏览、网页浏览、转发朋友圈、微博点赞或关注、购买商品等行为数据）是主要的输入数据形式，这类数据无需用户投入更多的精力，不会影响用户的正常生活，具有广泛的应用前景[285]。然而，隐式反馈数据面临数据规模庞大且用户评分数据稀疏两大挑战[284]，为了解决上述问题，研究人员开始关注大数据环境下基于隐式反馈数据的推荐系统。

传统的推荐系统只注重用户评分数据的分析，并未考虑大量的隐式反馈信息，这不仅造成了大数据资源的浪费，而且限制了大数据环境下推荐系统的研究。

隐式反馈数据可以分为"选择"和"未选择"两类，其中"选择"数据虽然能直观反映用户偏好，但数据规模较小；"未选择"数据虽然规模较大，但无法直接反映用户的偏好。目前，多数研究人员基于隐式反馈数据开展研究。典型代表有：Pálovics 等仅使用用户听音乐的行为数据，而忽视了大量用户未听音乐的数据[296]。针对该问题，印鉴等[284]提出一种隐式反馈推荐模型（implicit feedback recommendation model，IFRM），该模型将推荐任务转换为用户选择行为发生概率的最大化问题，直接利用隐式反馈数据建模。该模型充分利用了"未选择"数据，又避免引入负例的同时引入噪声，在一定程度上提升了推荐效率。同时，借鉴了降维方法解决高维稀疏数据的噪声问题，进一步采用分桶的并行化隐式反馈模型 p-IFRM，提高了算法的效率。隐式信任数据通过用户之间交互行为反映用户关系，Fazeli 等[314]利用隐式信任数据预测用户信任值评分，实验表明，利用隐式信任数据与利用用户评分数据具有相似的推荐结果，但隐式信任数据采集成本更小，更便于使用。

隐式反馈数据较用户评分数据能更好地反映用户的行为偏好。大数据环境更便于利用隐式反馈数据来获取用户的短期偏好。基于当前的短期偏好，可以有效地预测未来一段时间内用户的偏好，从而生成实时性强的推荐结果。Yang 等[285]提出基于局域隐式反馈大数据的推荐算法，该算法利用局部和全局的隐式反馈数据。用户未来短期内的音乐偏好会受到当前偏好的影响，因此，将用户时间划分为多个时间片，在每个时间片内，综合考虑用户的上下文环境（如娱乐、工作、饮食或运动）对用户音乐偏好的影响，根据当前时间片内得到的用户音乐偏好来预测下一个时间片内用户的音乐偏好，进而为用户推荐其感兴趣的音乐[315]。

传统推荐方法在处理用户评分数据方面有良好的性能，但隐式反馈数据并未包括显式的用户评分信息，因此，不同于基于评分预测的推荐方法，基于排序的方法在处理隐式反馈数据时有更好的性能。Zhao 等[316]在提取微博用户对商品的反馈信息基础上加入排序算法，得到较为理想的商品推荐效果。最小化传统排序方法的目标函数需要在目标采样上以一定准确度来换取算法的计算效率[317]，而当数据规模较大时，上述代价将无法容忍。因此，有研究人员认为，在大数据环境下，利用何种数据采样方式变得不再重要。基于上述思想，Takács 和 Tikk[308]提出排序交换最小二乘法（rank altering least square，RALS），该算法无需再对数据采样，直接最小化排序目标函数，有效地提高了数据处理效率。

6.2.4 大数据环境下社会化推荐系统

社会化网络的成熟及通信网络的快速发展，社会化网络信息规模日益增大，逐渐呈现出"大数据"特征。这类数据蕴含了丰富的潜在价值，通过对其深入分析和挖掘，能够获得用户的偏好信息。大数据环境下的推荐系统面临的最大难题是用户评分数据的稀疏性问题，如何把社会化网络中的用户社会关系和信任关系引入到推荐系统中是众多研究人员关注的热点问题。Guo[318]将社会化网络用户之间的信任关系引入到用户偏好建模，再结合已有的用户评分数据，在一定程度上提高了推荐结果的准确度。

如何快速处理社会化网络形成的丰富数据是社会化推荐系统亟待解决的难题。大数据环境下，社会化网络用户交互产生了流式大数据，而这类数据很难利用传统社会化推荐系统进行处理。鉴于此，Diaz-Aviles 和 Drumond[298]采用选择采样策略，在内存中选择建立一个个性化缓冲区，该区域只用于加载和更新模型数据，而不需要将产生的全部流式数据一次性加载到内存空间，这缓解了推荐系统的储存压力，同时引入矩阵分解来快速处理流式数据，是大数据环境下处理流式数据的有效方法。在数据形式上，大数据环境下社会化网络平台给研究人员提供了更为丰富的隐式反馈数据。Fazeli 等[314]将量化后的用户之间的信任关系引入到社会化数据矩阵分解过程中，该做法降低了数据采集成本，并能达到与用户显式信任评分数据相似的推荐准确度。

移动网络和移动设备的发展带来了用户个人行为的感知数据，这些数据蕴含了丰富的用户轨迹信息，并且呈现出"大数据"特征。Zheng 等[319]引入包含用户历史位置信息的用户 GPS 轨迹数据，如何对该类数据进行分析和处理，从而进一步提高推荐系统的工作效率，是大数据环境下社会化推荐系统面临的一大问题。目前，越来越多的研究人员开始关注用户位置信息的重要性。zheng 等[320]提出基于树的分层图和超文本诱导的主题搜索（hypertext induced topic search，HITS）用以处理 GPS 轨迹数据。

作为重要的移动网络应用，移动社交网络产生大量的与用户位置和活动密切相关的数据。将这类数据蕴含的信息融入推荐系统中，可有效地提高推荐系统的效率。移动网络用户发表微博时会标注自己的位置信息，基于此，Hu 和 Ester[321]提出一种基于空间主题（spatial topic，ST）模型，该模型用来对微博主题模型进行空间建模，利用稀疏编码技术缩短数据学习时间，有效地降低了推荐系统的计算时间。鉴于用户位置数据大多没有直观评分数据，有必要引入基于排序的算法。鉴于此，Zheng 等[302]提出基于排序的协同张量和矩阵分解模型。还有一些研究利用"用户-位置-活动张量"表示用户位置数据，以便提取用户的偏好。Symeonidis 等[303]引入高阶奇异值分解来分解用户张量数据，发掘用户、位置和活动数据之间的潜在语义关系，利用增量计算方法更新数据，以期降低数据累计过程中计算的复杂度。

基于社会化网络的推荐系统的主要评价指标是 RMSE，如何最小化 RMSE 是研究人员最为关心的问题。针对隐式反馈数据在社会化网络数据中的占比较大的事实，基于排序的推荐系统具有广阔的应用前景。但该推荐系统的 RMSE 值较高，无法保证推荐系统高效的工作。鉴于此，Yang 等[322]在社会化信任加强矩阵分解模型基础上，将最近邻方法引入到信任网络的潜在特征空间，从而有效地降低了推荐系统的 RMSE 值。

鉴于社会化网络数据呈现出"大数据"特征，众多研究人员试图将推荐系统部署在并行化平台上，以期利用集群来处理海量数据，从而降低计算成本和提高计算效率。Zhang 等[323]首先对用户购买商品的品牌进行特征提取；然后基于 Apriori 算法对特征进行聚类，获取拥有最多用户购买的相似品牌。然而上述方法的时间复杂度与数据规模紧密联系，因此，上述方法无法处理海量数据。鉴于此，Zhang 等提出基于回归的分布式迭代随机阈值算法（distributed iterative shrinkage-threshold algorithm，DISTA），该算法能随机优化数据训练过程，通过把 Aprior 算法部署到 Hadoop 平台，以实现快速发现潜在推荐品牌的目的[323]。

6.2.5　大数据环境下组推荐系统

在大数据环境下，为每位用户生成个性化推荐需要进行大量计算，成本高。在一些特定的应用领域，如餐厅点餐、视频节目等，可以充分利用用户之间行为的相似性，并基于此，对用户进行分组，为用户进行群组推荐，在一定程度上降低推荐系统的计算代价，提高用户对推荐结果的满意度。因此，大数据环境下组推荐系统引起业界的高度重视。传统的组推荐算法，由于数据规模过小，群组成员的重要性难以区分，一般只能采取权重相等的方式对用户偏好进行融合，对于一些具有较高权重的群组成员，并未发挥其应有的作用，这直接导致群组成员之间的层次不明显，偏好融合可能产生较大偏差，上述问题限制了组推荐系统的进一步发展。为了提高组推荐系统群组成员之间影响力区分度不够、层次模糊的问题，Wang 和 Zhao[324]提出基于主题的建模方法，该方法首先将主题划分为子群，然后计算群组成员在相应主题下的影响特征矩阵，根据群组成员的重要性来确定群成员的影响力，进而提高获取群偏好的准确度。

此外，为了解决推荐系统面临的数据稀疏问题，研究人员引入基于位置的社会化网络数据（location-base social network，LBSN）。这些数据涉及用户的位置和活动信息，反映了用户在时间和空间上的偏好。Purushotham 等[325]是利用分层贝叶斯网络和主题模型学习 LBSN 中的用户活动数据，利用矩阵分类方法提高群组成员偏好的获取速度，高效地生成群组偏好，提高了推荐的实时性。

由于缺乏成员偏好数据，传统组推荐系统往往通过协同诱导的方式生成群组偏好。上述方法对组推荐可能会产生较大偏差，推荐结果难以满足大多数群组成员的要求[326]。在大数据环境下，研究人员期望采用丰富的隐式反馈数据来弥补传统组推荐的数据缺失。鉴于基于排序的推荐系统在处理隐式反馈数据的有效性，研究人员试图将用户偏好信息引入到用户群偏好的生成过程中，从而降低了由于缺乏群组成员偏好信息而无法产生满足用户需求的推荐结果，在一定程度上提高了推荐结果的准确度。Naamani-Dery 等[326]提出启发式迭代组偏好获取方法，该方法在群组成员决策融合阶段通过最小化用户偏好诱导效果，减少了不满足用户需求的组推荐项，使生成的组推荐结果更加符合群组偏好。

6.2.6 大数据环境下推荐结果评价

推荐系统的评价指标主要包括五个方面：准确性指标、基于加权排序的指标、覆盖率指标、多样性指标和新颖性指标。其中，主要的准确度指标有平均绝对误差[314]、精度[316]、召回率[298,314]、均方根误差[285,314]、AUC 指标、平均排序分（average rank score，ARS）；主要的加权排序指标有折扣累计利润（discounted cumulative gain，DCG）[314,316,320]和排序偏差准确率（rank-biased precision，RBP）；主要的覆盖率指标有预测覆盖率（prediction coverage）、排序覆盖率（recommendation coverage）和种类覆盖率（catalog coverage）；主要的多样性指标有用户间多样性（inter-user diversity）和用户内多样性（intra-user diversity）；主要的新颖性指标有推荐的新颖率（un-expectedness，UE）。

传统环境下的评价指标往往针对显式评分的推荐系统，而在大数据环境下，隐式评分的应用成为推荐系统的主流[312]，因此，大数据环境下推荐系统的多样性和新颖性等指标受到更多关注。对于个性化推荐，用户停留在推荐内容上的时间更能反映推荐结果的优劣。根据不同的内容，用户点击停留行为是不同的，因此，Yi 等[327]提出个性化停留时间，能较好地反映个性化推荐系统的性能；Zhu 等从准确度指标、基于排序加权的指标、覆盖率指标、多样性指标和新颖性指标五个方面进行了阐述，将其细分为 27 个评价指标，并对各自的优缺点及适用环境进行了深入的分析[61]。常用的推荐系统评价指标如表6.2所示。

表6.2 常用的推荐系统评价指标

评价指标		名称	符号	偏好	是否依赖于推荐列表长度	备注
准确度指标	预测评分准确度	平均绝对误差	MAE	小	否	适用于比较关注精度的预测评分的系统
		平均平方误差	MSE			
		均方根误差	RMSE			
		标准平均绝对误差	NMAE			
	预测评分关联	Pearson 关联	PCC	大	否	适用于不关注精度的预测评分的系统，其中 NDMP 适用于弱排序
		Spearman 关联	ρ			
		Kendall's Tau	τ			
		基于距离的标准指标	NDMP	小		
	分类准确度	准确率	$P(L)$	大	是	除 AUC 外，其他不适用于没有明确二分喜好的系统
		召回率	$R(L)$		是	
		准确率提高率	$e_P(L)$		是	
		召回率提高率	$e_R(L)$		是	
		F1 指标	$F_1(L)$		是	
		ROC 曲线面积	AUC		否	
	排序准确度	平均排序分	RS	小	否	适用于对推荐排序要求严格的系统
基于排序加权的指标		半衰期效用指标	$HL(L)$	大	是	考虑了具体的推荐排序值，更为合理
		折扣累计利润	$DCG(b, L)$			
		排序偏差准确率	$RBP(p, L)$			
覆盖率指标		预测覆盖率	COV_p	大	否	这些指标单独使用没有意义，应与准确度指标一起考虑。欲计算种类覆盖率指标需要先对商品种类进行分类
		排序覆盖率	$COV_p(L)$		是	
		种类覆盖率	COV_c		是	
多样性指标		用户间多样性	$H(L)$		是	
		用户内多样性	$I(L)$	小		
新颖性指标		推荐商品平均度	$N(L)$		是	
		系统的自信息量	$U(L)$	大		
		推荐的新颖率	UE			
		考虑排序的推荐新颖率	UER			

准确度是最常用也是最重要的推荐系统评价指标,可以度量推荐系统预测的能力。除了以上提到的评测指标,还有一些未量化的指标,如用户满意度、实时性、健壮性、自适应性[328]、隐私性[329]等。

时至今日,如何客观且有效地评价推荐系统的性能仍是具有争议的问题。在众多评价指标中,如何根据实际情况进行选择是非常困难的。推荐系统可能在某些指标上效果优异,但是在另一些指标上表现欠佳,很难综合地判断推荐系统的优劣。此外,在离线测试中表现良好的系统,在线测试时可能表现很差,因为在线测试会受到诸多不确定因素的影响,如用户界面环境、用户情绪等。虽然很难做到完全客观并且全面的评价,但是有一点是肯定的,一个好的推荐系统一定是以用户体验为核心的。用户的体验和反馈是评价推荐系统最真实、最客观、最重要的指标,但如何将用户的体验进行量化也是推荐系统的一个重大挑战。

6.3 大数据环境下推荐系统的典型应用

6.3.1 大数据环境下的疾病诊断和治疗推荐系统

传统的疾病诊断和治疗系统由于严重缺乏医疗数据,很难准确地判定患者的疾病类型。特别是对于一些治疗阶段存在较大相似性的疾病,传统的疾病诊断和治疗系统更是无能为力。与传统的疾病诊断和治疗系统相比,大数据环境进一步扩大了医疗数据的获取范围,从而为患者更加有效的个性化医疗服务提供了可能。鉴于此,研究人员提出大数据环境下的疾病诊断和治疗推荐系统(disease diagnosis and treatment recommendation system,DDTRS)[330],该系统可以根据患者的检查报告推荐治疗方案。

在大数据环境下,医疗数据规模庞大、类型多样、更新周期频繁,如何能够及时、有效地处理这些医疗数据,并为患者提供实时的疾病诊断和治疗建议显得尤为关键。大数据环境下的疾病诊断和治疗推荐系统在并行计算和云计算的基础上,通过分析海量医疗数据得到疾病症状集合;结合历史诊疗记录确定疾病类型,并深入分析诊断和治疗之间的关联关系;根据当前疾病所处的阶段,向医生与患者推荐有价值的疾病诊断和治疗方案。

大数据环境下的疾病诊断和治疗推荐系统主要由四个模块组成:医疗数据获取及清洗模块、疾病症状聚类分析模块、疾病诊断和治疗建议模块、数据解释交互模块。该系统的组织架构如图 6.5 所示。

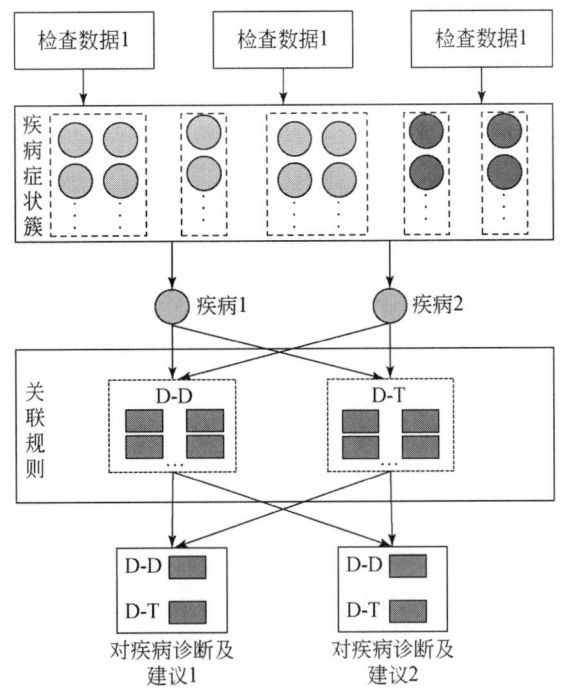

图 6.5 大数据环境下的疾病诊断和治疗推荐系统

（1）医疗数据获取及清洗模块

当前，不同医院出具的检查报告标准不一，因此，为了后续处理方便，有必要对检查报告进行规范化和标准化。该模块主要包括两个步骤：第一步将不同类型的患者检查数据均转化为数值型；第二步将不同格式的患者检查数据均转化为文本型。

（2）疾病症状聚类分析模块

聚类是根据数据对象之间的相似性将数据集划分成相应类簇的过程。聚类结果使得同一类簇内的对象具有较高相似性，不同类簇间的对象相似性较低。在众多聚类算法中，基于密度峰值的聚类算法（density-peak-based clustering analysis，DPCA）能快速发现任意形状数据集的密度峰值点，并能高效地进行数据点分配和离群点剔除，适用于大规模数据的聚类分析。鉴于 DPCA 的适用场景，引入 DPCA 来对患者的疾病症状进行聚类分析。患者检验数据聚类分析的工作流程如图 6.6 所示。

（3）疾病诊断和治疗建议模块

在疾病症状聚类结果的基础上，引入 Apriori 算法对疾病诊断（disease-

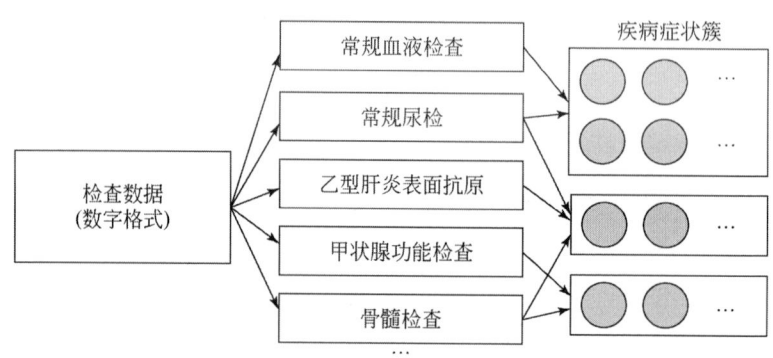

图 6.6 患者检查数据的聚类分析工作流程

diagnosis, D-D) 与疾病治疗 (disease-treatment, D-T) 以及疾病症状簇和疾病治疗方案进行关联分析，并向医生和患者推荐相应的疾病治疗建议。

(4) 数据解释交互模块

在疾病诊断和治疗方案关联分析的基础上，为医生和患者提供可视化交互界面，医生和患者可以在不同治疗阶段随时随地查询检查报告与治疗建议。从医学角度看，不当的治疗建议可能会导致误诊甚至危及患者的健康。因此，如果推荐的诊断或方案不理想，医生可以提出反馈意见，系统立即对疾病诊断和治疗方案进行一定程度的修改，从而保证推荐系统给出的治疗方案具有一定的真实性和可靠性。

6.3.2 大数据环境下研发项目机会推荐系统

随着各级政府对高新技术企业和先进制造企业投入的不断加大，越来越多的研发项目信息在互联网上进行公示招标。在这些海量的项目信息中，如何有效地向相关研究人员和从业人员推荐研发项目机会是一项具有挑战性与复杂性的任务。为了解决上述问题，提出大数据环境下研发项目推荐系统。该系统首先从互联网上收集研发项目信息，然后基于社交网络对研究项目信息和在线用户进行深入分析；利用匹配算法计算研发项目与在线用户之间的相似性；然后利用信息聚合模型为在线用户推荐适当的研发项目；最后实现上述系统功能并部署在 MapReduce 并行计算平台。大数据环境下研发项目推荐系统工作流程如图 6.7 所示。

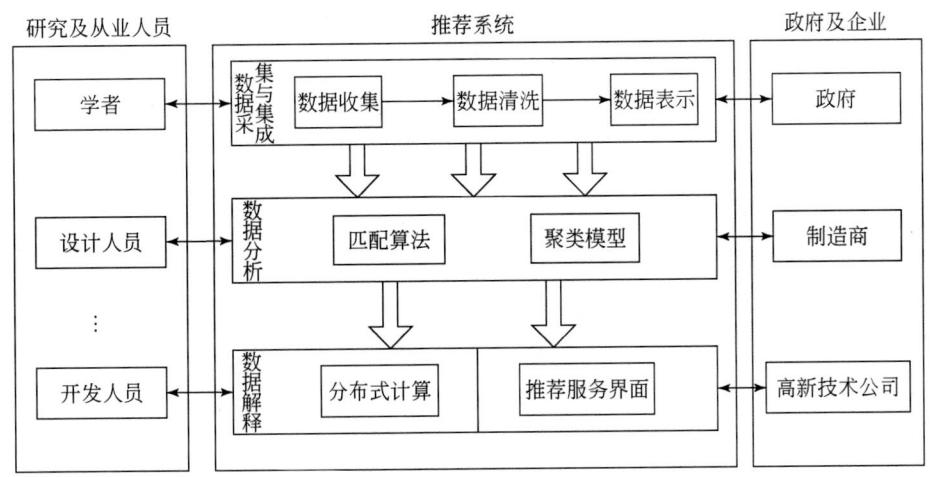

图 6.7 研发项目机会推荐系统工作流程

（1）数据采与集成集层

数据采集与集成层的主要任务是从互联网上收集尽可能多的信息用以构建准确的用户画像。用户画像是现实用户的抽象表示，是一种建立在真实数据集上的用户标签模型。常见的构建用户画像的方法有三种：①定性用户画像，通过访谈、观察等无法量化的信息来分析归纳用户类型；②经定量检验的定性用户画像，建立定性用户画像类型后通过问卷、测试等量化数据验证定性结论；③定量用户画像，建立定性用户画像假设，根据假设收集数据通过数据确定用户画像。该系统利用定量方法构建用户画像，其构建过程分为两步，第一步利用用户事先声明的兴趣、爱好、经验、技能等信息来建立静态的用户模型；第二步通过对用户行为的分析来自动获取用户兴趣，以期实现用户模型的动态更新。研究人员的研究活动反映在其发表的论文和申报的项目上，这些论文和申报的项目的水平高低反映了研究人员的科研能力，而其中包含的关键词反映了研究人员的研究兴趣。该系统通过建立"论文-期刊矩阵"、"项目-类型矩阵"来描述研究人员的科研能力；通过建立"关键词-文档矩阵"来描述研究人员的研究兴趣；通过建立"研究者-研究者矩阵"和"研究者-研究机构矩阵"来进行关联分析。

（2）数据分析层

数据分析层包括匹配算法和信息聚类模型。匹配算法的核心模块包括研究人员科研能力评价模块、研究人员和研发项目相关性分析模块。研究人员科研能力评价模块利用研究人员的论文和项目来评价其科研能力。在论文方面，利用引用关系和科研网络（如喜欢、共享、评论、收藏等）来判断论文的质量；在项目方面，利用社交网络（如喜欢、共享、评论、项目组成员数等）来判断项目的质量。研究人员和研发项目相关性分析模块将研究人员画像和研发项目画像分别利用一组关键词及其权重进行表示，并利用相关性分析方法来对两者的相关性进行分析。信息聚类模块用来解决研究人员和研发项目之间的匹配度的问题。该模块通过最大化研究人员和研发项目匹配度及项目级别和研究经费匹配度来构建优化问题。

(3) 数据解释层

数据解释层包括分布式计算和推荐服务界面。MapReduce 是一种经典的分布式计算框架，它以并行的方式在由大量节点构成的机群上处理海量的大数据。MapReduce 处理大数据的过程分为两个阶段：Map 阶段和 Reduce 阶段。MapReduce 处理大数的思路是把输入大数据划分为相互独立的数据块，这些数据块以完全并行的方式由 Map 函数和 Reduce 函数处理。推荐服务界面用于实现用户和推荐系统之间的交互。推荐系统通过该界面为用户提供推荐结果，如果用户对推荐结果不太满意，可以通过该界面提出意见或建议，以期进一步推荐系统的推荐效率。

6.4　大数据环境下的学习资源推荐系统

海量学习资源为学习者提供了更多的选择，然而，以文本、音频、视频等形式存在的学习资源规模庞大且具有"多源异构"特性，这为学习资源推荐带来了巨大挑战。因此，如何在大数据环境下建立学习资源推荐系统值得深入研究。在现有大数据推荐系统的基础上，提出大数据环境下的学习资源推荐系统（learning resource recommendation system in big data environment，LRRS）。该系统采用纵向分层、横向模块化、基础通用功能组件化的推荐系统构架，以便集成更多的算法、策略和引擎，从而实现功能上的扩展。层与层之间通过接口进行交互，层内采用模块化设计思想，以保证系统架构具有高内聚、低耦合的特点。

LRRS 架构如图 6.8 所示。该架构分为三层，自下而上分别是大数据收集层、大数据存储层、资源推荐层。

(1) 大数据收集层

为了全面准确地发现学习者的兴趣偏好，推荐系统要尽可能多地收集信息，集成多种类型的数据，使推荐更加全面。LRRS 需要收集的数据主要包括以下几方面。

1) 资源描述信息收集：学习资源提供者发布信息时，对学习资源进行描述的信息，包括资源标注、资源内容描述等。这些信息体现了学习资源的特征。然而，学习资源提供者出于利益和商业竞争等方面的考虑，对资源内容的描述可能

第 6 章 | 大数据环境下的学习资源推荐方法

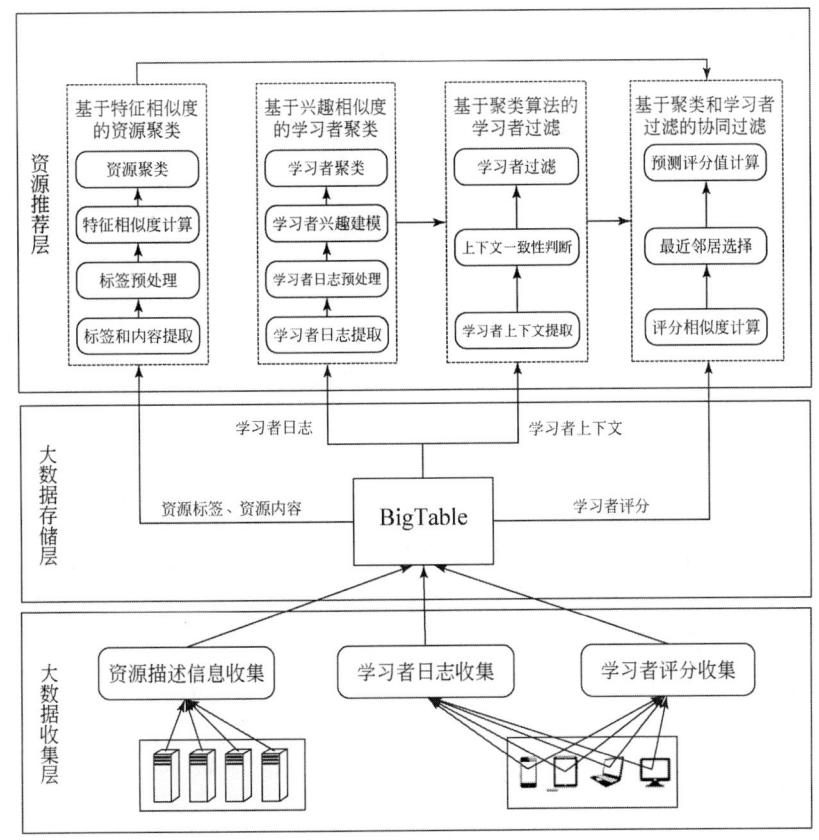

图 6.8 大数据环境下的学习资源推荐系统架构

夸大;而且学习资源提供者标注资源时,可能使用不同形态的词。因此,在使用资源标注和资源内容信息来描述学习资源特征时,需要对这些信息进行一些预处理工作,如去除停用词、提取词干等。

2) 学习者日志:系统隐式收集的信息,包括学习者访问的次数、访问的内容、访问的时间和地点等。隐式收集不对学习者产生干扰,但所收集的信息未必能正确反映学习者的兴趣偏好,可能存在偏差。另外,学习者日志分析可能引起学习者对于隐私安全方面的担忧,从而放弃对当前推荐系统的使用。

3) 学习者评分收集:学习者显式提供给系统的信息,包括学习者输入的学习资源请求及学习者的反馈信息(如学习者对自己访问过的学习资源的评分)。学习者手工输入的信息简单直接地表达了学习者的偏好,准确性较高。但是,很少有学习者愿意花时间给予反馈,因而学习者评分非常稀疏,对推荐的准确性造成影响。

（2） 大数据存储层

大数据存储层负责对大数据收集层所收集到的学习资源大数据进行统一的存储和管理，提供学习资源推荐运行所需数据。

除了海量的学习资源之外，在学习资源推荐过程中，反映学习者偏好的评分数据是非常重要的信息之一。当越来越多的学习资源出现在网上时，大量的学习者及随之产生的大量复杂结构的数据（如学习者日志、学习者评分/评论、上下文数据等）并分布于网络之中，以至于无法用传统的数据库管理系统进行有效地存取。

Google 定义 BigTable 是一种为管理结构化数据而设计的分布式存储系统，这些数据可以扩展到非常大的规模，如在数千台商用服务器上的达到 PB 规模的数据，有很多应用程序建立在 BigTable 之上。一个 BigTable 是一个稀疏的、分布的、永久的多维排序图，每个单元格由行关键字、列关键字和时间戳来进行三维定位，还提供一个用于将多个相似的列整合至一起的列族机制，使得表可以轻松地横向扩展。BigTable 对于传统数据库中可扩展性问题给出了很好的解决方案，非常适合海量数据处理和非结构数据的存储，并且在数据模型上也有一定的突破，不再支持完全的关系数据模型，而是为客户供一个对于数据形式及格式动态可控的简单数据模型。

BigTable 的诸多优势，使其成为存储服务大数据的首选。将资源标签、资源内容、学习者日志及学习者评分等信息按照 BigTable 数据模型存储，其中学习者标签和资源内容是字符串类型，学习者日志是由学习者请求、资源访问时间、资源名、操作名、IP 地址组成的复杂结构，学习者评分则是浮点类型的数据。

（3） 资源推荐层

资源推荐层是 LRRS 的核心。其工作流程可分为四个主要步骤，分别由四个关键方法完成，即资源聚类方法、学习者聚类方法、学习者过滤方法和协同过滤方法。其中，资源聚类和学习者聚类与实时推荐任务无关，因而离线完成，不会占用实时推荐计算时间。资源聚类完成后，各个特征相似的资源被聚为一簇，并将目标资源所属簇称为"目标资源簇"。学习者聚类完成后，各个兴趣相似的学习者被聚为一簇，并将活动学习者所属簇称为"活动学习者簇"。学习者过滤是从活动学习者簇中过滤与活动学习者上下文不一致的学习者，进一步减少推荐时需要处理的学习者数量。与活动学习者上下文一致的学习者被放入其上下文一致学习者集。协同过滤方法以上下文一致学习者集和目标资源簇为"学习者–资源"空间，完成学习资源推荐。通常，目标资源簇中的资源数量远小于系统中原有资源数量，而上下文一致学习者集中的学习者数量远小于系统中原有学习者数量。因此，"学习者–学习资源"评分数据的稀疏性降低，而且评分相似度的计算量大大减少，提高了推荐的实时性。

6.5 挑战与展望

在大数据时代，推荐系统的出现有效地解决了"信息过载"和"信息迷航"问题，从而为用户提供更加个性化的信息服务。目前各种应用领域的推荐系统研究方兴未艾，许多问题有待进一步解决。笔者认为大数据环境下的推荐系统是未来学术界和工业界研究的热门方向之一。从大数据的"5V"角度看，主要挑战和研究趋势体现在以下几个方面。

1）Volume（体量大）。数据规模的快速增长为数据存储能力带来严峻挑战。海量数据加剧了数据稀疏问题和长尾问题。在推荐系统中，可获得的已打分数据通常远小于需要预测的打分数据。当评分矩阵稀疏到某种程度后，推荐系统的效率会持续下降，而且距离关系的计算代价很高，很难实际应用到大规模评分数据上。长尾是指那些原来不受到重视的销量小但种类多的产品或服务由于总量巨大，累积起来的总收益超过主流产品的现象。大数据背景下数据稀疏性和长尾问题将持续受到研究人员的关注。

2）Variety（多模态）。推荐系统可使用的数据复杂繁多，如社交网络里面的信息、地点位置信息和其他上下文感知信息都考虑进来，不但数据量增加，计算复杂度亦会成倍增加。另外推荐系统研究涉及隐私保护问题，如何既保证个性化推荐又保护用户的隐私，这是一个对立的问题，给研究人员与开发者带来了很大挑战。

3）Value（高价值低密度）。大数据本身价值巨大，但是价值密度却很低。就推荐系统而言，对用户偏好建模，并将其感兴趣的项目推荐给用户，这里被推荐的项目对用户而言是有价值的。由于目前大多数推荐系统效率不高，如何高效地从海量数据中找出用户所需要的有价值项目是一大挑战。因此，更大程度地挖掘和使用数据的潜在价值，并且深入挖掘用户行为模式或在复杂场景下进行推荐是未来持续研究的问题之一。

4）Velocity（时效性）。推荐系统对时效性要求较高，要想真正捕获最优的推荐机会，时效性非常重要。如何将海量的用户数据应用到实时的用户交互中以提高用户体验，这就涉及推荐系统可扩展性问题。目前很多推荐模型虽然可以获得很好的预测精度，但因它们有较高的计算复杂度，很难应用于实际的大规模推荐问题。未来推荐算法的可扩展性仍是一个值得研究的问题。

5）Veracity（速度快）。数据的准确性及可信赖性，即数据质量方面的挑战。大数据中的内容是与真实世界息息相关的，数据的来源错综复杂，数据决定了算法所能达到的最优效果。研究大数据前提是要保证数据的准确性及可信赖度。如何提高数据的真实性是未来持续研究的问题之一。

参 考 文 献

[1] Han J W, Kamber M. Data mining: concepts and techniques [M]. San Francisco: Morgan Kaufmann Publishers, 2001

[2] William J F, Gregory P S, Christopher J M. Knowledge discovery in databases: an overview [J]. AI Magazine, 1992, 13 (3): 213-228

[3] Mannila H. Methods and problems in data mining [C]. Proceedings of 7th International Conference on Database Theory, Delphi, Greece, 1997: 41-45

[4] Mullich J. Data mining: making data meaningful [J]. Computer, 1997, 30 (9): 18

[5] Gehrke J, Ganti V, Ramakrishnan R, et al. BOAT: optimistic decision tree construction [C]. Proceedings of the 1999 ACM SIGMOD International Conference on Management of Data. Association for Computing Machinery, New York, USA, 1999: 169-180

[6] Agrawal R, Srikant R. Fast algorithms for mining association rules [C]. Proceedings of the 20th International Conference on Very Large Data Bases, 1994: 487-499

[7] Kleinberg L. A micro economic view of data mining [J]. Data Mining and Knowledge Discovery, 1998, 2: 311-324

[8] Chakrabarti S, Sarawagi S, Dom B. Mining surprising pattern using temporal description length [C]. Proceedings of the 1998 International Conference on Very Large Data Bases, New York, USA, 1998: 606-617

[9] Imielinski T. A database perspective on knowledge discovery [J]. Communications of ACM, 1996, 36: 58-64

[10] Keim D A. Visual techniques for exploring databases [C]. Proceedings of the 1997 International Conference on Knowledge Discovery and Data Mining, Newport, USA, 1997

[11] 黄绍君, 杨炳儒, 谢永红. 知识发现及其应用研究回顾 [J]. 计算机应用研究, 2001, 4: 1-5, 8

[12] 邱均平, 周倩雯. 数据挖掘与知识发现比较研究 [J]. 情报科学, 2010, 28 (12): 1862-1865

[13] 元巧云, 程刚. 近年来我国数据挖掘研究综述 [J]. 情报学报, 2005, 24 (2): 250-255

[14] 赵又霖, 邓仲华, 陆颖隽. 数据挖掘云服务分析研究 [J]. 情报理论与探索, 2012, 35 (9): 33-36, 44

[15] 张玉, 郭会雨, 陈建青. 我国数据挖掘研究现状分析——基于共词分析视角 [J]. 情报科学, 2011, 29 (10): 1589-1593

［16］罗平，阳广元，甯佐斌．数据挖掘方法和知识发现研究［J］．图书情报工作，2011，1：217-219，228

［17］Guyon I，Elisseeff A. An introduction to variable and feature selection［J］．Journal of Machine Learning Research，2003，3：1157-1182

［18］宋枫溪，高秀梅，刘树海，等．统计模式识别中的维数削减与低损降维［J］．计算机学报，2005，28（11）：1915-1922

［19］Sun Y J. Iterative RELIEF for feature weighting：algorithms，theories and applications［J］．IEEE Transactions on Pattern Analysis and Machine Intelligence，2007，29（6）：1035-1051

［20］Guyou I，Weston J，Barnhill S，et al. Gene selection for cancer classification using support vector machines［J］．Machine Learning，2002，46：389-422

［21］Chow T W S，Wang P Y，Ma E W M. A new feature selection scheme using a data distribution factor for unsupervised nominal data［J］．IEEE Transaction on Systems，Man and Cybernetics-Part B：Cybernetics，2008，38（2）：499-509

［22］Rokach L，Chizi B，Maimon O. A methodology for improving the performance of non-ranker feature selection filters［J］．International Journal of Pattern Recognition and Artificial Intelligence，2007，21（5）：809-830

［23］Yu L，Liu H. Feature selection for high-dimensional data：A fast correlation-based filter solution［C］．Proceedings of the 20th International Conference on Machine Learning，Washington D C，USA，2003：856-863

［24］Kohavi R，John G H. Wrappers for feature subset selection［J］．Artificial Intelligence，2007，97（1-2）：273-324

［25］Xu Z，King I，Lyu M R. Feature selection based on minimum error minimax probability machine［J］．International Journal of Pattern Recognition，2007，21（8）：1279-1292

［26］Kira K，Rendell L. The feature selection problem：Traditional methods and a new algorithm ［C］．Proceedings of the 9th International Conference on Artificial Intelligence，New Orleans，USA，1992：129-134

［27］Nakariyakui S，Casasent D P. Adaptive branch and bound algorithm for selecting optimal features［J］．Pattern Recognition Letters，2007，28（12）：1415-1427

［28］Dy J G，Brodley C E. Feature subset selection and order identification for unsupervised learning ［C］．Proceedings of the 17th International Conference on Machine Learning，San Francisco，USA，2000：88-97

［29］Whiteson S，Stone P，Stanley K O，et al. Automatic feature selection in neuroevolution［C］．Proceedings of the International Conference on Genetic and Evolutionary Computation，New York，USA，2005：1225-1232

［30］Hsing T，Liu L Y，Marcel B，et al. The coefficient of intrinsic dependence（feature selection using el CID）［J］．Pattern Recognition，2005，38（5）：623-636

［31］Wang Q H，Zhang Y Y，Cai L，et al. Fault diagnosis for diesel value trains based on non-negative matrix factorization and neural network ensemble［J］．Mechanical Systems and Signal

Processing, 2009, 23 (5): 1683-1695

[32] Behrens T, Zhu A X, Schmidt K, et al. Multi-scale digital terrain analysis and feature selection for digital soil mapping [J]. Geoderma, 2010, 155 (3-4): 175-185

[33] Lipovetsky S. PCA and SVD with nonnegative loadings [J]. Pattern Recognition, 2009, 42 (1): 68-76

[34] Camacho J, Pic J, Ferrer A. Data understanding with PCA: structural and variance information plots [J]. Chemometrics and Intelligent Laboratory Systems, 2010, 100 (1): 48-56

[35] Radulovic J, Rankovic V. Feedforward neural network and adaptive network-based fuzzy inference system in study of power lines [J]. Expert Systems with Applications, 2010, 37 (1): 165-170

[36] Peter N B, Joao P H, David J K. Eigenfaces vs. Fisherfaces: recognition using class specific linear projection [J]. IEEE Transactions on Pattern Analysis and Machine Intelligence, 1997, 19 (7): 711-720

[37] Lopez M M, Ramirez J, Alvarez I, et al. SVM-based CAD system for early detection of the Alzheimer's disease using kernel PCA and LDA [J]. Neuroscience Letters, 2009, 464 (3): 233-238

[38] Mika S, Ratsch G, Weston J, et al. Constructing descriptive and discriminative nonlinear features: rayleigh coefficients in kernel feature spaces [J]. IEEE Transactions on Pattern Analysis and Machine Intelligence, 2003, 25 (3): 623-628

[39] Yang M H. Kerneleigenfaces vs. kernel fisherfaces: face recognition using kernel methods [C]. Proceedings of the 5th IEEE International Conference on Automatic Face and Gesture Recognition, Washington D C, USA, 2002: 215-220

[40] 胡永宏. 综合评价方法 [M]. 北京: 科学出版社, 2000

[41] Roweis S T, Saul L K. Nonlinear dimensionality reduction by locally linear embedding [J]. Science, 2000, 290: 2323-2326

[42] Belkin M, Niyogi P. Laplacian eigenmaps and spectral techniques for embedding and clustering [J]. Advances in Neural Information Processing Systems, 2002, 14 (6): 585-591

[43] Wang J Z. Geometric structure of high-dimensional data and dimensionality reduction [M]. Heidelberg: Springer, 2012

[44] Venna J, Peltonen J, Nybo K, et al. Information retrieval perspective to nonlinear dimensionality reduction for data visualization [J]. Journal of Machine Learning Research, 2010, 11 (1): 451-490

[45] He X, Cai D, Min W. Statistical and computational analysis of locality preserving projection [C]. Proceedings of the International Conference on Machine Learning, Bonn, Germany, 2005: 281-288

[46] Mohamad Al-Shiha A A, Woo W L, Dlay S S. Multi-linear neighborhood preserving projection for face recognition [J]. Pattern Recognition, 2014, 47 (2): 544-555

[47] Zhang W, Xue X, Lu H, et al. Discriminant neighborhood embedding for classification [J].

Pattern Recognition, 2006, 39 (11): 2240-2243

[48] Wang Z, Sun X. Orthogonal Maximum Margin Projection for Face Recognition [J]. Journal of Computers, 2012, 7 (2): 221-224

[49] 闫德勤, 刘胜蓝, 李燕燕. 一种基于稀疏嵌入分析的降维方法 [J]. 自动化学报, 2011, 37 (11): 1306-1312

[50] Quinlan J R. Introduction of decision trees [J]. Machine Learning, 1986, 1 (1): 81-106

[51] Quinlan J R. C4.5: Programs for Machine Learning [M]. San Francisco: Morgan Kaufmann Publishers, 1993

[52] Rastogi R, Shim K. Public: a decision tree classifier that integrates building and pruning [C]. Proceedings of the Very Large Database Conference (VLDB), New York, USA, 1998: 404-415

[53] Mehta M, Agrawal R, Rissanen J. SLIQ: a fast scalable classifier for data mining [C]. Proceedings of the International Conference on Extending Database Technology, Avignon, France, 1996: 18-32

[54] Gehrke J, Ramakrishnan R, Ganti V. RainForest: a framework for fast decision tree construction of large datasets [J]. Data Mining and Knowledge Discovery, 2000, 4 (2-3): 127-162

[55] Liu B, Hsu W, Ma Y. Integrating Classification and Association Rule [C]. Proceedings of the 4th International Conference on Knowledge Discovery and Data Mining, New York, USA, 1998: 80-86

[56] Li W M, Han J, Jian P. CMAR: accurate and efficient classification based on multiple class association rules [C]. Proceedings of the IEEE International Conference on Data Mining, California, USA, 2001: 369-376

[57] Yin X, Han J. Classification based on predictive association rules [C]. Proceedings of the SIAM International Conference on Data Mining, San Francisco, USA, 2003: 331-335

[58] Vapnik V. The nature of statistical learning theory [M]. New York: Springer-Verlag, 1995

[59] 邓乃扬, 田英杰. 支持向量机——理论、算法与拓展 [M]. 北京: 科学出版社, 2009

[60] Pal M, Foody G M. Feature selection for classification of hyper spectral data by SVM [J]. IEEE Transactions on Geoscience and Remote Sensing, 2010, 48 (5): 2297-2307

[61] Scholkopf B, Smola A, Bartlet P. New support vector algorithms [J]. Neural Computation, 2000, 12: 1207-1245

[62] Scholkopf B, Platt J, Shawe-Taylor J, et al. Estimating the support of high-dimensional distribution [J]. Neural Computation, 2001, 13: 1443-1471

[63] Tax D M J, Duin R P W. Support vector data description [J]. Machine Learning, 2004, 54: 45-66

[64] Tsang I W, Kwok J T, Cheung P M. Core vector machines: fast SVM training on very large data sets [J]. Journal of Machine Learning Research, 2005, 6: 363-392

[65] Suykens J A, Vandewalle J. Least squares support vector machines classifiers [J]. Neural

Processing Letters, 1999, 19 (3): 293-300

[66] Mangasarian O, Musicant D. Lagrange support vector machines [J]. Journal of Machine Learning Research, 2001, 1: 161-177

[67] Lin K M, Lin C J. A study on reduced support vector machines [J]. IEEE Transactions on Neural Networks, 2003, 14 (4): 1449-1459

[68] Lee Y J, Mangasarian O. SSVM: A smooth support vector machines [J]. Computational Optimization and Applications, 2001, 20 (1): 5-22

[69] Kononenko I. Semi-naive Bayesian classifier [C]. Proceedings of the European Conference on Artificial Intelligence, Porto, Portugal, 1991: 206-219

[70] Langley P, Sage S. Introduction of selective Bayesian classifier [C]. Proceedings of the 10th Conference on Uncertainty in Artificial Intelligence, Seattle, USA, 1994: 339-406

[71] Kohavi R. Scaling up the accuracy of naive-Bayes classifiers: a decision-tree hybrid [C]. Proceedings of the 2nd International Conference on Knowledge Discovery and Data Mining, Menlo Park, USA, 1996: 202-207

[72] Zheng Z H, Webb G I. Lazy Bayesian rules [J]. Machine Learning, 2000, 32 (1): 53-84

[73] Friedman N, Geiger D, Goldszmidt M. Bayesian network classifiers [J]. Machine Learing, 1997, 29 (2): 131-163

[74] Gelbard R, Goldman O, Spiegler I. Investigating diversity of clustering methods: An empirical comparison [J]. Data and Knowledge Engineering, 2007, 63 (1): 155-166

[75] Kumar P, Krishna P R, Bapi R S, et al. Rough clustering of sequential data [J]. Data & Knowledge Engineering, 2007, 3 (2): 183-199

[76] Goldberger J, Tassa T. A hierarchical clustering algorithm based on the Hungarian method [J]. Pattern Recognition Letters, 2008, 29 (1): 1632-1638

[77] Cilibrasi R L, Vitányi P M B. A fast quartet tree heuristic for hierarchical clustering [J]. Pattern Recognition, 2011, 44 (3): 662-677

[78] Huang Z. Extensions to the K-means algorithm for clustering large data sets with categorical values [J]. Data Mining and Knowledge, Discovery II, 1998, 2: 283-304

[79] Huang Z, Ng M A. Fuzzy K-modes algorithm for clustering categorical data [J]. IEEE Transactions on Fuzzy Systems, 1999, 7 (4): 446-452

[80] Chaturvedi A D, Green P E, Carroll J D. K-modes clustering [J]. Journal of Classification, 2001, 18 (1): 35-56

[81] Goodman L A. Exploratory latent structure analysis using both identifiable and unidentifiable models [J]. Biometrika, 1974, 61 (2): 215-231

[82] Ding C, He X. K-Nearest-Neighbor in data clustering: Incorporating local information into global optimization [C]. Proceedings of the ACM Symposium on Applied Computing, Nicosia, Cyprus, 2004: 584-589

[83] Zhao Y C, Song J. GDILC: A grid-based density isoline clustering algorithm [C]. Proceedings of the Internet Conference on Info-Net, Beijing, China, 2001: 140-145

[84] Ma W M, Chow E, Tommy W S. A new shifting grid clustering algorithm [J]. Pattern Recognition, 2004, 37 (3): 503-514

[85] Pilevar A H, Sukumar M. GCHL: A grid-clustering algorithm for high-dimensional very large spatial data bases [J]. Pattern Recognition Letters, 2005, 26 (7): 999-1010

[86] Nanni M, Pedreschi D. Time-focused clustering of trajectories of moving objects [J]. Journal of Intelligent Information Systems, 2006, 27 (3): 267-289

[87] Tsai C F, Tsai C W, Wu H C, et al. ACODF: A novel data clustering approach for data mining in large databases [J]. Journal of Systems and Software, 2004, 73 (1): 133-145

[88] Adomavicius G, Tuzhilin A. Toward the next generation of recommender systems: a survey of the state-of-the-art and possible extensions. [J]. IEEE Transactions on Knowledge & Data Engineering, 2005, 17 (6): 734-749

[89] Park D H, Kim H K, Choi I Y, et al. A literature review and classification of recommender systems research [J]. Expert Systems with Applications, 2012, 39 (11): 10059-10072

[90] Schafer J B, Konstan J A, Riedl J. E-commerce recommendation applications [J]. Data Mining & Knowledge Discovery, 2001, 5 (1-2): 115-153

[91] Baeza-Yates R, Ribeiro-Neto B. Modern Information Retrieval [M]. New York: Addison-Wesley Publishing Company, 1999

[92] Sebastiani F. Machine learning in automated text categorization [J]. ACM Computer Surveys, 2002, 34 (1): 1-47

[93] 朱扬勇, 孙婧. 推荐系统研究进展 [J]. 计算机科学与探索, 2015, 9 (5): 513-525

[94] Somlo G L, Howe A E. Adaptive lightweight text filtering [C]. Proceedings of the 4th International Symposium on Intelligent Data Analysis, Berlin, Germany, 2001: 319-329

[95] Zhang Y, Callan J, Minka T. Novelty and redundancy detection in adaptive filtering [C]. Proceedings of the International ACM SIGIR Conference on Research and Development in Information Retrieval, New York, USA, 2002: 81-88

[96] Robertson S. Threshold setting and performance optimization in adaptivefltering [J]. Information Retrieval, 2002, 5 (2-3): 239-256

[97] Zhang Y, Callan J. Maximum likelihood estimation for filtering thresholds [C]. Proceedings of the International ACM SIGIR Conference on Research and Development in Information Retrieval, New Orleans, USA, 2001: 294-302

[98] Rich E. User modeling via stereotypes [J]. Cognitive Science, 1979, 3 (4): 329-354

[99] Goldberg D, Nichols D, Oki B M, et al. Using collaborative filtering to weave an information tapestry [J]. Communications of the ACM, 1992, 35 (12): 61-70

[100] Konstan J A, Miller B N, Maltz D, et al. GroupLens: applying collaborative filtering to Usenet news [J]. Communications of the ACM, 1997, 40 (3): 77-87

[101] Shardanand U. Social information filtering: algorithms for automating "word of mouth" [C]. Proceedings of the ACM Conference on Human Factors in Computing Systems, Colorado, USA, 1995: 210-217

[102] Terveen L, Hill W, Amento B, et al. PHOAKS: a system for sharing recommendations [J]. Communications of the ACM, 1997, 40 (3): 59-62

[103] Goldberg K, Roeder T, Gupta D, et al. Eigentaste: a constant time collaborative filtering algorithm [J]. Information Retrieval, 2001, 4 (2): 133-151

[104] Resnick P, Varian H R. Recommender systems [J]. Communications of the ACM, 1997, 40 (3): 56-58

[105] Wu N L, Liu N L, Li N J. Evaluating customer lifetime value for customer recommendation [C]. Proceedings of the International Conference on Service Systems and Service Management, Chongqing, China, 2005: 138-143

[106] 罗学刚, 吕俊瑞, 王华军, 等. 基于超像素的互惠最近邻聚类彩色图像分割 [J]. 广西大学学报（自然科学版）, 2013, 38 (2): 374-378

[107] 刘忠宝. 基于核的降维和分类方法及其应用研究 [D]. 无锡: 江南大学, 2012

[108] 陈新泉, 苏锦细. 基于半监督学习的 K 平均聚类框架 [J]. 广西大学学报（自然科学版）, 2014, 39 (5): 1074-1082

[109] 刘忠宝, 潘广贞, 赵文娟. 流形判别分析 [J]. 电子与信息学报, 2013, 35 (9): 2047-2053

[110] 刘忠宝, 李花, 张志剑, 等. 一种基于多视角兴趣的学习资源推荐方法: 中国, ZL201810727619.0 [P]. 2021-03-19

[111] 刘忠宝. 一种基于图的人脸特征提取方法 [J]. 计算机应用, 2013, 33 (5): 1432-1434, 1455

[112] 郝伟, 刘忠宝. 基于 Fisher 准则的半监督特征提取方法 [J]. 计算机工程与设计, 2017, 38 (1): 238-241

[113] 张雅清, 刘忠宝. 融合全局和局部特征的图像特征提取方法 [J]. 华侨大学学报（自然科学版）, 2015, 36 (4): 406-411

[114] LiuZhongbao, Zhang Jing, Song Wenai. From Parzen window estimation to feature extraction: A new perspective [J]. Lecture Notes in Computer Science, 2016, 9937: 18-27

[115] 刘忠宝, 王士同. 改进的线性判别分析算法 [J]. 计算机应用, 2011, 31 (1): 250-253

[116] 刘忠宝, 王士同. 一种改进的线性判别分析算法在人脸识别中的应用 [J]. 计算机工程与科学, 2011, 33 (7): 89-93

[117] 刘忠宝, 王士同. 多阶矩阵组合 LDA 及其在人脸识别中的应用 [J]. 计算机工程与应用, 2011, 47 (12): 152-155

[118] 刘忠宝, 王士同. 一种改进的线性判别分析算法 MLDA [J]. 计算机科学, 2010, 37 (11): 239-242

[119] Zhang J, Liu Z B. Modified Discriminant Analysis Based on Fisher Criterion and Manifold Learning [J]. Journal of Computational Information Systems, 2015, 11 (11): 4037-4044

[120] 刘忠宝, 赵文娟. FKA 算法迭代收敛性分析 [J]. 计算机工程与应用, 2012, 48 (34): 40-44

[121] Martinez A M, Kak A C. PCA versus LDA [J]. IEEE Transactions on Pattern Analysis and Machine Intelligence, 2001, 23 (2): 228-233

[122] He X F, Niyogi P. Locality preserving projections [C]. Proceedings of the Advances in Neural Information Processing Systems, Vancouver, Canada, 2003: 153-160

[123] Hotelling H. Relations Between Two Sets of Variates [J]. Biometrika, 1936, 28 (3-4): 321-377

[124] Kettenring J R. Canonical Analysis of Several Sets of Variables [J]. Biometrika, 1971, 58 (3): 433-451

[125] 卢桂馥, 林忠, 金忠. 基于核化图嵌入的最佳鉴别分析与人脸识别 [J]. 软件学报, 2011, 22 (7): 1561-1570

[126] 刘文剑, 顾琳, 常伟, 等. 基于属性邻接图的制造特征识别方法 [J]. 计算机集成制造系统, 2001, 7 (2): 53-58

[127] Chapelle O, Scholkopf B, Zien A, et al. Semi-supervised learning [M]. Cambridge: MIT Press, 2010

[128] 王志瑞, 闫彩良. 图像特征提取方法的综述 [J]. 吉首大学学报（自然科学版）, 2011, 32 (5): 43-47

[129] 冈萨雷斯, 伍兹. 数字图像处理 [M]. 阮秋琦, 阮宇智, 译. 北京: 电子工业出版社, 2005

[130] 张静, 刘忠宝. 基于流形判别分析的全局保序学习机 [J]. 电子科技大学学报（自然科学版）, 2015, 44 (6): 911-916

[131] 郭慧, 刘忠宝, 赵文娟. 模糊双超球学习机 [J]. 广西大学学报（自然科学版）, 2018, 43 (3): 1097-1102

[132] 刘忠宝, 王士同. 基于边界的最大间隔模糊分类器 [J]. 光学精密工程, 2012, 20 (1): 140-147

[133] 刘忠宝, 裴松年. 具有 N-S 磁极效应的最大间隔模糊分类器 [J]. 电子科技大学学报（自然科学版）, 2016, 45 (2): 227-232, 239

[134] 刘忠宝, 赵文娟, 师智斌. 基于分类超平面的非线性集成学习机 [J]. 计算机应用研究, 2013, 30 (5): 1361-1364

[135] Liu Z B, Zhou F X, Qin Z T, et al. Classification of stellar spectra with SVM based on within-class scatter and between-class scatter [J]. Astrophysics and Space Science, 2018, 363 (6): 140

[136] Liu Z B, Ren J J, Song W N, et al. Stellar spectra classification with entropy-based learning machine [J]. Spectroscopy and Spectral Analysis, 2018, 38 (2): 660-664

[137] Liu Z B, Zhao W J. An unbalanced spectra classification method based on entropy [J]. Astrophysics and Space Science, 2017, 362 (5): 98

[138] Liu Z B, Song W N, Zhang J, et al. Classification of stellar spectra with fuzzy minimum within-class support vector machine [J]. Journal of Astrophysics and Astronomy, 2017, 38 (2): 21

[139] Liu Z B, Song L P, Zhao W J. Classification of large-scale stellar spectra based on the non-linearly assembling learning machine [J]. Monthly Notices of the Royal Astronomical Society, 2016, 455 (4): 4289-4294

[140] Liu Z B. Stellar spectral classification with minimum within-class and maximum between-class scatter support vector machine [J]. Journal of Astrophysics and Astronomy, 2016, 37 (2): 9

[141] Liu Z B. Stellar spectral classification with locality preserving projections and support vector machine [J]. Journal of Astrophysics and Astronomy, 2016, 37 (2): 12

[142] Liu Z B, Ren J J, Kong X. Distinguishing the rare spectra with the unbalanced classification method based on mutual information [J]. Spectroscopy and Spectral Analysis, 2016, 36 (11): 3746-3751

[143] 刘忠宝, 赵文娟. 基于模糊大间隔最小球分类模型的恒星光谱离群数据挖掘方法 [J]. 光谱学与光谱分析, 2016, 36 (4): 1245-1248

[144] Liu Z B, Song L P. Stellar spectral subclasses classification based on fisher criterion and manifold learning [J]. Publications of the Astronomical Society of the Pacific, 2015, 127 (954): 789-794

[145] Tsang I W, Kwok J T, Zurada J M. Generalized core vector machines [J]. IEEE Transactions on Neural Networks, 2006, 17 (5): 1126-1140

[146] Lin C F, Wan S D. Fuzzy support vector machines [J]. IEEE Transactions on Neural Networks, 2002, 13 (2): 464-471

[147] 孙名松, 高庆国, 王宣丹. 基于双隶属度模糊支持向量机的邮件过滤 [J]. 计算机工程与应用, 2010, 46 (2): 93-95

[148] 李蓉, 叶世伟. SVM-KNN 分类器——一种提高 SVM 分类精度的新方法 [J]. 电子学报, 2002, 30 (5): 745-748

[149] Ukil A. Support vector machine [J]. Computer Science, 2002, 1 (4): 1-28

[150] Koby C, Mehryar M, Femando P. Gaussian margin machines [J]. Journal of Machine Learning Research, 2009, 5: 105-112

[151] Shivaswamy P K, Jebara T. Maximum relative margin and data-dependent regularization [J]. Journal of Machine Learning Research, 2010, 11 (2): 747-788

[152] 陶剑文, 王士同. 大间隔最小压缩包含球学习机 [J]. 软件学报, 2012, 23 (6): 1458-1471

[153] 刘忠宝, 王士同. 基于熵理论和核密度估计的最大间隔学习机 [J]. 电子与信息学报, 2011, 33 (9): 2187-2194

[154] Wu M R, Ye J P. A small sphere and large margin approach for novelty detection using training data withoutliners [J]. IEEE Transactions on Pattern Analysis and Machine Intelligence, 2009, 31 (11): 2088-2092

[155] Hao P Y. A new fuzzy maximal-margin spherical-structured multi-class support vector machine [C]. Proceedings of the 2013 International Conference on Machine Learning and Cybernetics,

Tianjin, China, 2013: 241-246

[156] Ricci F, Rokach L, Shapira B, et al. Recommender systems handbook [M]. Heidelberg: Springer, 2015

[157] Kobsa A. User modeling in dialog systems: potentials and hazards [J]. AI & Society, 1990, 4 (3): 214-240

[158] Wu Y H, Chen Y C, Chen A L P. Enabling personalized recommendation on the Web based on user interests and behaviors [C]. Proceedings of the International Workshop on Research Issues in Data, Loe Alamitos, Canada, 2001: 17-24

[159] 蔡银珊, 黄英铭. 基于用户兴趣建模中加权关键词的表示 [J]. 广西民族师范学院学报, 2010, 27 (5): 72-74

[160] 兰杨. 移动个性化信息服务中用户兴趣建模的研究 [D]. 成都: 电子科技大学, 2009

[161] 顾其威, 郭鹏, 潘锋. 手机广告推荐中的用户兴趣建模研究 [J]. 计算机应用研究, 2012, 29 (2): 579-581

[162] 刘永利, 欧阳元新, 闻佳, 等. 基于概念聚类的用户兴趣建模方法 [J]. 北京航空航天大学学报, 2010, 36 (2): 188-192

[163] 费洪晓, 穆珺, 刘正. 基于文本聚类和权重调整的用户兴趣建模算法 [J]. 计算机技术与发展, 2007, 17 (2): 128-130

[164] Wu P F, Yu S Q, Wang D. Using a learner-topic model for mining learner interests in open learning environments [J]. Educational Technology & Society, 2018, 2 (21): 192-204

[165] 刘滨强. 移动环境下的个性化推荐用户兴趣建模研究 [D]. 北京: 北京邮电大学, 2009

[166] Kang J, Choi J. An ontology-based recommendation system using long-term and short-term preferences [C]. Proceedings of the International Conference on Information Science and Applications, Jeju Island, South Korea, 2011: 1-8

[167] Shishehchi S, Banihashem S Y, Zin N A M. A proposed semantic recommendation system for e-learning: A rule and ontology based e-learning recommendation system [J]. Information Technology, 2010, 1: 1-5

[168] 李珊. 个性化服务中用户兴趣建模与更新研究 [J]. 情报学报, 2010, 29 (1): 67-71

[169] 廖开际, 叶东海, 席运江. 基于大项集组的互联网用户兴趣建模 [J]. 统计与决策, 2010, 15: 49-52

[170] 韩旭. 个性化推荐系统用户兴趣建模方式的研究 [J]. 数字技术与应用, 2010, 11: 44, 46

[171] 付关友, 朱征宇. 个性化服务中基于行为分析的用户兴趣建模 [J]. 计算机工程与科学, 2005, 27 (12): 80-82

[172] 许波, 张结魁, 周军. 基于行为分析的用户兴趣建模 [J]. 情报杂志, 2009, 28 (6): 166-169

[173] 邱晓俊, 刘发升. 基于层次向量空间模型的用户兴趣建模研究 [J]. 现代计算机 (专业版), 2010, 6: 16-19

[174] 陈抒然. 面向个性化服务的用户兴趣建模及应用研究 [D]. 重庆: 重庆大学, 2007

[175] 张玉连, 王权. 基于浏览行为和浏览内容的用户兴趣建模 [J]. 现代图书情报技术, 2007, 2 (6): 52-55

[176] 邵秀丽, 乜聚科, 侯乐彩, 等. 基于综合用户信息的用户兴趣建模研究 [J]. 南开大学学报 (自然科学版), 2009, 42 (3): 8-15

[177] 毛晓星, 薛安荣, 鞠时光. 基于加权语义网和有效信息的个性化用户兴趣建模 [J]. 计算机应用研究, 2010, 27 (9): 3406-3408

[178] 冯子威. 用户兴趣建模的研究 [D]. 哈尔滨: 哈尔滨工业大学, 2010

[179] 马海兵, 肖辉, 李荣陆, 等. 基于《中国图书馆分类法》的用户兴趣建模方法 [J]. 图书情报工作, 2007, 51 (8): 65-68

[180] 易明, 操玉杰, 沈劲枝, 等. 社会化标签系统中基于密度聚类的 Web 用户兴趣建模方法 [J]. 情报学报, 2011, 30 (1): 37-43

[181] 杨继萍, 王跃, 高雪松. 个性化流媒体服务中基于行为分析的用户兴趣建模 [J]. 计算机应用与软件, 2011, 28 (8): 247-250

[182] 尹春晖. 面向个性化信息检索的用户兴趣建模研究与实现 [D]. 苏州: 苏州大学, 2008.

[183] 蒋翀, 费洪晓. 基于线性衰减的用户兴趣建模 [J]. 计算机系统应用, 2010, 19 (6): 140-143

[184] 王宇. 基于搜索历史的用户兴趣建模 [D]. 上海: 复旦大学, 2011

[185] 王平, 朱明. 基于 RSS 信息源的用户兴趣建模与更新 [J]. 计算机方针, 2005, 22 (12): 45-48

[186] 颜端武, 刘明岩, 许应楠. 基于领域本体的细粒度用户兴趣建模研究 [J]. 情报学报, 2010, 29 (3): 433-442

[187] 费洪晓, 蒋翀, 徐丽娟. 基于树状向量空间模型的用户兴趣建模 [J]. 计算机技术与发展, 2009, 19 (5): 79-81

[188] 徐麟军, 吴飞, 李伐. 学习资源个性化检索系统中用户兴趣建模研究 [J]. 电脑知识与技术, 2008, 3 (26): 186-189

[189] 马莉. 一种利用用户学习树改进的协同过滤推荐方法 [J]. 现代图书情报技术, 2016, 32 (4): 72-80

[190] 许欢庆, 王永成. 基于加权概念网络的用户兴趣建模 [J]. 上海交通大学学报, 2004, 38 (1): 34-38

[191] Schafer J B, Frankowski D, Herlocker J, et al. Collaborative filtering recommender systems [M]. Heidelberg: Springer, 2007

[192] Crane M. The new user problem in collaborative filtering [M]. Otago: University of Otago, 2011

[193] 丁永刚, 张馨, 桑秋侠, 等. 融合学习者社交网络的协同过滤学习资源推荐 [J]. 现代教育技术, 2016, 26 (2): 108-114

[194] Xuan N L, Vu T, Le T D, et al. Addressing cold-start problem in recommendation systems

[C]. Proceedings of the International Conference on Ubiquitous Information Management and Communication, Suwon, Korea, 2008: 208-211

[195] Ahn H J. A new similarity measure for collaborative filtering to alleviate the new user cold-starting problem [J]. Information Sciences, 2008, 178 (1): 37-51

[196] Koren Y. Factorization meets the neighborhood: a multifaceted collaborative filtering model [C]. Proceedings of the ACM International Conference on Knowledge Discovery and Data Mining, Nevada, USA, 2008: 426-434

[197] Huang Z, Chen H, Zeng D. Applying associative retrieval techniques to alleviate the sparsity problem in collaborative filtering [J]. ACM Transactions on Information Systems, 2004, 22 (1): 116-142

[198] Yildirim H, Krishnamoorthy M S. A random walk method for alleviating the sparsity problem in collaborative filtering [C]. Proceedings of the ACM Conference on Recommender Systems, Lausanne, Switzerland, 2008: 131-138

[199] Weng L T, Xu Y, Li Y, et al. Exploiting item taxonomy for solving cold-start problem in recommendation making [C]. Proceedings of the IEEE International Conference on Tools with Artificial Intelligence, Ohio, USA, 2008: 113-120

[200] Gantner Z, Drumond L, Freudenthaler C, et al. Learning attribute-to-feature mappings for cold-start recommendations [C]. Proceedings of the IEEE International Conference on Data Mining, Sydney, Australia, 2010: 176-185

[201] Wu L, Chen E, Liu Q, et al. Leveraging tagging for neighborhood-aware probabilistic matrix factorization [C]. Proceedings of the 21st ACM Conference on Information and Knowledge Management, Hawaii, USA, 2012: 1854-1858

[202] Jamali M, Ester M. TrustWalker: A random walk model for combining trust-based and item-based recommendation [C]. Proceedings of the ACM SIGKDD International Conference on Knowledge Discovery and Data Mining, Paris, France, 2009: 397-406

[203] Ma H, Zhou T C, Lyu M R, et al. Improving recommender systems by incorporating social contextual information [J]. ACM Transactions on Information Systems, 2011, 29 (2): 1-23

[204] Ding Y, Li X. Time weight collaborative filtering [C]. Proceedings of the 14th ACM International Conference on Information and Knowledge Management, Bremen, Germany, 2005: 485-492

[205] Koren Y. Collaborative filtering with temporal dynamics [J]. Communications of the ACM, 2010, 53 (4): 89-97

[206] Xiang L, Yuan Q, Zhao S, et al. Temporal recommendation on graphs via long- and short-term preference fusion [C]. Proceedings of the ACM SIGKDD International Conference on Knowledge Discovery and Data Mining, Washington D C, USA, 2010: 723-732

[207] Cao H, Chen E, Yang J, et al. Enhancing recommender systems under volatile user interest drifts [C]. Proceedings of the 18th ACM International Conference on Information and

Knowledge Management, Hong Kong, China, 2009: 1257-1266

[208] Blanco-Fernandez Y, Pazos-arias J J, Gil-Solla A, et al. Providing entertainment by content-based filtering and semantic reasoning in intelligent recommender systems [J]. IEEE Transactions on Consumer Electronics, 2008, 54 (2): 727-735

[209] Billsus D, Pazzani M J. User modeling for adaptive news access [J]. User Modeling and User-Adapted Interaction, 2000, 10 (2-3): 147-180

[210] 何慧. 基于 Ranking 的贝叶斯序列推荐算法 [J]. 小型微型计算机系统, 2018, 39 (7): 1560-1564

[211] Nakatsuji M, Fujiwara Y, Tanaka A, et al. Classical music for rock fans: novel recommendations for expanding user interests [C]. Proceedings of the ACM International Conference on Information and Knowledge Management, Toronto, Canada, 2010: 949-958

[212] Ziegler C N, Mcnee S M, Konstan J A, et al. Improving recommendation lists through topic diversification [C]. Proceedings of the International Conference on World Wide Web, Chiba, Japan, 2005: 22-32

[213] Zhang M, Hurley N. Avoiding monotony: improving the diversity of recommendation lists [C]. Proceedings of the 2008 ACM conference on Recommender systems, Lausanne, Switzerland, 2008: 123-130

[214] Zhang M. Enhancing diversity in top-n recommendation [C]. Proceedings of the ACM Conference on Recommender Systems, New York, USA, 2009: 397-400

[215] Shi Y, Zhao X, Wang J, et al. Adaptive diversification of recommendation results via latent factor portfolio [C]. Proceedings of the International ACM SIGIR Conference on Research and Development in Information Retrieval, Oregon, USA, 2012: 175-184

[216] Iaquinta L, Gemmis M D, Lops P, et al. Introducing serendipity in a content-based recommender system [C]. Proceedings of the 8th International Conference on Hybrid Intelligent Systems, Barcelona, Spain, 2008: 168-173

[217] 胡吉明, 张蔓蒂. 基于用户-资源关联的社会化小众推荐模型 [J]. 情报理论与实践, 2014, 37 (4): 123-126, 118

[218] Herlocker J L. Evaluating collaborative filtering recommender systems [J]. ACM Transactions on Information Systems, 2004, 22 (1): 5-53

[219] Ge M, Delgado-Battenfeld C, Jannach D. Beyond accuracy: evaluating recommender systems by coverage and serendipity [C]. Proceedings of the 4th ACM conference on Recommender systems, New York, USA, 2010: 179-186

[220] Jameson A, Smyth B. Recommendation to Groups [M]. Heidelberg: Springer, 2007

[221] Yu Z, Zhou X, Hao Y, et al. TV program recommendation for multiple viewers based on user profile merging [J]. User Modeling and User-Adapted Interaction, 2006, 16 (1): 63-82

[222] Masthoff J. Group Modeling: Selecting a sequence of television items to suit a group of viewers [J]. User Modeling and User-Adapted Interaction, 2004, 14 (1): 37-85

[223] Baltrunas L, Makcinskas T, Ricci F. Group recommendations with rank aggregation and

collaborative filtering［C］. Proceedings of the ACM Conference on Recommender Systems, Barcelona, Spain, 2010: 119-126

［224］Recio-Garcia J A, Jimenez-Diaz G, Sanchez-Ruiz A A, et al. Personality aware recommendations to groups［C］. Proceedings of the ACM Conference on Recommender Systems, New York, USA, 2009: 325-328

［225］邓志鸿, 唐世渭, 张铭, 等. Ontology 研究综述［J］. 北京大学学报（自然科学版）, 2002, 38（5）: 730-738

［226］Mike U, Michael G. Ontologies: principles, methods and applications［J］. Knowledge Engineering Review, 1996, 11（2）: 93-136

［227］Neches R. Enabling technology for knowledge sharing［J］. AI Magazine, 1991, 12（3）: 36-56

［228］Gruber T R. A translation approach to portable ontology specifications［J］. Knowledge Acquisition, 1993, 5（2）: 199-220

［229］Borst W N. Construction of engineering ontologies for knowledge sharing and reuse［J］. Universiteit Twente, 1997, 18（1）: 44-57

［230］徐振宁, 张维明, 陈文伟. 基于 Ontology 的智能信息检索［J］. 计算机科学, 2001, 28（6）: 21-26

［231］Pan J, Zhang B, Wang S, et al. Ontology based user profiling in personalized information service agent［C］. Proceedings of the IEEE International Conference on Computer and Information Technology, Helsinki, Finland, 2007: 1089-1093

［232］熊回香, 窦燕. 基于 LDA 主题模型的标签混合推荐研究［J］. 图书情报工作, 2018, 62（3）: 104-113

［233］Harris Z S. A Bayesian analysis of some nonparametric problems［J］. Annals of Statistics, 1973, 1（2）: 209-230

［234］Liben-Nowell D, Kleinberg J. The link prediction problem for social networks［C］. Proceedings of the 12th International Conference on Information and Knowledge Management, Louisiana, USA, 2003: 556-559

［235］Weng J, Lim E P, Jiang J, et al. TwitterRank: finding topic-sensitive influential twitterers［C］. Proceedings of the ACM International Conference on Web Search and Data Mining, New York, USA, 2010: 261-270

［236］Hopcroft J, Lou T, Tang J. Who will follow you back: reciprocal relationship prediction［C］. Proceedings of the 20th ACM International Conference on Information and Knowledge Management, New York, USA, 2011: 1137-1146

［237］潘澄, 陈宏. 我国学习资源个性化推荐研究进展［J］. 现代教育科学, 2015,（4）: 31-34

［238］郑文晖. 文献计量法与内容分析法的比较研究［J］. 情报杂志, 2006, 25（5）: 31-33

［239］邱均平, 段宇锋, 陈敬全, 等. 我国文献计量学发展的回顾与展望［J］. 科学学研究, 2003, 21（2）: 143-148

[240] 蒋鸿标.学术期刊论文被转载与被引用关系的实证研究——兼评《复印报刊资料》的学术评价功能[J].图书馆建设,2014,245(11):87-91

[241] 姜强,赵蔚,刘红霞,等.能力导向的个性化学习路径生成及评测[J].现代远程教育研究,2015,(6):104-111

[242] 赵蔚,姜强,王朋娇,王丽萍.本体驱动的e-Learning知识资源个性化推荐研究[J].中国电化教育,2015,5:84-89

[243] 姜强,赵蔚,王朋娇,等.基于大数据的个性化自适应在线学习分析模型及实现[J].中国电化教育,2015,1:85-92

[244] 白雪,赵蔚,姜强,等.基于标签的教育资源管理与推荐模型构建——来自社会化标注网站的启示[J].现代教育技术,2014,24(5):96-102

[245] 姜强,赵蔚.面向"服务"视角的自适应学习系统设计与实现[J].中国电化教育,2011,2:119-124

[246] 姜强,赵蔚,杜欣,等.基于用户模型的个性化本体学习资源推荐研究[J].中国电化教育,2010,5:106-111

[247] 姜强,赵蔚,杜欣.基于Felder-Silverman量表用户学习风格模型的修正研究[J].现代远距离教育,2010,1:62-66

[248] 何晓红,张春阳.虚拟社区知识共享研究的文献计量分析[J].情报科学,2017,35(1):115-120

[249] 马磊.国内移动图书馆研究论文计量分析[J].图书馆学刊,2016,38(2):129-132

[250] 卜彩丽.翻转课堂的研究热点、主题与发展趋势解析——基于共词分析的可视化研究[J].现代教育技术,2016,26(1):73-79

[251] 廖黎莉,孙逊,薛备钟,等.基于学习情境的泛在学习资源个性化推荐关键技术研究[J].软件导刊(教育技术),2016,15(6):76-78

[252] 马佳佳,熊才平,丁继红,等.面向学习过程的个性化资源推荐服务策略研究[J].中国教育信息化,2016,(5):29-33

[253] 赵学孔,岑磊.面向用户需求的自适应学习系统个性化学习路径推荐研究[J].中国教育信息化,2016,(21):28-31

[254] 杨丽娜,刘科成,颜志军.面向虚拟学习社区的学习资源个性化推荐研究[J].电化教育研究,2010,4:67-71

[255] 黄志芳,赵呈领,黄祥玉,等.基于情境感知的适应性学习路径推荐研究[J].电化教育研究,2015,5:77-84

[256] 陈敏,余胜泉.泛在学习环境下感知学习过程情境的推荐系统设计[J].电化教育研究,2015,4:76-82,89

[257] 王永固,邱飞岳,赵建龙,等.基于协同过滤技术的学习资源个性化推荐研究[J].远程教育杂志,2011,29(3):66-71

[258] 孙歆,王永固,邱飞岳.基于协同过滤技术的在线学习资源个性化推荐系统研究[J].中国远程教育,2012,8:78-82

[259] 赵学孔,徐晓东,龙世荣.协同推荐:一种个性化学习路径生成的新视角[J].中国

远程教育（综合版），2017，5：24-34

[260] 李宁，刘志勤，王耀彬. 学习资源个性化推荐平台的研究与设计［J］. 中国教育信息化，2014，（19）：44-47

[261] 刘小雪. 基于 Web 使用挖掘的 e-Learning 自适应推荐系统［J］. 电化教育研究，2012，4：82-84

[262] 徐天伟，宋雅婷，段崇江. 基于协同过滤的个性化推荐选课系统研究［J］. 现代教育技术，2014，24（6）：92-98

[263] 牟智佳，武法提. 电子书包中基于学习者模型的个性化学习资源推荐研究［J］. 电化教育研究，2015，1：69-76

[264] 王剑，陈涛. 个性化 e-Learning 协作学习推荐系统研究［J］. 中国远程教育，2016，7：44-51，76

[265] 吴正洋，汤庸，黄昌勤，等. 社交网络下学习推荐研究与实践［J］. 中国电化教育，2016，3：75-81，98

[266] 李保强，吴笛. 基于知识关联的学习资源混合协同过滤推荐研究［J］. 电化教育研究，2016，6：77-83

[267] 刘忠宝，宋文爱，孔祥艳，等. 云环境下学习者建模与学习资源推荐方法研究［J］. 电化教育研究，2017，7：58-63

[268] 刘忠宝，李花，宋文爱，等. 基于二部图的学习资源混合推荐方法研究［J］. 电化教育研究，2018，8：85-90

[269] Naimi A I, Westreich D J. Big data：a revolution that will transform how we live, work, and think［M］. London：John Murray, 2013

[270] 李国杰，程学旗. 大数据研究：未来科技及经济社会发展的重大战略领域——大数据的研究现状与科学思考［J］. 中国科学院院刊，2012，27（6）：647-657

[271] Ahlswede R, Cai N, Li S Y R, et al. Network information flow［J］. IEEE Transactions on Information Theory, 2002, 46（4）：1204-1216

[272] 钟晓，马少平，张钹，等. 数据挖掘综述［J］. 模式识别与人工智能，2001，14（1）：48-55

[273] 何盛明. 财经大辞典［M］. 北京：中国财政经济出版社，1990

[274] 丁世飞. 人工智能［M］. 北京：清华大学出版社，2011

[275] 郭丽丽，丁世飞. 深度学习研究进展［J］. 计算机科学，2015，42（5）：28-33

[276] 王珊，王会举，覃雄派，等. 架构大数据：挑战、现状与展望［J］. 计算机学报，2011，34（10）：1741-1752

[277] 覃雄派，王会举，杜小勇，等. 大数据分析——RDBMS 与 MapReduce 的竞争与共生［J］. 软件学报，2012，23（1）：32-45

[278] 鲁鹏凯，江大伟，陈珂，等. RStore：基于 BigTable 的关系数据模型存储系统［J］. 计算机科学与探索，2017，11：1-13

[279] 陈曦，王执铨. 决策支持系统理论与方法研究综述［J］. 控制与决策，2006，21（9）：961-968

[280] 刘勘, 周晓峥, 周洞汝. 数据可视化的研究与发展 [J]. 计算机工程, 2002, 28 (8): 1-2

[281] 周苏, 王文. 人机交互技术 [M]. 北京: 清华大学出版社, 2016

[282] 程学旗, 靳小龙, 王元卓, 等. 大数据系统和分析技术综述 [J]. 软件学报, 2014, 25 (9): 1889-1908

[283] 何清, 李宁, 罗文娟, 等. 大数据环境下的机器学习算法综述 [J]. 模式识别与人工智能, 2014, 27 (4): 327-336

[284] 印鉴, 王智圣, 李琪, 等. 基于大规模隐式反馈的个性化推荐 [J]. 软件学报, 2014, 25 (9): 1953-1966

[285] Yang D, Chen T, Zhang W, et al. Local implicit feedback mining for music recommendation [C]. Proceedings of the 6th ACM Conference on Recommender Systems, Dublin, Ireland, 2012: 91-98

[286] Rafailidis D, Nanopoulos A. Modeling the dynamics of user preferences in coupled tensor factorization [C]. Proceedings of the 8th ACM Conference on Recommender Systems, Silicon Valley, USA, 2014: 321-324

[287] Oh K J, Lee W J, Lim C G, et al. Personalized news recommendation using classified keywords to capture user preference [C]. Proceedings of the 16th Advanced Communication Technology, South Korea, 2014: 1283-1287

[288] Takács G, Pilászy I, Németh B, et al. Scalable collaborative filtering approaches for large recommender systems [J]. The Journal of Machine Learning Research, 2009, 10 (12): 623-656

[289] 孟祥武, 王凡, 史艳翠, 等. 移动用户需求获取技术及其应用 [J]. 软件学报, 2014, 25 (3): 439-456

[290] Bhagat S, Weinsberg U, Loannidis S, et al. Recommending with an agenda: active learning of private attributes using matrix factorization [C]. Proceedings of the 8th ACM Conference on Recommender Systems, Silicon Valley, USA, 2014: 65-72

[291] 丁伟峰, 郑小林, 陈德人. 基于 PureSVD 模型的协同过滤主动采样 [J]. 北京邮电大学学报, 2013, 36 (4): 23-26

[292] Dror G, Koenigstein N, Koren Y, et al. The Yahoo! music dataset and KDD-Cup'11 [C]. Proceedings of the 17th ACM SIGKDDC on Knowledge Discovery and Data Mining, San Diego, USA, 2012: 8-18

[293] 涂丹丹, 舒承椿, 余海燕. 基于联合概率矩阵分解的上下文广告推荐算法 [J]. 软件学报. 2013, 24 (3): 454-464

[294] Bauer J, Nanopoulos A. A framework for matrix factorization based on general distributions [C]. Proceedings of the 8th ACM Conference on Recommender Systems, Silicon Valley, USA, 2014: 249-256

[295] Chen C, Fen X, Tong Z, et al. Gradient boosting factorization machines [C]. Proceedings of the 8th ACM Conference on Recommender Systems, Silicon Valley, USA, 2014: 265-272

[296] Pálovics R, Benczúr A A, Kocsis L, et al. Exploiting temporal influence in online recommendation [C]. Proceedings of the 8th ACM Conference on Recommender Systems, Silicon Valley, USA, 2014: 273-280

[297] Schelter S, Boden C, Schenck M, et al. Distributed matrix factorization with mapreduce using a series of broadcast-joins [C]. Proceedings of the 7th ACM Conference on Recommender Systems, Hong Kong, China, 2013: 281-284

[298] Diaz-Aviles E, Drumond L, Schmidt-Thieme L, et al. Real-time top-n recommendation in social streams [C]. Proceedings of the ACM Conference on Recommender Systems, Dublin, Ireland, 2012: 59-66

[299] Ge Y, Xiong H, Tuzhilin A, et al. Cost aware collaborative filtering for travel tour recommendations [J]. ACM Transactions on Information Systems, 2014, 32 (1): 4-28

[300] Golub G, Kahan K. Calculating the Singular Values and Pseudo-Inverse of a Matrix [J]. Journal of the Society for Industrial & Applied Mathematics, 1965, 2 (2): 205-224

[301] Lee D D, Seung H. Algorithms for non-negative matrix factorization [C]. Proceedings of the 13th Advances in Neural Information Processing Systems, Denver, USA, 2000: 556-562

[302] Zheng V W, Zheng Y, Xie X, et al. Towards mobile intelligence: learning from GPS history data for collaborative recommendation [J]. Artificial Intelligence, 2012, 184 (6): 17-37

[303] Symeonidis P, Papadimitriou A, Manolopoulos Y, et al. Geo-social recommendations based on incremental tensor reduction and local path traversal [C]. Proceedings of the ACM Sigspatial International Workshop on Location-Based Social Networks, Chicago, USA, 2011: 89-96

[304] Salakhutdinov R, Mnih A. Probabilistic matrix factorization [C]. Proceedings of the International Conference on Neural Information Processing Systems, Vancouver, Canada, 2007: 1257-1264

[305] 朱郁筱, 吕琳媛. 推荐系统评价指标综述 [J]. 电子科技大学学报, 2012, 41 (2): 163-175

[306] Isaacman S, Ioannidis S, Chaintreau A, et al. Distributed rating prediction in user generated content streams [C]. Proceedings of the 5th ACM Conference on Recommender Systems, Chicago, USA, 2011: 69-76

[307] Bachrach Y, Finkelstein Y, Gilad-Bachrach R, et al. Speeding up the Xbox recommender system using a Euclidean transformation for inner-product spaces [C]. Proceedings of the 8th ACM Conference on Recommender Systems, Silicon Valley, USA, 2014: 250-257

[308] Takács G, Tikk D. Alternating least squares for personalized ranking [C]. Proceedings of the 6th ACM Conference on Recommender Systems, Dublin, Ireland, 2012: 83-90

[309] Burke R. Hybridrecommender systems: survey and experiments [J]. User Modeling and User-Adapted Interaction, 2002, 12 (4): 331-370

[310] Zhuang Y, Chin W, Juan Y, et al. A fast parallel SGD for matrix factorization in shared memory systems [C]. Proceedings of the 7th ACM Conference on Recommender Systems,

Hong Kong, China, 2013: 249-256

[311] Recht B, Re C. Parallel stochastic gradient algorithms for large-scale matrix completion [J]. Mathematical Programming Computation, 2013, 5 (2): 201-226

[312] Gemulla R, Nijkamp E, Haas P J, et al. Large scale matrix factorization with distributed stochastic gradient descent [C]. Proceedings of the 17th ACM SIGKDD International Conference on Knowledge Discovery and Data Mining, San Diego, USA, 2011: 69-77

[313] Petroni F, Querzoni L. GASGD: stochastic gradient descent for distributed asynchronous matrix completion via graph partitioning [C]. Proceedings of the ACM Conference on Recommender Systems, Silicon Valley, USA, 2014: 241-248

[314] Fazeli S, Loni B, Bellogin A, et al. Implicit vs. explicit trust in social matrix factorization [C]. Proceedings of the ACM Conference on Recommender Systems, Silicon Valley, USA, 2014: 317-320

[315] McGinty L, Reilly J. On the evolution of critiquing recommenders [M]. Heidelberg: Springer, 2011

[316] Zhao X, Guo Y, He Y, et al. We know what you want to buy: a demographic-based system for product recommendation on micro blogs [C]. Proceedings of the 20th ACM SIGKDD International Conference on Knowledge Discovery and Data Mining, New York, USA, 2014: 1935-1944

[317] Töscher A, Jahrer M. Collaborative filtering ensemble for ranking [J]. Journal of Machine Learning Research, 2012, 18: 61-74

[318] Guo G. Integrating trust and similarity to ameliorate the data sparsity and cold start forrecommender systems [C]. Proceedings of the ACM Conference on Recommender Systems, Hongkong, China, 2013: 451-454

[319] Zheng Y, Xie X, Ma W. Geo Life: a collaborative social networking service among user, location and trajectory [J]. Bulletin of the Technical Committee on Data Engineering, 2010, 33 (2): 32-39

[320] Zheng Y, Zhang L, Xie X, et al. Mining interesting locations and travel sequences from GPS trajectories [C]. Proceedings of the 18th International Conference on World Wide Web, Madrid, Spain, 2009: 791-800

[321] Hu B, Ester M. Spatial topic modeling in online social media for location recommendation [C]. Proceedings of the 7th ACM Conference onRecommender Systems, Hong Kong, China, 2013: 25-32

[322] Yang X, Steck H, Guo Y, et al. On top-k recommendation using social networks [C]. Proceedings of the 6th ACM Conference on Recommender Systems, Dublin, Ireland, 2012: 67-74

[323] Zhang K, Ouksel A, Fan S, et al. Scalable audience targeted models for brand advertising on social networks [C]. Proceedings of the 8th ACM Conference on Recommender Systems, Silicon Valley, USA, 2014: 341-344

[324] Wang J, Zhao H. Social group recommendation using topic models [J]. Journal of Chemical and Pharmaceutical Research, 2014, 6 (7): 679-684

[325] Purushotham S, Kuo C C J, Shahabdeen J, et al. Collaborative group-activity recommendation in location based social networks [C]. Proceedings of the 3rd ACM Sigspatial International Workshop on Crowd sourced and Volunteered Geographic Information, Dallas, USA, 2014: 8-15

[326] Naamani-Dery L, Kalech M, Rokach L, et al. Preference elicitation for narrowing the recommended list for groups [C]. Proceedings of the 8th ACM Conference on Recommender Systems, Silicon Valley, USA, 2014: 333-336

[327] Yi X, Hong L, Zhong E, et al. Beyond clicks: dwell time for personalization [C]. Proceedings of the 8th ACM Conference on Recommender Systems, Silicon Valley, USA, 2014: 113-120

[328] 刘建国, 周涛, 郭强, 等. 个性化推荐系统评价方法综述 [J]. 复杂系统与复杂性科学, 2009, 6 (3): 1-10

[329] Kobsa A. Privacy-enhanced personalization [J]. Communications of the ACM, 2007, 50 (8): 24-33

[330] Chen J, Li K, Rong H, et al. A disease diagnosis and treatment recommendation system based on big data mining and cloud computing [J]. Information Sciences, 2018, 435: 124-149